L'ÉVOLUTION DES IDÉES EN GÉOLOGIE

DU MÊME AUTEUR

L'ordre et le temps. L'anatomie comparée et l'histoire des vivants au XIXe siècle, Paris, Vrin, 1979.

(dir.), *Enjeux du matérialisme*, Rouen, Publications de l'Université de Rouen, n° 235, 1997.

L'HISTOIRE DES SCIENCES – TEXTES ET ÉTUDES

Bernard BALAN

L'ÉVOLUTION DES IDÉES EN GÉOLOGIE

Des cosmogonies à la physique du globe

Préface de Gabriel Gohau

Ouvrage publié avec le concours du Centre national du livre

PARIS
LIBRAIRIE PHILOSOPHIQUE J. VRIN
6 place de la Sorbonne, V^e^

2011

Imprimé en France

ISSN 0768-4916
ISBN 978-2-7116-2368-6

www.vrin.fr

PRÉFACE

Puisque Bernard Balan me fait l'honneur de me demander une préface, je dois d'abord dissiper un malentendu. Normalement, le préfacier, connu du public, lui présente l'ouvrage d'un auteur qu'il désire lui faire connaître. Or il se trouve que M. Balan est plus ancien que moi dans le secteur que nous explorons. Il terminait sa thèse quand j'entamais la mienne, dans laquelle je le cite à plusieurs reprises, car la lecture de son travail m'a beaucoup aidé.

Cependant les quelques ouvrages de vulgarisation que j'ai rédigés ont fait connaître mes travaux au public des historiens de la géologie et des géologues s'intéressant à l'histoire de leur discipline. En sorte que Bernard Balan m'a proposé d'écrire quelques mots pour ce public en ouverture de son beau livre. Je le fais d'autant plus volontiers que c'est le moyen de payer ma dette et de rendre hommage à la profondeur de son analyse.

Sans doute la thèse d'État de Bernard Balan n'est-elle pas bien connue du monde des géologues. Mais c'est qu'elle portait sur un sujet de biologie. Son édition, en 1979, titrée *L'Ordre et le temps*, étudiait l'anatomie comparée et l'histoire des vivants au XIXe siècle. Et si je n'avais pas connu l'auteur, rencontré au séminaire de Georges Canguilhem, je n'aurais pas su que son ouvrage contenait toute une partie sur la paléontologie et la géologie. La librairie Vrin a eu une riche idée en lui demandant, sur cette base, de reprendre la question dans une nouvelle optique et surtout de dépasser le XIXe siècle en prenant pour terme 1968 et la naissance de la tectonique des plaques lithosphériques.

Riche idée notamment parce que la place de Bernard Balan est très particulière dans le domaine de l'histoire de la géologie. Alors que les philosophes jouent un rôle important dans les épistémologies des sciences biologiques et physiques, notamment en France à la suite de Bachelard et de Canguilhem, la géologie reste un terrain surtout exploré par les scientifiques. Cela tient peut-être à une certaine difficulté d'appréhension, notamment des durées immenses, mais sans doute aussi, inversement, au fait qu'elle est une science relativement jeune et mal dégagée de sa préhistoire. C'est en tout cas cette grande jeunesse qui forme le thème du nouveau travail de Bernard Balan.

L'auteur appartient à l'école de Georges Canguilhem. Il est venu aux sciences de la Terre, comme on l'a dit à propos de sa thèse, par l'étude de l'anatomie comparée. Et sans doute y introduit-il un type de réflexion philosophique qui manque dans ce secteur, je n'ose dire plus terre à terre. Comme il le dit d'emblée à son lecteur, il faut voir dans le présent livre une réflexion sur l'histoire de la géologie plutôt qu'une histoire proprement dite. Travail sans véritable précédent.

Les historiens de la physique situent volontiers à Galilée la naissance de la mécanique. Ceux de la chimie donnent Lavoisier pour fondateur de leur science. Peut-être est-il plus difficile de désigner celui de la biologie. D'aucuns donneront Lamarck (un des premiers utilisateurs du mot), d'autres repousseront la naissance à Darwin. Michel Foucault, suite à Henri Daudin, soulignait le rôle de Cuvier. Mais la géologie scientifique ne se laisse pas si aisément définir.

Des auteurs ont cru discerner une sorte de révolution en cette fin du XVIIIe siècle, qui voit naître biologie et chimie modernes. C'est la position de David Oldroyd, c'est aussi celle de Martin Rudwick, qui y voit la naissance de la « géohistoire ». J'ai donné pour ma part des arguments dans le même sens, en notant l'introduction, à l'époque, de la contingence qui signe toute histoire. Mais la stratigraphie, la discipline qui naît en ces années, est une science de faits et d'observations, pour user de l'expression par laquelle Cuvier désignait l'histoire naturelle et non la science physique dont Balan cherche l'origine.

Par ailleurs, la Terre a commencé à se distinguer du cosmos dès la révolution copernicienne, et dans ce sens les théories de la Terre inaugurées par Descartes forment une première ébauche de science autonome. Et si l'on peut parler de tectonique globale (au sens propre) pour désigner la théorie mise en place dans les années 1960-1970, le même terme conviendrait aussi pour les œuvres antérieures d'Elie de Beaumont ou de Suess. Et bien sûr de Wegener.

Le mot de révolution est largement employé pour désigner le dernier avatar de l'histoire des sciences de la Terre. Dans son gros ouvrage *Revolution in Science* (1985) Bernard I. Cohen en fait en quelque sorte le modèle des révolutions du XXe siècle (il lui consacre la même place qu'à la relativité et la mécanique quantique réunies). Antony Hallam use du même terme : *Une révolution dans les sciences de la terre* (1973, trad. fr. 1976). Les épistémologues anglo-saxons se sont disputés pour savoir si cette révolution confirmait le schéma de Thomas Kuhn (avec ses paradigmes) ou celui d'Imre Lakatos (ses programmes de recherche) et de son disciple Larry Laudan (traditions de recherche). Des géologues universitaires, notamment parmi les fondateurs de la théorie des plaques, ont suivi la même voie : Tuzo Wilson se demande en 1970 si la révolution n'est pas le prolongement direct de celle de Copernic.

Bernard Balan nous invite à poser la question autrement. Plutôt que de révolution il faudrait parler de *fondation*. Or révolution et fondation sont des moments bien distincts. Claude Bernard qui pensait qu'il fondait la physiologie expérimentale ne distinguait-il pas les théories (scientifiques) des systèmes (préscientifiques) de la façon suivante.

> Avec les théories, il n'y a plus de *révolution* scientifique. La science s'augmente graduellement et sans secousse. Avec les doctrines et les systèmes, il y a des révolutions, parce que des faits d'opposition ou en dehors du système se rassemblent, grandissent en nombre et finissent, quand ils sont les plus forts, par ruiner les systèmes précédents, qu'ils remplacent par un autre système, jusqu'à ce qu'un autre vienne les renverser. (*Principes de médecine expérimentale*, Paris, PUF, 1947, p. 116)

Vue un peu simplificatrice d'un auteur écrivant avant la « crise » de la physique, amenée par la relativité et les quanta. Les sciences installées ne sont pas toujours un long fleuve tranquille. Ajoutons que la distinction des degrés de ruptures, l'une fondatrice et l'autre correctrice, sera traduite, par les néo-marxistes des années 1960-1970 par les termes de coupure et de refonte.

Dans l'ouvrage que nous propose Bernard Balan, la fondation de la physique de la Terre est repoussée à la création de la tectonique des plaques. Toute discontinuité qui précède sera tenue pour révolution au sens de Claude Bernard. Ce qui ne signifie pas que l'auteur ignore les progrès qui se produisent depuis la fin du XVIIIe siècle, au long de la période que d'autres identifient aux débuts de la géologie (avec l'acclimatation du mot, en langue française, en 1778). En abandonnant les cosmogonies antiques, purement spéculatives, les savants de l'époque moderne créeront une géogénie, en isolant la Terre comme objet d'étude. La lutte du feu et de l'eau y jouera encore un rôle essentiel, à travers les déluges et les révolutions du globe (autant de mots qui forment les têtes de chapitres du livre de M. Balan). Ils recenseront bientôt la succession des strates (en retrouvant ce terme utilisé dès le XVIIe siècle par Sténon) fondant ainsi la stratigraphie, puis s'intéresseront au dérangement des couches qui forment des plissements. Mais il manque encore la clef de voûte de l'édifice. Les plis sont encore rapportés à des mouvements latéraux limités dus à des enfoncements du sol consécutifs au refroidissement de la Terre

Bernard Balan montre brillamment toute l'insuffisance de ces explications. Tant des remplis d'Elie de Beaumont que des poussées entre avant et arrière pays de Suess. Comment la poussée peut-elle venir d'un arrière pays effondré ? Le refroidissement, si commode, n'est que le dernier avatar des cosmogonies, modernisées par les tourbillons de Descartes et le jet de matière ignée arraché du soleil par la comète de Buffon. Dès le début du XXe siècle, John Joly et surtout Arthur Holmes vont calculer que la radioactivité des roches de l'écorce produit de la chaleur qui compense la dissipation de la chaleur initiale. Quant au raccourcissement calculé des couches des montagnes plissées et charriées, il est sans commune mesure avec la diminution du diamètre du globe que produirait le refroidissement postulé par les auteurs du siècle précédent.

Quand notre ami feint de s'étonner que les contemporains de Wegener n'aient pas vu qu'il apportait la solution, il rafraîchit, par le regard extérieur qu'il porte sur l'époque, les historiques classiques. Il faut évidemment n'avoir pas subi l'enseignement de mes maîtres des années 1950 pour montrer l'insuffisance du modèle tectonique de l'époque : le fameux géosynclinal. Encore aujourd'hui, quarante ans après avoir commencé de découvrir les concepts de la nouvelle tectonique globale, je garde une petite nostalgie de cette structure qui s'est démodée en si peu d'années autour de 1970. De même, dans les discussions que nous eûmes ces dernières semaines, j'ai avoué à Bernard Balan que lorsqu'on m'enseignait qu'un immense continent traversait l'Atlantique nord, au début de l'ère primaire, reliant le bouclier canadien au bouclier baltique, je prenais sagement des notes sans sourciller. Aucun de nous, tous étudiants studieux, ne se soulevait pour demander comment ce continent fait de matière légère, le sial de l'époque, avait pu s'enfoncer dans les couches plus denses du sima.

Nous apprenions que les thèses de Wegener étaient controuvées : des forces incapables d'écraser une brique, selon les railleries de Bouasse, le physicien. Leur revival vint pour moi par la lecture (quand ? milieu des années 1960 ? où ? je ne peux retrouver) d'un article sur les travaux de Runcorn, qui établissaient que non seulement les pôles avaient migré, mais plus significativement qu'on leur trouvait, à la même période, des localisations différentes dans l'ancien et le nouveau monde. Une démonstration, accessible au jeune naturaliste que j'étais, et qui précédait les études, plus indirectes, du flux thermique des dorsales et de la symétrie des anomalies magnétiques.

Alors, dois-je reconnaître avec Bernard Balan que « la force des raisons de Wegener auraient dû emporter la conviction de ses contemporains géologues » ? Sans doute, mais la formule me fait songer à Bachelard qui nous dit que c'est seulement après coup qu'on découvre ce qu'on aurait dû prévoir. « Nos connaissances actuelles éclairent d'une manière si vive le passé des pensées scientifiques que nous prenons toutes les lueurs du passé pour des lumières ». En sorte que « tout se tient quant tout est construit. La construction révèle après coup les valeurs de structure. Les fondements s'établissent par récurrence. On voit le fond à partir du sommet » (*Le Rationalisme appliqué*, 1949).

Parce que la vision de Wegener était « juste » dit Argand, elle pouvait se passer de « lest théorique » tandis que « les théories ne sauraient se passer de vision juste au départ ». Mais à quoi reconnaît-on une vision juste ? Elle doit être synthétique nous dit Balan, et dès lors elle peut se dispenser des considérations maladroites et erronées sur les forces translatrices. Mais cela suffit-il ?

Aujourd'hui nous pouvons disserter sur notre propre cécité, et surtout (c'est plus confortable) celle de nos maîtres, parce qu'ils avaient des connaissances qui nous manquaient. Langevin nous dit, pour sa part, combien les théories qui se sont fossilisées (le mot est adapté) savent résister aux idées nouvelles. Et c'est encore Bachelard qui, dix grandes années avant le *Rationalisme appliqué*, avait développé le rôle des obstacles épistémologiques dans sa *Formation de l'esprit scientifique*. Sans doute est-on plus indulgent quand on a barboté dans le marais des erreurs fixistes. Mais précisément, il est indispensable qu'un œil neuf regarde le savoir bancal des géologues de l'époque sans indulgence. Je n'avais pas mesuré jusqu'à ce jour combien ce creux devenant (« un jour », ironise Balan) une chaîne plissée, soulevée, que représentait le géosynclinal, échappait à toute physique des matériaux. Balan s'étonne à juste titre qu'un géologue de haute réputation, ingénieur des mines et polytechnicien d'origine (Jean Goguel), ait pu en 1959, à la veille de l'article de Harry Hess, douter qu'une synthèse fût possible un jour entre physique du globe et géologie.

Ce qui justifie la sévérité de Bernard Balan c'est qu'il a fait l'effort de lire la « Tectonique de l'Asie », les 200 pages de la communication faite par Émile Argand au congrès géologique international de Bruxelles en 1922 (publiée en 1924). Le géologue de Neuchâtel a compris admirablement des idées du météorologiste allemand. Et sa synthèse traite en détail d'un cas, ce que ne savait pas faire Wegener qui ne connaissait pas assez le terrain des géologues. Mais si la nature est écrite en langage mathématique, selon la célèbre formule de Galilée que rappelle Balan, en la doublant d'une confirmation de Kant, que vaut le terrain du géologue-naturaliste ?

Tout et rien, à la fois, pourrait-on dire. Althusser prétendait qu'on reconnaissait une nouvelle science « au rejet des erreurs de sa préhistoire » (*Éléments d'autocritique*, 1972). En ce sens, Bernard Balan rejette les explications des tenants du refroidissement et du géosynclinal, mais il ne tient pas pour négligeables les observations accumulées depuis un siècle, le marteau à la main. Au contraire, ce sont elles qui reçoivent une explication de la part des physiciens du globe. Sans elles aucune fondation n'était possible. L'œuvre de ces pionniers n'est en aucune façon erronée et rejetée. Il convenait de rassurer le monde des naturalistes.

Gabriel GOHAU
Président du Comité français d'Histoire de la Géologie (COFRHIGEO)
Prix Wegmann 1994 de la Société géologique de France
Mary C. Rabbitt Award 2010, *Geological Society of America*

AU LECTEUR

Il ne s'agit pas ici d'une Histoire de la Géologie, mais d'une réflexion sur cette Histoire et son évolution récente. On voudra donc bien nous pardonner de ne pas traiter explicitement des travaux des historiens actuels de la Géologie, mais seulement de les utiliser lorsque besoin est. C'est le cas des travaux des membres du Comité Français d'Histoire de la Géologie. C'est aussi celui des publications de langue anglaise, dont l'érudition indiscutable est trop souvent mise au service d'une interprétation relativiste des crises historiques, conforme à la conception des « Révolutions scientifiques », formulée par Kuhn. Le présent livre tend, au contraire, à soutenir l'idée d'une rupture radicale entre science et non science, telle qu'elle a été analysée par des historiens comme Alexandre Koyré ou Maurice Clavelin à propos de Galilée : les doctrines d'inspiration aristotélicienne ne sont scientifiques que par homonymie. Avec Galilée, nous n'avons pas une révolution scientifique, mais une fondation. C'est à quelque chose du même ordre que la Géologie semble nous avoir fait assister en cette fin du XXe siècle.

En effet, il s'est opéré en 1968, avec la naissance de la Tectonique des plaques, c'est-à-dire, de la théorie qui explique la mobilité des continents par le déplacement de portions distinctes de l'écorce terrestre les unes par rapport aux autres, une rupture avec les conceptions géologiques précédentes si profonde qu'elle fait penser à la naissance d'une science nouvelle plutôt qu'une simple transformation d'une science antérieure, tout comme cela s'est passé entre la Physique aristotélicienne, qui décrivait les phénomènes, et la Physique moderne qui, depuis Galilée, en établit les lois. Il faut alors se demander pourquoi la Géologie a mis si longtemps à en arriver là, malgré un travail intense et méritoire de défrichage des phénomènes géologiques sans parvenir à en dégager l'explication. Il y avait, d'abord, la complexité de l'objet Terre et le caractère inaccessible des phénomènes internes pour lesquels il a fallu trouver des moyens techniques d'investigation indirecte. Mais il y avait aussi, et, peut-être, surtout, des raisons qui tiennent au psychisme humain et ce sont elles dont il sera question ici. L'intérêt pour la Terre s'est manifesté d'abord à travers des Cosmogonies mythiques apparues à l'aurore des civilisations et destinées à rendre compte de l'origine du monde et de l'homme. Elles se sont retrouvées dans les spéculations des premiers géologues, après avoir été rationalisées par les anciens philosophes, et se sont maintenues dans le corpus des idées reçues en Géologie jusqu'à une époque récente, malgré la pression des faits. Il a donc fallu, semble-t-il, bien du temps, du courage et une lucidité exceptionnelle de la part des novateurs, pour les dépasser malgré les conservatismes de toute nature. C'est peut-être là un sujet suffisant de méditation pour occuper tout un gros livre.

Nous ne proposons ici qu'un simple parcours centré sur la période qui va de la fin du XVIIIe siècle, lorsque les savants ont commencé à s'intéresser systématiquement à l'étude de la Terre, jusqu'au début du XXe siècle, avant que la mobilité des continents ne soit entrevue, pour conclure dans un dernier chapitre sur l'impact que la reconnaissance de cette mobilité a pu avoir sur le devenir de la Géologie. Il n'est pas question d'épuiser la littérature géologique immense que nous devons à cette période : ce travail sera simplement étayé sur un échantillon d'auteurs et de textes pouvant avoir une valeur représentative. Seront ici privilégiés les *Traités*, *Éléments* et *Manuels* qui indiquent souvent, à une date déterminée, l'état de la science tel qu'il est généralement admis, celui qui s'enseigne aux générations suivantes. Ce parcours sera centré sur les objets majeurs de l'investigation géologique au cours de cette période et des questions qu'ils ont posées. Il ne s'agit donc pas de passer en revue toute la Géologie, mais seulement les départements de cette science qui ont été le lieu des principaux conflits théoriques, à savoir d'abord la *Stratigraphie*, centrée sur deux problèmes essentiels au XIXe siècle : celui de la *scansion du temps*, avec la question des Révolutions, et celui de l'*ordre du temps*, avec l'élaboration d'une chronologie relative, et ensuite, la *Tectonique* qui a pris son essor dans la seconde partie du siècle avec la question des *plissements* dont il fallait expliquer la formation à partir d'une Physique du Globe à créer.

Or, ces trois questions sont apparues ensemble dès que les naturalistes et les ingénieurs des mines ont pris la surface de la Terre comme un objet d'examen. Dans les trois chapitres qui leur sont consacrés, *Le Déluge et les Révolutions*, *Les Strates*, et *Les Plissements*, il faut donc aborder ces questions par la manière dont elles étaient envisagées à la fin du XVIIIe

siècle, à partir des fonctions mythiques et théoriques assignées à l'eau et au feu, qui sont l'objet des deux premiers chapitres. Un coup d'œil succinct sur la dernière étape de cette évolution et son aboutissement, la Tectonique des plaques, qui semble marquer la véritable naissance de la Géologie comme science affranchie des derniers vestiges des anciennes cosmogonies (dont le premier chapitre est un simple rappel), dans son approche des dimensions redoutablement inconnues de la Terre, et possédant un statut propre, sera l'objet d'un dernier chapitre limité aux très grandes lignes de débats fort complexes.

À l'origine, mon projet avait été de reproduire à part la 4e partie de *L'Ordre et le temps*, ouvrage publié en 1979 par les Éditions Vrin, partie consacrée à la Géologie et à la Paléontologie du début du XIXe siècle, complétée d'une introduction et d'une conclusion. L'idée était qu'un travail de dimension plus limitée que le précédent pourrait toucher un plus large public. Madame Anne-Marie Arnaud-Paulhac, à laquelle j'ai fait part de ce projet, m'a alors suggéré de voir plus large et d'en venir jusqu'à nos jours. Malgré la conscience aigüe de mon incompétence, j'ai cédé à la tentation de répondre à cette excellente suggestion, dont je la remercie, et je me suis mis à la tâche. Je remercie bien vivement Gabriel Gohau qui m'a soutenu de son appui, de ses conseils, de ses indications bibliographiques, surtout pour la période la plus récente, et de ses efforts pour atténuer l'attitude critique que j'ai eu tendance à adopter vis-à-vis de certaines communautés géologiques du passé. Je remercie aussi mon fils Étienne Balan qui m'a documenté dans son domaine, la Minéralogie, tous ceux par qui j'ai pu me procurer des livres indispensables qui me manquaient, Jean Ripert, qui m'a suggéré le sous-titre de l'ouvrage et Madame Odile Lajoinie qui a eu la patience de m'initier aux mystères de l'informatique.

Bernard BALAN

INTRODUCTION

En 1967-1968, à partir d'un exposé sur la division de la Terre en plaques rigides en déplacement les unes par rapport aux autres, dû à Jason Morgan, géophysicien américain, suivi d'un article écrit à partir de bases différentes par deux anglais, Dan Mackensie et Robert Parker, et d'un travail réalisé par Xavier Le Pichon, il a été définitivement établi que la surface de la Terre était mobile aussi bien dans un sens horizontal que dans le sens vertical. C'était la fin de plus de cinquante ans de controverses provoquées par la découverte de la dérive des continents dont le livre de Alfred Wegener, *L'origine des continents et des océans*, de 1915, avait assuré la promotion, malgré le rejet de ses contemporains. La raison de ces déplacements continentaux, entrevue par Wegener, était à rechercher dans les courants de convection, c'est-à-dire les remontées d'un matériel chaud qui descendait refroidi comme on peut l'observer dans un liquide près de bouillir, lesquelles animaient les parties centrales de la planète, rendues visqueuses par les très hautes températures dues à la radioactivité des roches. Nous avions ainsi la clef à partir de laquelle on allait pouvoir concevoir la formation des grandes structures géologiques dans le cadre d'une *Physique du Globe*, comprise elle-même comme un cas particulier de l'Astrophysique. Du mystère des origines sur lequel on ne pouvait auparavant que spéculer, on était donc passé au développement de connaissances bien fondées et à des inductions scientifiquement justifiables. La Géologie, science de la Terre, était donc née, après deux siècles de ce qui, en définitive, n'était pas encore tout à fait une science, encombrée qu'elle était de thèmes mythiques et de constructions imaginaires.

Pour qu'il y ait science, il faut que les mystères de la nature, par définition insondables, puissent être réductibles au domaine de ce qui est simplement inconnu, mais ouvert à une possible recherche. Il y a mystère lorsqu'il y a quelque part impénétrabilité aux voies naturelles de la connaissance humaine. Se demander pourquoi quelque chose existe plutôt que rien, place le philosophe, par exemple, en présence du « mystère de l'Être » : il n'existe pas de réponse à cette question qui ne soit spéculative, c'est-à-dire qui ne représente au mieux qu'une possibilité imaginaire plus ou moins logique, à moins qu'il s'agisse simplement d'un pseudo problème. Au contraire, pour prendre un exemple simple dans le domaine de la physique, il n'y a plus mystère lorsque nous étudions les variations de la colonne de mercure d'un baromètre, elles s'expliquent par celles de la pression atmosphérique : nous sommes alors en présence d'une relation intelligible, expérimentalement fondée, liée à des connaissances acquises, et nous pouvons en partir pour aller plus loin dans l'investigation des phénomènes météorologiques. Transposée à la Géologie, cette opposition élémentaire entre ce qui est déclaré mystérieux et ce qui est connaissable, nous permet d'opposer l'explication de l'origine des mers et des continents, d'un côté par la séparation des terres et des eaux, mélangées à l'origine dans un mystérieux fluide primitif, grâce à l'intervention d'une puissance transcendante, et de l'autre, par l'existence de réactions géochimiques assignables qui ont permis à l'oxygène et à l'hydrogène de se dégager et de se combiner en molécules d'eau au cours de la formation de l'écorce terrestre. Dans le premier cas, l'évocation d'un fluide primitif peut se rattacher à de vieilles cosmogonies qui font jouer à l'eau un rôle primordial que d'autres attribuent au feu, et, dans le second, nous avons affaire à un problème posé en termes scientifiques. Ces vieilles cosmogonies seront rationalisées bien avant l'émergence d'une Géologie, même embryonnaire, à partir du Ve siècle avant notre ère par les philosophes présocratiques et leurs successeurs. Beaucoup plus tard, lorsque les ingénieurs des mines et les géographes vont commencer à la fin du XVIIIe siècle à se demander comment les phénomènes terrestres ont pu se former, ils héritent ainsi d'un jeu d'explications imaginaires mais traditionnelles datant d'une période ancienne et respectable où la science n'existait pas encore. De cette science, ils vont devoir dégager la possibilité en la libérant de ces constructions mythiques qui encombrent son futur domaine.

Dans cet esprit, ils vont d'abord observer et décrire, travail au cours duquel on pourra constater, non pas une disparition, mais une décantation des thèmes préexistants : la surface de la Terre sera ruinée par l'eau mais rénovée en profondeur par le feu. Néanmoins, leur attention va être rapidement fixée et pour longtemps sur la succession des couches qui forment le sous-sol, observée dans les mines et présentée par des affleurements, et sur la signification chronologique de leur superposition établie d'abord à partir de critères minéralogiques, ensuite et surtout paléontologiques. Par ce biais, la Géologie en gestation va donc se montrer principalement stratigraphique, en se donnant pour objectif la détermination de l'âge relatif des terrains. Elle se désigne aussi comme historique, mais malgré la référence métaphorique constante à l'histoire humaine, il s'agit essentiellement d'une Histoire Naturelle de la Terre qui, sous le nom de *Géognosie* analyse et classe les phénomènes terrestres dans l'ordre du temps comme la Géographie physique le faisait dans l'espace, sans chercher à les expliquer.

L'explication, c'est-à-dire la recherche des causes qui ont donné naissance aux différentes structures géologiques, depuis les reliefs montagneux jusqu'aux fosses sous-marines est renvoyée à une *Géogénie* spéculative, qui prend le relai des *Théories de la Terre* antérieures, toujours hantées par le mystère des origines du monde. Le modèle en est fourni par Descartes, dont la physique imaginaire prétend rendre compte de la formation de la Terre dans le cadre d'une cosmogonie compatible avec sa métaphysique mais qui reprend, en réalité à son compte, en la transformant, une très vieille mythologie du feu créateur, déjà rationalisée par les anciens Grecs. Plus tard, au XIXe siècle, le concept de « Révolution », destruction totale puis rénovation de la surface du globe, qui, au delà du Déluge de Moïse, ne va pas sans évoquer la *Pralaya* des mythologies indiennes, à la limite entre deux âges du monde, servira à expliquer le rapport entre le soulèvement des montagnes et le renouvellement des faunes censés séparer deux périodes géologiques successives, conçues comme totalement indépendantes. Ces Révolutions, comprises initialement comme des déluges universels, suivant le modèle biblique, ont été interprétées ensuite comme des inondations provoquées par les soulèvements périodiques, dus à la contraction d'un centre de la Terre, fluide parce qu'igné, mais qui se refroidit. Ces soulèvements sont imaginés à la manière dont les plis se forment à la surface d'une pomme cuite mise au frais, par perte de volume : dans l'imaginaire géologique, le feu ne peut agir qu'en se dissipant et en réduisant son support, comme cela se passait en Chimie, avant Lavoisier et bien avant qu'on ne parle d'entropie. Refroidissement et contraction vont constituer pendant plus d'un siècle l'essentiel de la *Physique du Globe* pour la communauté des géologues. Les soulèvements par contraction ne font d'abord que sanctionner les clivages stratigraphiques qui restent au premier plan des *Traités* et *Manuels*. Il faudra attendre le dernier tiers du siècle pour que cette optique se modifie et fasse place aux premiers linéaments d'une tectonique qui tienne compte des divers aspects de la structure et de la formation des montagnes.

Que les montagnes soient dues à des soulèvements d'origine interne et ignée et non pas à l'effondrement du toit de cavernes primitives ou à des cristallisations fantastiques au fond des eaux, il s'agit là d'un acquis obtenu avec difficulté, puisque les effondrements de l'écorce terrestre, dont les soulèvements ne sont en réalité qu'une conséquence, servent encore d'explication à la formation des reliefs à la fin du XIXe siècle. Il est aussi surprenant de découvrir que les plissements des couches, observés depuis toujours, et quelquefois décrits, par les géographes et les voyageurs, n'est pris au sérieux que tardivement. C'est que, pour concevoir leur formation, il fallait d'abord admettre la possibilité de poussées lentes et mêmes latérales, sur un matériau souple, et par conséquent, abandonner les Révolutions, liées à des mouvements verticaux brusques qui ne pouvaient provoquer que des cassures dans une écorce jugée d'un très faible degré de viscosité, sinon absolument rigide. Nous avons ici la démonstration que ce sont les possibilités d'interprétation théorique qui sélectionnent parmi les données observables celles qui méritent d'être prises en considération. Or, ce niveau est le plus sensible aux influences culturelles qui déterminent ce qui est concevable et ce qui ne l'est pas à partir d'une vision du monde encombrée par nombre de thèmes archaïques plus ou moins conscients, transmis à partir de mythologies et d'idéologies très lointaines malgré un habillage d'actualité. Pour que les géologues, d'historiens, deviennent tectoniciens, il faut donc, semble-t'il, une transformation en profondeur de cette représentation du monde qui ne dépend pas seulement d'eux mais aussi d'un développement général de la civilisation technicienne dans laquelle ils vivent, où interviennent non seulement les autres sciences mais aussi de multiples facteurs économiques et sociaux. Il faut que la représentation qui fait de l'homme européen le centre de l'Univers, vers lequel toute la Création, même physique, est orientée, commence à céder un peu de terrain aux données profanes, pour que l'on voie dans la Terre autre chose que le simple support d'un progrès qui va des périodes primitives au monde actuel à travers une « histoire » géologique orientée, pour qu'on regarde enfin ce qu'elle est réellement.

Les « Géosynclinaux » ont pris le relai des Révolutions lorsqu'il s'est agi de rendre compte de l'origine des poussées latérales, nécessaires à l'explication des plissements, et ceci, pendant près d'un siècle, jusqu'à leur disparition quasi instantanée des livres de Géologie après 1968 et cela, sans laisser de traces. Ils se définissaient en gros comme des cuvettes sédimentaires dont le pincement entre deux blocs continentaux provoquerait la surrection de montagnes à la manière dont la pâte dentifrice sort du tube lorsqu'il est comprimé entre deux doigts. Si les blocs continentaux se rapprochent, c'est en raison de la contraction de la Terre à cause de son refroidissement mais lorsque ce refroidissement a été mis en question dès le début du XXe siècle avec la découverte d'une source de chaleur centrale liée à la radioactivité des minéraux, la contraction de la Terre et les Géosynclinaux ont quand même survécu. C'est qu'ils permettaient de sauver l'idée d'une topographie terrestre stable que les mouvements verticaux d'émersion et de submersion, admis jusqu'ici, n'altéraient pas vraiment, point essentiel car nous n'admettons pas facilement que les murs de notre maison puissent bouger. Autrement dit, il existe en nous un besoin de stabilité dans les choses qui nous environnent qui est probablement lié à cet instinct de sécurité caractéristique d'une espèce de primate particulièrement vulnérable. L'hypothèse des Géosynclinaux qui assurait à la surface de la Terre une topographie constante depuis les origines, si ce n'est une simple réduction due au refroidissement et un va et vient entre les terres et les mers, autrement dit, des variations locales, répondait donc parfaitement à une exigence de permanence des cadres géographiques, qui satisfaisait pleinement notre cerveau de singe amélioré : elle pouvait résister à la pression des faits même après la reconnaissance explicite par quelques précurseurs d'un mobilisme crustal généralisé. Pour que les disciplines géologiques dépassent le stade de l'Histoire Naturelle et adviennent comme sciences à part entière, il faut que le point de vue du sujet humain qui voit d'abord dans la Terre une maison dont la possession lui aurait été attribuée par une instance mythique supérieure, en soit écarté. Les Géosynclinaux appartiennent à une vision finalement rassurante du devenir terrestre, la dernière à préserver un anthropocentrisme en voie d'essoufflement dans le domaine des sciences de la Terre.

Il vaut peut-être la peine d'examiner dans cette perspective les efforts d'une communauté géologique dont les membres, professionnels ou amateurs, sont parvenus à ce résultat au terme d'efforts incessants et malgré les impasses dans lesquelles ils se sont trouvés enfermés en raison de la survie dans notre culture d'éléments issus des cosmogonies archaïques et traités quelquefois comme des évidences de sens commun, dont les théories, même à prétention scientifique, devaient tenir compte pour être jugées recevables par toute collectivité humaine, autant et plus que par la complexité des phénomènes géologiques et l'insuffisance des moyens techniques disponibles. Il fallait d'abord que le monde de la science soit désenchanté, et que les traces de pensée magique, ou simplement désirante, en soient éliminées au profit d'une approche essentiellement physique, pour que la Géologie puisse se réaliser en tant que science. Il fallait que l'eau soit reconnue comme un composé d'oxygène et d'hydrogène, corps chimiquement simples, définis par une certaine structure atomique, et que la chaleur puisse être traitée comme une forme d'énergie mesurable, obéissant aux principes de la Thermodynamique. Autrement dit, il fallait que se constitue une authentique *Physique du Globe* qui prenne le relai des spéculations sur la contraction de la Terre due à son refroidissement supposé. Tant que ces conditions n'ont pas été réalisées, l'expérience première, dont relèvent refroidissement et contraction, représente un obstacle épistémologique au développement de la science. Elle permet à la pensée mythique représentée d'abord par la Création, puis par le Déluge, et ses travestissements plus ou moins compatibles avec une pensée rationnelle, à savoir les Révolutions de la Terre, et enfin, par le thème des effondrements ou affaissements continentaux, de subvenir aux lacunes et insuffisances de la pensée théorique. À côté de la science, il faut tenir compte des conditions sociales et mentales dans lesquelles elle se définit et qui peuvent la favoriser ou la faire dévier, lorsque les enjeux affectifs, conscients ou inconscients sont importants.

Mais, en Géologie, est-ce bien de Physique et de science qu'il s'agit? Avant même que la Terre ne devienne un objet de l'Histoire Naturelle, d'anciennes cosmogonies ont vu en elle un être vivant, un organisme, et le thème a survécu jusqu'au XIXe siècle, et probablement au-delà dans la conscience populaire. Un organisme est un ensemble harmonieux d'organes, c'est-à-dire, au sens premier du terme, d'instruments, certes animé, mais aussi technique, à savoir la machine que le corps, uni à l'âme, deviendra avec le cartésianisme. Or, Hutton, le premier savant à voir dans l'approche de la Terre autre chose qu'une « science de faits et d'observations », en a fait une Machine, envisagée comme fabriquée par la sagesse créatrice, dans le cadre de la Théologie naturelle, c'est-à-dire, de « la connaissance que nous avons de Dieu et de ses attributs, par les seules lumières de la raison et de la nature »[1]. Il s'agit donc d'un objet technique qui a mis en œuvre des principes technologiques conformes à la réalisation d'un plan intentionnel, celui de Dieu, à savoir édifier une demeure pour l'homme où il se sente bien, quitte à disposer des moyens de le punir si son comportement laisse à désirer.

Dans cette optique, qui est celle d'un ingénieur, « il faut distinguer les forces qui sont dans la nature et que l'intelligence découvre, et la production des mouvements, production qui est le domaine propre de l'intelligence qui invente. L'étude de la force est l'objet de la physique, la

1. « Théologie », dans D'Alembert et Diderot, *Encyclopédie ou Dictionnaire raisonné des sciences, des arts et des métiers*, Neufchastel, Faulche, 1765, t. 16.

production des mouvements est l'objet de la science des machines »[1]. Les sept jours de la *Genèse* se présentent comme une série d'actes. Leur laïcisation sous forme d'*Époques* se traduit par des mouvements qui supposent des forces. Comme les desseins divins sont inscrutables, et, à plus forte raison, les moyens mis en jeu, directement inconnaissables, il faudra les entrevoir à partir de ce qui est à la disposition des faibles ressources de l'esprit humain, de quelque chose qui ne soit pas trop loin de son expérience quotidienne et qui puisse avoir quelques garanties du côté des connaissances scientifiquement acquises. Nous avons peut-être là la clef du succès durable du refroidissement de la Terre et de sa contraction consécutive, il fournit aux géologues les forces dont il a besoin pour expliquer les mouvements dont les structures géologiques sont les effets. Il représente ainsi une variable physique dont l'analyse est laissée à d'autres, mais qu'il suffit de placer à l'origine des soulèvements, effondrements, et autres géosynclinaux, qui vont représenter les techniques supposées de production des reliefs, pour en fournir les causes plausibles qui passent facilement pour évidentes. L'intelligibilité des phénomènes géologiques ne relève donc pas directement de la Physique, science en plein essor du XVIIIe au XXe siècle, mais de ses possibles applications à des mécanismes inaccessibles, qui, pour Hutton et nombre de ses contemporains, relèvent de l'entendement divin, celui que Kant, à la même époque, concevait comme architectonique. La *Physique du Globe*, dont les géologues ont besoin pour expliquer les phénomènes par leurs causes, désigne moins un département de la Physique proprement dite que les bases scientifiquement suffisantes d'une *ingénierie*, désignée comme *Géogénie*, dont la *Physique du globe* est destinée à prendre le relai. Mais les ingénieurs et les mécaniciens ont un pouvoir qui manque aux géologues, celui de démonter la machine.

1. J.Y. Goffi, *La philosophie de la technique*, Paris, PUF, 1988, p. 54.

Illustration 1
Georges Leclerc de Buffon (1739-1788)

CHAPITRE PREMIER

DES COSMOGONIES À LA GÉOGÉNIE

Une Cosmogonie est un récit qui raconte la formation du monde. Lorsqu'il n'existe aucun moyen d'avoir la moindre connaissance de ce qui a pu se passer, ce récit ne peut être qu'imaginaire. Il s'agit d'une Fable au sens que Fontenelle donnait à ce terme en 1684 dans *L'origine des Fables*, opuscule qui mérite toujours la lecture, à savoir : récit merveilleux inspiré de l'expérience quotidienne au service des désirs humains et de leur expression. C'est la production naturelle de l'esprit humain dans son enfance. Ces Fables, nous dit Fontenelle, referment aussi une philosophie : celle qui prétend expliquer l'inconnu par le connu, à la manière dont le mécanisme cartésien explique la nature par des poids, des ressorts et des leviers, c'est-à-dire des objets familiers. Ce sont les activités mentales, sociales et politiques qui vont ici tenir lieu de ces objets parce qu'elles sont les seules bien connues en ces temps primitifs. Cet anthropomorphisme naturel représente ainsi un fonds commun à toute l'espèce humaine : « Je montrerais peut-être bien, s'il le fallait, une conformité étonnante entre les fables des Américains et celles des Grecs » et Fontenelle ajoute : « chez la plupart des peuples, les fables se tourneront en religion », dans la mesure où les dieux et déesses se voient considérer comme détenteurs et sources de tous les pouvoirs.

Tout cela signifie que notre monde physique et humain a d'abord été conçu à partir d'un univers imaginaire auquel l'homme s'est radicalement soumis. Marcel Gauchet dira, de nos jours, qu'il s'est dépossédé de ce qu'il y a de plus profond dans sa nature, la fonction symbolique, par laquelle il donne un sens à ce qui l'entoure et à ce qu'il fait[1]. L'histoire de l'humanité peut ainsi se penser comme une réappropriation par l'homme de tous ses

1. M. Gauchet, *Le désenchantement du monde*, Paris, Gallimard, 1985, p. 11, 27, etc.

pouvoirs et en particulier, celui d'être un donneur exclusif de sens. Dans le cadre primitif, une Géologie, c'est-à-dire une étude scientifique de la structure et de l'évolution de l'écorce terrestre n'est même pas pensable, car il faudra d'abord que la Terre soit prise au sérieux comme objet autonome de recherches, et ensuite que l'explication des phénomènes qui s'y observent réponde aux seules exigences d'un contrôle rationnel et expérimental. Pour en arriver là, il faudra du temps, car, non seulement il faudra attendre que l'importance économique des richesses minières conduise à vouloir faire mieux que d'user de procédés divinatoires pour détecter les filons exploitables, ce qui nous amène, en gros, au XVIIIe siècle, mais aussi et surtout que les rapports émotionnels que non entretenons avec le sol que nous avons sous nos pieds aient fait place à une approche purement rationnelle, c'est-à-dire neutre, ce qui n'aboutira, nous le savons, qu'en 1968. L'intervalle entre ces deux moments semble constituer une sorte de protohistoire de la Géologie, au sens où la Physique aristotélicienne et médiévale a constitué une protohistoire de la Physique, malgré les données proprement scientifiques qu'elle a pu rassembler et qui ont trouvé ensuite leur place dans le domaine de la science. Dans cet intervalle, le défrichage méthodique des terrains et la question des reliefs seront confrontés à des spéculations géogéniques qui détourneront la signification positive des résultats obtenus, dont l'importance est indiscutable, au profit de la survie de vieilles conceptions cosmogoniques, jusqu'à ce que cette signification prenne sa place dans la Géologie moderne, mais après avoir rencontré d'innombrables difficultés. Parlons, à présent, de ces Cosmogonies.

AUX ORIGINES

Les Cosmogonies archaïques

Pour qu'il y ait Cosmogonie, il faut qu'il soit question du monde, ce qui n'est pas le cas dans la plupart de ces Fables que nous appelons à présent, mythes d'origine, tels qu'ils sont relevés par les anthropologues dans les sociétés sans écriture. Il y est question, non pas du monde, mais de Maitres des animaux, d'Ancêtres primordiaux et de Héros civilisateurs dont les faits et gestes sont au fondement de l'ordre social et des innovations techniques, tels le feu et les plantes cultivées dont l'usage humanise la vie. Les récits se déroulent dans un paysage qui est déjà là, celui du secteur géographique de la culture qui a imaginé ces personnages primordiaux. L'idée d'un monde, c'est-à-dire d'un Ciel et d'une Terre qui ensemble résumeraient la totalité des choses, semble relever d'un degré d'abstraction plus élevé, donc d'une civilisation plus élaborée, avec ou sans écriture, mais elle ne prendra toute son importance qu'avec les mythologies des peuples les plus avancés. L'origine des mondes y est comprise alors d'après un schéma assez répandu puisqu'on le retrouve aussi bien chez les Maoris que chez Hésiode : ces débuts mal différenciés sont assimilés à un accouplement entre un Ciel-Père et une Terre-Mère et les enfants qui en résultent y sont maintenus entre les deux jusqu'à ce qu'ils provoquent la séparation en coupant quelque chose du Père, soit les bras, soit le sexe. Une fois libérés, ce seront eux, les dieux qui se chargeront de l'organisation du monde et de la création de l'homme. Les Cosmogonies primordiales sont donc d'abord des Théogonies. L'Épopée babylonienne de la création, *Enuma Elish*, datée de la fin du second millénaire avant notre ère, représente une variante de ce schéma où Apsu, l'eau douce, est la puissance mâle et Tiamat, l'eau salée, la puissance femelle, avant même que le Ciel et la Terre ne soient *nommés*, c'est-à-dire, n'existent. Les enfants-dieux, cette fois, ne se contentent pas de mutiler leur père : l'un deux, Ea, le tue puis établit sa puissance sur son cadavre, transformé pour la circonstance en sanctuaire dans lequel il procrée son fils, Marduk, le grand dieu de Babylone. Après avoir tué Tiamat, Mère-Abîme, devenue méchante, Marduk édifiera le monde à partir de son cadavre coupé en deux : soulevée, une moitié sera le support du Ciel et l'autre moitié consolidera la Terre [1]. Ce qui compte ici du point de vue de l'histoire des idées géologiques, ce ne sont pas ces histoires de familles divines, c'est l'instauration mythique de l'eau à l'origine des choses en Mésopotamie, à travers les personnages d'Apsu et de Tiamat, malgré une symbolisation anthropocentrique et une projection dans l'espace du monde de la représentation du corps humain. Il faudra s'en souvenir.

Le caractère primordial de l'eau se retrouve ailleurs. Dans les mythes égyptiens, avant la création, il n'existait qu'un « espace aquatique aux eaux inertes, totalement immobiles, et environné d'une obscurité absolue » [2]. Par contre, ce n'est pas d'un accouplement que les dieux vont surgir, mais de l'apparition dans ce liquide indifférencié d'un Démiurge qui, après s'être créé lui-même, fera apparaître le monde et son devenir. Si nous passons à une aire culturelle différente, l'Inde, on constate que la primordialité de l'eau y est encore affirmée : au livre III du *Mahabharata*, l'immense épopée indienne, Markandeya, ce sage intemporel qui traverse la succession des

1. J. Bottero, *Lorsque les dieux faisaient l'homme*, Paris, Gallimard, 1989, chap. XIV, p. 602-679, spécialement, I, v. 1-83 et V, v. 52-87.

2. D. Meeks et C. Favard-Meeks, *Les Dieux égyptiens*, Paris, Hachette, 1995, p. 23-26.

mondes, apparaît en flottant sur l'eau qui avait dissous un monde précédent. Il aperçoit un immense banian sur cette eau et sur une branche de ce banian, un bébé qui lui offre de pénétrer à l'intérieur de son corps et dans ce corps, il découvre l'univers. Ce bébé est Narayana, le principe de tous les dieux, capable de se créer lui-même et de produire et résorber éternellement les créatures[1]. L'eau est Nara, l'Océan primitif[2]. Il y a dans ces mythes qui mettent l'eau à l'origine du monde un point commun, souligné il y a longtemps par un géologue, Eduard Suess : leur apparition dans des cultures situées dans des régions inondables, traversées par des fleuves puissants et d'un niveau proche de celui de la mer, qu'il s'agisse de la basse vallée du Tigre et de l'Euphrate, de la vallée du Nil, ou des vallées de l'Indus et du Gange.

Nombre d'entre nous ont appris dans leur enfance que « Au commencement, Dieu créa le Ciel et la Terre. Or, la Terre était vide et vague, les ténèbres couvraient l'abîme et un souffle de Dieu agitait la surface des eaux »[3]. La Bible nous dit ensuite que la création s'est faite par séparation des eaux et du firmament le deuxième jour, puis des eaux et du continent le troisième jour. Nous savons que cette suprématie de l'eau provient de la Mésopotamie, car il faut savoir que les Israélites sont issus non pas de plaines submersibles, mais du désert, et que les premiers textes bibliques ont été rassemblés pendant l'exil du peuple juif à Babylone et après son retour en Israël, sans que pour autant on puisse exclure quelques souvenirs d'Égypte en raison des démêlés d'Israël avec les Pharaons. Par l'intermédiaire de la Bible, la primordialité de l'eau s'est donc imposée dans la culture européenne avec le christianisme et elle a été renforcée par le mythe dramatique du Déluge, de même provenance et transmis par le même canal. Au cours des Temps Modernes, Océan primordial et Déluge universel deviennent pour les précurseurs de la Géologie, des évidences ayant une portée historique : nous en aurons le témoignage dans les Théories de la Terre dès le XVIIe siècle, avec Werner aussi, à la fin du XVIIIe siècle, d'après lequel les roches primitives se seraient formées par précipitation dans un liquide, et avec Cuvier qui prétend réunir dans son *Discours sur les Révolutions de la surface du Globe* (1825), les preuves du Déluge fournies par les traditions de tous les peuples. Mais, à ces cosmogonies ou géogonies humides, Hutton opposait déjà, à cette même époque, une Théorie de la Terre où la place du feu était prépondérante.

1. M. Biardeau, *Le Mahabharata*, Paris, Seuil, 2002, t. 1, p. 592-596.

2. M. Biardeau, *Études de mythologie hindoue*, t. 1, *Cosmogonies puraniques*, Paris, École française d'Extrême Orient, 1981, p. 54-61.

3. Genèse, chap. 1, v. 1-2, dans *Bible de Jérusalem*, Paris, Seuil, 2005.

Dans les premiers chapitres de la *Genèse*, il n'était pas question du feu. Il n'interviendra qu'avec la destruction de Sodome (chap. 19), mais il vient du ciel. Dans l'*Exode*, au chapitre 3, le feu du buisson ardent est encore surnaturel. Ce n'est qu'au chapitre 19 que le peuple hébreu se voit confronté à une montagne fumante, le Sinaï. Pour trouver une fonction cosmogonique du feu dans les anciennes civilisations du Moyen Orient, il vaudra donc mieux se tourner vers l'*Avesta* iranien : on y trouve « une théorie primitive de la nature ignée du fluide vital qui traverse toute l'échelle des êtres »[1]. C'est le *xvarenah*, émanation du soleil. Ce feu vital est aussi moral, identifié à *Asha*, justesse et vérité, et en même temps physique, puisque Ahura Mazda, le Seigneur sage, s'en sert pour la rénovation apocalyptique du monde dans le zoroastrisme. Cette importance du feu s'imposera enfin avec le culte du dieu iranien Mithra au cours de l'Antiquité tardive, en concurrence avec le christianisme. En Inde, également, la dissolution universelle par l'eau primordiale décrite dans la vision cosmique de Markandeya, est consécutive à une conflagration qui marque un *Pralaya* ou résorption du monde au terme du dernier des quatre âges ou « yuga » au cours desquels il s'est dégradé avant d'être rénové par l'eau. Nous sommes ici dans le cadre d'un temps cyclique : ces quatre yuga forment un Mahayuga dont la durée est de 12000 années « divines », sachant que chaque année divine est l'équivalent de 360 années humaines, pour ne pas évoquer d'autres cycles, encore plus vastes[2]. Il apparaît donc que l'importance respective de l'eau créatrice et du feu destructeur parvient difficilement à s'inverser dans le registre mythique. Par contre, on verra ce retournement s'imposer avec les spéculations sur la nature des choses chez les philosophes présocratiques et surtout, dans la vision moderne de l'univers.

Les Cosmogonies spéculatives

Des cosmogonies mythiques aux cosmogonies philosophiques, c'est moins le contenu qui change que la présentation, devenue dogmatique, et avec elle, l'attitude vis-à-vis du monde des penseurs qui les ont imaginées. Avec la Théogonie d'Hésiode, nous étions dans le domaine du fantastique où l'imagination du poète se sert de thèmes symboliques issus de la culture grecque ambiante pour provoquer le mélange d'admiration et de crainte qui est le propre de tout ce qui est sacré. L'évocation initiale de l'Abîme (*Chaos*) dont proviennent la Terre et l'Amour, l'Erèbe (ténèbres infernales)

1. J. Duchesne-Guillemin, « L'Iran antique et Zoroastre », dans H.C. Puech, *Histoire des religions*, Paris, Gallimard, 1970, t. 1, p. 637.

2. M. Biardeau, *Études de Mythologie Hindoue*, *op. cit.*, t. 1, p. 8-9.

et la Nuit, suivie de l'enfantement du Ciel par la Terre, ici prédominante, qui, ensuite, s'accouple incestueusement à lui pour donner naissance à nombre d'entités cosmiques personnalisées, jusqu'à Chronos (le Temps) qui émascule son père avec la complicité de sa mère en raison d'une haine réciproque, tout cela forme un ensemble qui réunit les ingrédients destinés à écraser l'auditeur d'horreur et de fascination.

Avec les cosmogonies philosophiques, si le contenu est différent, nous avons affaire aussi à un tout autre style, même lorsque le dogme s'exprime sous la forme d'un poème. Empédocle en fournit un exemple, car, s'il invoque la Muse au début de son poème *De la Nature*, celle-ci « trône au faîte de la science »[1]. Il invite ensuite le destinataire à se porter vers la connaissance, mais avec prudence et esprit critique. La théorie proposée est abstraite, à savoir les jeux de l'Un et du Multiple, commandés par l'Amour et la Haine et qu'il faut voir « des yeux de l'Intellect »[2]. Elle commande une cosmogonie pour laquelle il existe deux états dans l'univers, le premier où le Tout est Un en formant une sphère illimitée ou *Sphairos*, dans laquelle rien n'est distinct, le second où le Cosmos s'y différencie par dissociation des quatre éléments : l'air et le feu montent former le Ciel, l'eau et la terre descendent au centre pour donner un globe terrestre autour duquel le monde se met spontanément en rotation. Tout ceci relève d'une spéculation du même type que les Fables d'après Fontenelle : une extrapolation allant des données de la vie quotidienne enrichies de quelques notions de géométrie et d'un effort de systématisation rationnelle vers une origine des choses qui la dépasse de manière incalculable. Nous sommes toujours dans l'imaginaire aux antipodes de toute science. Lorsqu'il s'agit des fonctions respectives de l'eau et du feu, c'est-à-dire des éléments qui se révèleront capitaux plus tard au niveau des conceptions théoriques de la Géologie en gestation, tout se passe comme si les rationalisations philosophiques ne faisaient que rendre recevables des thèmes initialement mythiques qui allaient, par ce biais, entraver lourdement les premiers balbutiements de la science, même si elles peuvent annoncer de loin une vague prise de conscience des problèmes qu'il faudra poser.

Les philosophes grecs présocratiques

Pour le premier de ces philosophes, qualifiés de physiciens par Aristote parce que les principes des choses sont pris par eux dans les phénomènes naturels – *Physis*, en grec, signifie Nature – à savoir Thalès de Milet, connu

1. Fragment B 3, dans J.P. Dumont (éd.), *Les Présocratiques*, Paris, Gallimard, 1998, p. 375.

2. Fragment B 17, v. 21, *ibid.*, p. 380.

comme géomètre et fondateur de l'École ionienne de philosophie entre les VIIe et VIe siècles avant notre ère, « l'eau est le principe de toutes les choses » et « la terre flotte sur l'eau » [1]. Mais, il a prétendu aussi que « Dieu est l'Intellect qui façonne toutes choses à partir de l'eau » [2] et non plus une puissance redoutable : ici, l'intelligence, quoique subordonnée à l'imagination spéculative, passe avant la vie émotionnelle, et ce sera vrai de toute une tradition dominante dans la pensée grecque classique, en rupture avec les bases irrationnelles de sa culture, même si elle ne parvient pas à les neutraliser totalement [3].

Dans la même École, Anaximandre, qui succède à Thalès, semble franchir un degré supplémentaire dans l'abstraction en posant en principe non plus l'eau mais l'Illimité, « cause universelle de toute génération et corruption dont se sont [...] discriminés les cieux et, généralement, tous les mondes qui sont illimités » [4]. Mais si l'Illimité est d'abord l'illimitation du mélange des éléments qui s'en dégageront par dissociation, il semblerait, d'après le même fragment que, de la discrimination du chaud et du froid naitrait « une sphère de feu qui enveloppe l'air autour de la Terre comme fait l'écorce d'un arbre » et dont l'éclatement donnerait le soleil, la lune et les astres. L'eau se réduit désormais à un « humide premier » qui environne toute la Terre et dont l'évaporation due au soleil et aux vents ne laisse aujourd'hui que la mer qui se réduit toujours par assèchement [5]. De plus, lorsque les vents s'engouffrent avec violence dans les crevasses dues à la chaleur et à la pluie, ils provoquent les tremblements de terre, si bien que Neptune, dieu de la mer et des tempêtes, était tenu par les anciens poètes et théologiens pour un faiseur de séismes [6], explication qui sera retenue par Sénèque. Nous trouvons ici une transition entre les valorisations mythiques de l'eau et du feu dans les domaines orientaux et indo-européens et le thème de l'abaissement progressif du niveau de la mer qui encombre les spéculations géogéniques aux XVIIIe et XIXe siècles, malgré les connaissances physiques qui en démontreront l'absurdité.

Les cosmogonies cycliques

Il serait superflu de parcourir les diverses cosmogonies philosophiques anciennes : il suffit ici de rappeler que, pour toute une période qui va de la

1. Fragment A 13, dans *Les Présocratiques*, *op. cit.*, p. 16.
2. Fragment A 23, *ibid.*, p. 21.
3. Voir E.R. Dodds, *Les grecs et l'irrationnel*, trad.fr. Paris, Flammarion, 1977, passim.
4. Fragment A 10, dans *Les Présocratiques*, *op. cit.*, p. 28.
5. Fragment A 27, *ibid.*, p. 36-37.
6. Fragment A 28, *ibid.*, p. 37.

naissance des mathématiques grecques au cours du Ve siècle avant notre ère, jusqu'à la révolution copernicienne, au XVIe siècle, qui fait de la Terre une planète parmi les autres, la conception cosmologique dominante place la Terre au centre d'un monde dont l'enveloppe extérieure serait de feu. Il s'agit encore d'une Fable, au sens donné à ce terme par Fontenelle, même si elle est formulée rationnellement : elle est due à ce que les corps lourds tombent, tandis que la flamme et la fumée montent comme on peut le constater dès l'enfance. Le Ciel, et non l'Enfer, est le lieu naturel du feu. Quelque chose de nouveau était cependant apparu avec la cosmogonie stoïcienne : une vision cyclique du devenir du Monde marqué par une conflagration périodique qui ne va pas sans évoquer la *Prayala* de la mythologie indienne : le monde retourne à sa nature première et divine qui est de feu et dont il renait purifié [1]. On sait par ailleurs que nous sommes ici dans un système où Dieu et le Monde sont confondus, que Dieu est ce qu'il y a d'éternel dans le Monde, c'est-à-dire qu'il en est le Feu et que ce feu divin en est le principe organisateur, autrement dit l'Âme [2].

L'idée d'un feu vivant et pensant, dieu suprême et âme du Tout, semble avoir été reprise d'Héraclite d'Éphèse, philosophe du Devenir, selon lequel rien n'est stable dans l'univers, ce dont les géologues se souviendront en découvrant les preuves de la mobilité de la surface terrestre et de l'existence d'une chaleur centrale. Ces conceptions semblent avoir été transmises aux Temps modernes par Sénèque en particulier, mais avec ses *Questions naturelles*, c'est un autre thème mythique qui intervient, celui du Déluge universel : le Déluge éteint la Conflagration, autrement dit « le feu est donc la fin ; l'eau, le commencement du monde » [3]. C'est bien la *Pralaya*. Cependant, Sénèque fait aussi de ce Déluge une longue description, conforme à la mythologie babylonienne qui lui a été transmise par Bérose, prêtre du dieu Bel au IIIe siècle avant notre ère : ce cataclysme est censé détruire un genre humain devenu bestial pour qu'il soit ensuite réengendré en même temps que les autres vivants sur une terre purifiée, jusqu'à ce qu'il reperde son innocence et soit de nouveau détruit, comme le veut l'optique cyclique propre aux stoïciens. Mais on peut noter encore que cette idée d'un temps cyclique est représentée par le thème archaïque de la Grande Année, qui, selon les Grecs, d'après Censorinus [4], serait marqué par un

1. Textes rassemblés dans J. v. Arnim, *Stoïcorum veterum fragmenta* (1902), Stuttgart, Teubner, 1964, vol. 2, p. 183-191.

2. Sur ce point, voir E. Bréhier, *Chrysippe et l'ancien stoïcisme*, Paris, PUF, 1951.

3. Voir Sénèque, *Questions naturelles*, III, 13, Paris, Les Belles Lettres, 1961.

4. Censorinus, *De Die Natali*, trad. fr. Nisard, Paris, Didot, 1866, chap. XVIII.

grand hiver, culminant dans un déluge, et un été, aboutissant à une conflagration.

Qu'elles soient mythiques ou spéculatives, il est clair que ces élaborations cosmogoniques n'ont rien à voir avec une science. Pour qu'il y ait science, il ne suffit pas que le naturel soit distingué du surnaturel; il ne suffit pas non plus que les phénomènes entrevus soient regroupés de manière plus ou moins rationnelle. Il faut une recherche délibérée en vue de déterminer leur production à partir de facteurs dont la réalité et l'efficacité soient vérifiables. Il ne faut donc pas confondre l'adoption d'une attitude rationalisante par des savants curieux de ce qui se passe sur et dans la Terre avec la naissance d'une science qui serait la Géologie: les *Météorologiques* d'Aristote, par exemple, relèvent d'une coordination raisonnée entre une Philosophie de la Nature, sous-tendue par une Métaphysique, et une Cosmologie qui subordonne le devenir du monde terrestre à un monde céleste immuable, d'une part, et d'autre part, des observations appartenant à une Histoire Naturelle qui décrit et classe les objets et faits remarquables: les comètes, les vents, les tremblements de terre, les éléments, etc., mais ce n'est pas de la Géologie. *Il n'y a pas de Géologie antique* [1] et il n'y en aura pas non plus jusqu'à ce que les sciences de la Terre aient adopté une méthode logique et déductive fondée sur une expérience travaillée, et cela ne surviendra que fort tard, pas même au XVIIIe siècle où l'étude des phénomènes terrestres reste dans le cadre de l'Histoire Naturelle, et ceci pour encore longtemps. C'est pourquoi, lorsque Daubrée, connu, lui, à la fin du XIXe siècle pour ses recherches expérimentales sur la formation des roches, voit en Descartes un des créateurs de la Cosmologie et de la Géologie [2], il y a lieu de présumer une erreur de catégorie. On peut voir, au contraire, dans la cosmogonie cartésienne la dernière des cosmogonies élaborées dans l'esprit des philosophies présocratiques, sans l'ombre d'un souci concernant la validité de ses soi-disant démonstrations. Une remarque du même ordre avait déjà été faite en 1905 par Louis de Launay sur le compte de Descartes: « On doit rappeler que les théories de ce genre se rattachent directement à la tradition des alchimistes (et, avant eux, à la philosophie des antiques Ioniens), en même temps que les raisonnements, sur lesquels elles prétendent s'appuyer, procèdent un peu trop de la scolastique du Moyen Âge » [3]. Pour s'en rendre compte, un simple coup d'œil sur les procédures cartésiennes en matière de Physique, suffit.

1. F. Ellenberger, *Histoire de la Géologie*, Paris, Technique et Documentation, 1988, t. I, p. 11 et 63.

2. *Ibid.*, p. 216.

3. L. de Launay, *La science géologique*, Paris, Armand Colin, 1905, p. 58-61.

La Cosmogonie cartésienne

Le rationalisme cartésien

En premier lieu, Descartes (1596-1650) justifie lui-même son parti-pris spéculatif derrière une déductibilité mathématique à laquelle les phénomènes physiques sont censés se réduire. Donnons lui la parole : « Que je ne reçois point de principes en physique qui ne soient aussi reçus en mathématiques afin de pouvoir prouver par démonstration tout ce que j'en déduirai et que ces principes suffisent, d'autant que tous les phénomènes de la nature peuvent être expliqués par leur moyen » [1]. Mieux encore, à propos des sept lois ou règles de mécanique qu'il a prétendu établir et dont certaines sont fausses, il affirme : « Les démonstrations de tout ceci sont si certaines qu'encore que l'expérience nous semblerait faire voir le contraire, nous serions néanmoins obligés d'ajouter plus de foi à notre raison qu'à nos sens » [2]. De telles certitudes a priori, parce qu'elles sont absolues, ne peuvent être que de nature théologique. Elles n'ont rien à voir avec la science, si ce n'est qu'elles permettent par principe d'éliminer de la nature les forces occultes qui relevaient de la pensée magique.

Ensuite, la rationalité cartésienne a été faussée par la volonté de subordonner la science à la métaphysique dont elle s'était affranchie dès l'Antiquité, par exemple avec Archimède. Cette métaphysique nouvelle posait la division du réel en deux substances : la substance pensante et la substance étendue, identifiée à l'espace. Dans cet espace devenu infini, mais matérialisé, le vide n'était plus concevable et le mouvement rectiligne était devenu impossible puisqu'il supposerait le déplacement d'une quantité infinie de l'espace/matière : le mouvement physique ne pouvait donc être que circulaire. À cela, il suffisait d'ajouter l'exemple fourni par les cercles que nous voyons l'eau faire en tournoyant dans le repli des rivières [3] pour obtenir cette célèbre Physique des Tourbillons, qui *expliquait*, pour Descartes, le mouvement circulaire des astres *clairement et distinctement* [4], alors qu'il ne s'agit que de la généralisation abusive d'une médiocre image. Cette jonction entre des images qui appartiennent à ce que Fontenelle désignait comme la Philosophie des premiers siècles de l'humanité, et une métaphysique dualiste, ne peut guère donner mieux qu'une cosmogonie à

1. R. Descartes, *Principes de la Philosophie*, Amsterdam, 1644, 2e partie, art. 64 ; voir *Œuvres de Descartes*, P. Adam et Ch. Tannery (éds.), t. 9, 2e partie, Paris, Vrin, 1964-1974.

2. *Ibid.*, 2e partie, art. 2.

3. *Ibid.*, 3e partie, art. 30

4. *Ibid.*, art. 47 et 4e partie, art. 1er (je souligne).

peine digne des Présocratiques, à ceci près que d'eux, nous n'avons que des fragments, alors qu'ici, le texte est complet.

La cosmogonie cartésienne

Révolution copernicienne oblige, à partir du XVIe siècle, la formation de la Terre ne peut plus se confondre avec celle de l'univers dont elle occupait auparavant le centre, mais elle en dépend puisqu'elle a été reconnue par la nouvelle astronomie comme une des planètes circulant autour du soleil, lui-même étoile parmi les étoiles dans un univers qui a perdu son organisation hiérarchique. Cependant, la cosmogonie reste un préalable à la géogénie avec laquelle elle ne se confond plus, tandis que le feu, d'excentrique, est devenu implicitement originaire et central, comme si le soleil avait pris la place de *Hestia*, ce feu central invisible des Pythagoriciens, situé derrière la partie habitée de la surface terrestre, dont ils faisaient un corps séparé autour duquel la Terre et le Monde tournaient. Mais Descartes, conformément à sa philosophie qui sépare radicalement ce qui relève de l'âme et du corps, de la pensée et de la nature, comprend sa cosmogonie comme le produit des lois de la Nature « car ces lois étant cause que la matière doit prendre successivement toutes les formes dont elle est capable, si on considère par ordre toutes ces formes, on pourra enfin parvenir à celle qui se trouve à présent dans le monde »[1]. Il suffit que Dieu ait créé, avec ces lois, la matière et le mouvement, peu importe l'état initial, que Descartes imagine le plus uniforme possible, pour qu'il se produise autant de tourbillons qu'il y a actuellement d'astres dans le monde, étoiles, planètes et comètes comprises[2].

Pour parvenir à une disposition analogue à celle du système solaire, il suffira qu'il y ait des inégalités entre ces tourbillons[3], que l'astre qui est au centre d'un tourbillon trop faible se couvre de taches analogues à celles que l'on voit sur le soleil et forment sur lui autant d'écorces : le tourbillon affaibli sera alors détruit[4]. Cet astre obscurci sera alors emporté par le cours de quelqu'un des tourbillons qui lui sont voisins, et deviendra planète, sauf s'il passe d'un tourbillon à un autre : il sera alors comète[5]. Dans le cas de notre système solaire, ce seraient au moins quatorze tourbillons qui auraient été piégés par le tourbillon solaire pour donner les planètes connues à l'époque et leurs satellites[6]. C'est ainsi que les gros absorbent les petits. On

1. Descartes, *Principes de la Philosophie*, *op. cit.*, art. 47.
2. *Ibid.*, art. 46.
3. *Ibid.*, art. 68.
4. *Ibid.*, art. 115.
5. *Ibid.*, art. 119.
6. *Ibid.*, art. 146 et 4e partie, art. 2.

voit ici comment des connaissances acquises sont plus ou moins bien intégrées dans une série d'inventions, qui n'ont de « mécanique » que la prétention, à la manière dont les taches solaires, découvertes par Galilée au terme de procédures scientifiquement irréprochables, deviennent, chez Descartes, une accumulation de « parties cannelées » qui s'attachent à sa superficie comme l'écume sur un bouillon[1]. Si la Terre, en tant que planète, peut paraître un soleil refroidi, c'est que du faux, on peut conclure le vrai, à condition de savoir que la Terre n'a jamais été un soleil à part entière dans aucun des quatre modèles cosmogoniques scientifiquement intéressants[2]. Ceci dit, voyons comment il « explique » la disposition actuelle de la Terre et la présence des montagnes à sa surface.

La Géogénie cartésienne

Précisons d'abord que Descartes distingue dans la matière trois sortes d'éléments : lumineux, transparent, obscur, correspondant le premier au soleil et aux étoiles, le second aux cieux, le troisième à la Terre, aux planètes et aux comètes[3]. Quant à la chaleur, elle n'est que dérivée de la lumière : elle consiste dans le mouvement des petites parties des corps obscurs lorsque la lumière les a excitées[4]. Dans la Terre en formation, on pourra donc distinguer trois régions : la première, centrale, est faite de la matière du premier élément[5] : elle est ce qui reste de son origine solaire. Autour de cette région centrale, nous aurons, ensuite, « un corps fort opaque et obscur » de la nature des taches solaires, mais dont les pores, plus resserrés, ne laissent pas passer la lumière[6] : nous y reconnaissons le troisième élément, que l'on peut supposer chaud, mais Descartes ne le dit pas. Enfin, à la périphérie qui seule nous importe parce que pour les deux premières régions, personne n'est allé y voir, nous trouvons un mélange complexe et divers formé des second et troisième éléments[7]. À travers les petites boules, leurs multiples tailles et proportions, et leurs rapports « mécaniques », on reconnaitra, mais avec difficulté, il est vrai, les roches, les sols, l'eau, l'air et leurs propriétés, censés être décrits dans les articles suivants du texte.

1. Descartes, *Principes de la Philosophie*, *op. cit.*, 3e partie, art. 94.
2. Voir C. Pomerol, Y. Lagabrielle, M. Renard, *Éléments de Géologie*, 13e éd. Paris, Dunod, 2006, p. 28-29.
3. Descartes, *Principes de philosophie*, *op. cit.*, 3e partie, art. 52.
4. *Ibid.*, 4e partie, art. 29.
5. *Ibid.*, art. 3.
6. *Ibid.*, art. 4.
7. *Ibid.*, art. 5.

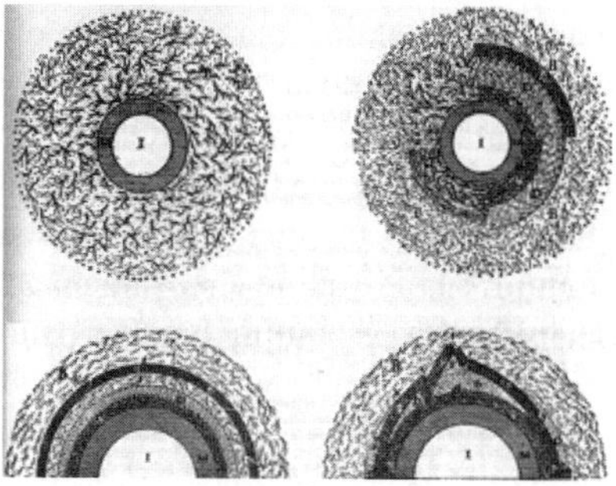

Illustration 2
Descartes, *Géogénie*

Concernant les montagnes, voici ce que Descartes nous en dit : « En même façon que, lorsqu'on marche sur la terre d'un marais, la seule force dont on la presse avec les pieds suffit pour qu'il sorte de l'eau de ses pores »[1], il se produit dans la matière de la région périphérique des séparations et des regroupements de parties « entortillées », « pliées » en raison de leur flexibilité comparable à celle de « petites anguilles » ou de « bouts de corde »[2], etc. aboutissant à la production d'une nouvelle et quatrième couche périphérique solide, qui se trouve suspendue pour les besoins de la cause au dessus de la troisième région dont elle est séparée par de la matière du premier genre, c'est-à-dire, subtile et solaire[3], tout comme dans nos modernes voitures, le pneu est séparé de la jante par une couche d'air sous pression. À l'usage, le pneu crève, autrement dit, le « quatrième corps » se brise et les morceaux en tombent sur le troisième, enveloppé d'une eau qui s'est séparée du mélange initial. Cela nous donne les montagnes et les mers[4]. Les figures ci-jointes fournissent les schémas correspondants.

Ces trop nombreuses références et citations suffiront peut-être à convaincre le lecteur que Descartes n'est pas le créateur de la Géologie, pas plus, du reste, qu'il n'a été celui de la Physique moderne. Descartes est essentiellement un mathématicien de premier ordre. Il faut reconnaître que sa cosmogonie relève bien plutôt de ce que Fontenelle qualifiait de Fable que d'une création proprement scientifique, si on renonce à considérer comme un mérite d'avoir introduit cette idée spéculative du refroidissement de la Terre qui va encombrer la Physique du Globe jusqu'à nos jours.

1. Descartes, *Principes de philosophie*, *op. cit.*, art. 34.
2. *Ibid.*, art. 36.
3. *Ibid.*, art. 40.
4. *Ibid.*, art. 44.

Lorsque ce dernier assimile la philosophie des hommes primitifs à « notre philosophie » c'est-à-dire à la philosophie cartésienne qui était encore la sienne, il en fait involontairement la critique la plus cinglante : elle est restée primitive en un temps où la méthodologie scientifique moderne est en train de se constituer dans les travaux de véritables savants qui, au lieu de subordonner à tout prix la Physique aux Mathématiques, créeront les Mathématiques dont la Physique a besoin.

Les Théories de la Terre

La cosmogonie de Descartes doit, certes, beaucoup à l'ingéniosité de son auteur, même si elle évoque un cadre ancien, dans lequel l'élément lumineux aurait été substitué au feu fondamental, pour faire moderne, feu qui serait passé de l'enveloppe du monde, désormais disparue, aux astres et au centre des planètes. Cette cosmogonie en a inspiré d'autres, baptisées Théories de la Terre, au cours d'une période comprise entre la fin du XVIIe siècle et celle du siècle suivant. Plusieurs d'entre elles s'efforcent de concilier une démarche inspirée du cartésianisme et les premiers chapitres de la *Genèse*, à savoir la Création en six jours et le Déluge universel[1] qui relèvent de la cosmologie mythique attribuée à Moïse. Leur intérêt est surtout anecdotique.

Par contre, chez Leibniz (1646-1716), logicien, mathématicien, mais aussi philosophe d'une curiosité universelle, l'attitude n'est plus la même. La *Protogée*, texte écrit en 1693 pour servir d'introduction à une Histoire de la Maison de Hanovre qui lui avait été commandée, mais publié seulement en 1749, est bien une Cosmogonie qui se prétend respectueuse de la « Révélation » biblique, et des conceptions cartésiennes, mais il y est tenu compte de la rationalité physique et des connaissances vérifiables à l'époque. Après une interprétation cartésienne du premier chapitre de la *Genèse*, au terme de laquelle il identifie feu et lumière, et après avoir fait suivre le refroidissement de la Terre, globe incandescent et liquide au départ, par la condensation de l'eau qui est censée recouvrir la surface terrestre d'une nappe uniforme, il interprète la formation des montagnes par un effondrement du plafond des cavernes primitives, comprises comme des bulles énormes qui se seraient formées à la manière de ce qui se passe dans les forges avec les métaux en fusion. Les eaux supérieures se sont alors écoulées, ont rejoint celle qui était « chassée des profondeurs de l'abîme à travers les décombres », ont déposé des sédiments, jusqu'à ce

1. F. Ellenberger, *Histoire de la Géologie*, *op. cit.*, t. 2, p. 114-137.

qu'un « état plus stable » se soit enfin produit. Il y a donc des pierres qui se sont formées dans l'eau. Si l'eau du Déluge a pu les recouvrir secondairement, puis disparaître, il faut invoquer une seconde cavité capable de la produire et de la réabsorber. Mais, sur ce point, il nous renvoie à Burnet et à sa *Théorie sacrée de la Terre* (1680) Tout ceci relève d'un imaginaire admis à l'époque, mais Leibniz n'y insiste pas. L'essentiel, c'est que « l'espace a été rendu aux habitants de la terre » [1].

Par ailleurs, ce qui est moins courant, c'est que, contrairement à Descartes qui explique tout et n'importe quoi par « raisons mécaniques », y compris, par exemple, le saignement des plaies du mort lorsque le meurtrier s'en approche [2], il admet, certes, comme Descartes, que « toutes les choses qui sont artificielles sont avec cela naturelles » [3], mais en considérant, à l'inverse, la Nature comme « *un art plus en grand* » [4], pour pouvoir se servir des procédés industriels, et non plus d'observations triviales faites dans les marécages, pour rendre compte des phénomènes naturels observés directement dans les mines et les cavernes. Il peut ainsi concevoir une science nouvelle, qui serait une *Géographie naturelle*, débarrassée des superstitions liées au goût du merveilleux, au profit, entre autres, d'une identification des restes fossiles dans la lignée des travaux de Sténon (1638-1686, anatomiste, qui, s'étant intéressé aux fossiles, a introduit dans l'étude de la Terre la notion de *Strate*) c'est-à-dire comme les témoignages d'une vie animale ancienne, et non plus comme des « jeux de la nature », après être allé constater sur place leur authenticité, ce qui lui révèle l'existence d'un monde inconnu. Cela, Descartes ne l'avait jamais fait.

BUFFON

Cuvier ignore les spéculations de Descartes et de ses émules. Pour lui, ce sont les « pétrifications », qui, en excitant la curiosité et en réveillant l'imagination, auraient privilégié la recherche des causes aux dépens des faits au point d'avoir changé la géologie de son temps « en un tissu

1. G.W. Leibniz, *Protogée ou De la formation et des révolutions du globe* (1749), trad. fr. Paris, Langlois, 1859, p. 17-18.

2. Descartes, *Les Principes de la Philosophie*, *op. cit.*, 4ᵉ partie, art. 187.

3. *Ibid.*, art. 203.

4. Leibniz, *Protogée*, *op. cit.*, p. 28.

d'hypothèses et de conjectures tellement vaines et qui se sont tellement combattues les unes les autres, qu'il est presqu'impossible de prononcer son nom sans exciter le rire »[1]. Pour se faire une idée de la portée de cette remarque, il suffit de se reporter aux *Leçons de Géologie données au Collège de France* par Delamétherie en 1816 : on y décompte pas moins de cinquante cinq « systèmes géologiques », depuis les Hindous, les Phéniciens, et les Chaldéens jusqu'à lui-même, y compris Descartes et les multiples *Théories de la Terre* produites par ses successeurs. Ces systèmes sont des Cosmogonies mythiques et philosophiques, traditionnelles et récentes, classées simplement dans le livre de Delamétherie d'après l'élément qu'elles posent en principe premier : la terre, l'eau, le feu et l'association de l'eau et du feu. Les Géogénies s'y inscrivent. Parmi les cosmogonies modernes qui sont mentionnées, une place à part peut être accordée à celle dont le Comte de Buffon est l'auteur, en raison des ruptures qu'elle représente avec les évidences dans lesquelles vivent ses contemporains.

Dans son *Histoire naturelle générale et particulière*, publiée de son vivant entre 1749 et 1788, Buffon nous donne une *Histoire et Théorie de la Terre*, suivie de *Preuves* (1749), une *Histoire naturelle des Minéraux* (1783-1788), et dans des *Suppléments*, les célèbres *Époques de la Nature* (1778). Certes, il s'agit bien d'une Théorie de la Terre, conforme à l'esprit du temps, où le feu a repris la place de l'élément lumineux qui avait permis à un cartésien comme Leibniz de rattacher l'origine liquide et ignée de la Terre à la séparation entre la lumière et les ténèbres du premier jour de la *Genèse*[2]. Mais Buffon est aussi un savant, non seulement rompu aux nouvelles mathématiques de Leibniz et Newton, c'est-à-dire au calcul différentiel et intégral, à la Mécanique céleste du même Newton, centrée sur la théorie de l'attraction universelle, et à sa Physique, mais encore habitué à l'expérimentation, ce dont témoignent ses travaux sur la force du bois et ses recherches techniques en tant que propriétaire des forges de Montbard. Si cette Géogénie reste un roman, comme on l'en a très tôt accusé, la Géologie lui doit tout de même quelque chose : avoir fait sauter deux verrous qui rendaient impossible une recherche sur les transformations passées de la Terre, à savoir les chronologies courtes et le dogme aristotélicien de l'éternité des espèces.

1. G. Cuvier, « Rapport de l'Institut », dans N. André, *Théorie de la surface actuelle de la Terre*, Paris, Société Typographique, 1806, p. 319.

2. Leibniz, *Protogée*, *op. cit.*, p. 2-4.

Le Temps de la Terre

À l'article « Chronologie », l'*Encyclopédie* de Diderot et d'Alembert[1], nous indique que la chronologie admise est la chronologie sacrée, c'est-à-dire fondée sur le récit biblique, soit d'après la version donnée par la Vulgate, soit d'après celle des Septante : entre la Création du Monde et Jésus Christ, la fourchette pourrait aller de 3950 années (selon Scaliger) à 6934 ans (selon les Tables Alphonsines). Il est vrai que ces durées ne faisaient pas l'unanimité et l'on connaissait d'autres chronologies qui assignaient à la Terre un passé bien plus long, allant jusqu'à l'éternité admise, on le sait, par Aristote, mais l'adoption d'un autre avis que la doctrine officielle ne pouvait être qu'une affaire de croyance divergente ou de spéculation. De toutes manières, il valait mieux taire ses doutes pour de simples raisons politiques en présence d'une orthodoxie qui avait à sa disposition le bras séculier. Avec Buffon, dont nous pouvons reconnaître ici l'audace, nous aurons, par contre, la preuve expérimentale que de telles limites temporelles sont strictement inconcevables. Cette preuve s'appuie d'abord sur le fait que la Terre n'est pas une sphère, mais un ellipsoïde de révolution aplati aux pôles et renflé à l'équateur comme Newton l'avait postulé et comme les mesures géodésiques effectuées au cours des expéditions de Bouguer et La Condamine au Pérou, de Maupertuis et Clairaut en Laponie ont pu le vérifier. Elle était donc initialement liquide et cette liquidité ne pouvait s'expliquer que par une fusion ignée des roches qui la constituaient, car leur simple dissolution aurait exigé une quantité inimaginable de solvant. Pour parvenir à son état actuel, la Terre s'est donc refroidie. Donc, pour établir une chronologie scientifiquement respectable, il fallait parvenir à mesurer ce temps de refroidissement en s'appuyant sur des données expérimentales. C'est ce que Buffon s'est efforcé de réaliser et qu'il expose dans le tome II des *Suppléments à l'Histoire Naturelle* (1771), *Parties expérimentale et Hypothétique*, sous la forme de dix mémoires consacrés à des expériences diverses sur les effets de la chaleur sur les métaux et les minéraux, et en particulier sur leur vitesse de refroidissement qu'il fait suivre, dans la partie hypothétique, d'un premier mémoire : *Recherches sur le refroidissement de la Terre et des planètes*, puis d'un second : *Fondement des recherches précédentes sur la température des planètes*, dans lequel il aborde quelques problèmes cosmogoniques.

1. « Chronologie », dans *Encyclopédie*, *op. cit.*, t. 3.

Buffon et l'expérimentation

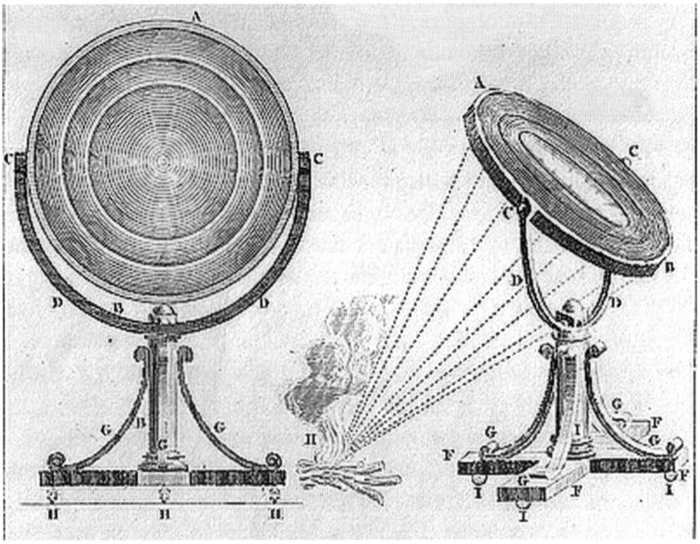

Illustration 3
Buffon, *Miroirs ardents*

Buffon sait ce que c'est qu'expérimenter. Aux forges de Montbard, ses recherches expérimentales sur la fabrication des canons lui ont permis de proposer au gouvernement de l'époque des améliorations dans le choix du minerai, l'élaboration de la fonte, les techniques de fabrication et les procédures de mise à l'épreuve de telle sorte qu'en cas de trop forte charge, les canons se fendent au lieu d'éclater aux dépens des serveurs, inévitablement tués (10e mémoire). Cette attitude pratique et constructive, transposée du domaine technique aux sciences de la Nature, est aux antipodes de la méditation philosophique, aidée ou non des mathématiques, qui prédomine encore souvent en ces matières. Alors que Descartes avait nié la possibilité des miroirs ardents d'Archimède, utilisés à Syracuse au IIIe siècle av. J.C., pour incendier la flotte romaine, Buffon, pour le réfuter, ne discute, ni ne calcule; il fait simplement construire des miroirs avec lesquels il est parvenu à mettre le feu à du bois situé à de grandes distances (2e mémoire), réponse évidemment décisive. Il pourra donc écrire, en introduction à ses travaux sur la chaleur, qu'il a fondé ses raisonnements sur les résultats de ses expériences. Science et techniques sont complémentaires.

Le refroidissement des boulets

Le premier mémoire est consacré à des « expériences sur le progrès de la chaleur dans les corps ». Il ne s'agit pas encore du problème classique de la propagation thermique dans les solides, dont on sait qu'il a été traité au siècle suivant par les mathématiciens et physiciens Biot et Fourier, mais d'une question plus simple : la détermination du temps que mettent des boulets de fer de diverses tailles et de diverses matières à chauffer et à se refroidir (2e mémoire). Ces boulets, fabriqués dans les forges de Montbard, vont être censés représenter des modèles du globe terrestre auxquels on pourra extrapoler les résultats obtenus, conformément à une suggestion de Newton qui avait formulé ce projet sans le réaliser. Une simple règle de trois est la base des calculs correspondants : soit le temps moyen de refroidissement de boulets d'un matériau suffisamment représentatif de ceux qui forment la Terre et de diamètre donné, et soit le diamètre de la Terre, on obtiendra le temps du refroidissement de la Terre. Buffon obtient les résultats suivants : « en partant de l'état de liquéfaction, il a dû s'écouler 2905 ans avant que le globe fût consolidé jusqu'au centre ; de même, il s'est écoulé 33911 ans avant que sa surface fût assez refroidie pour pouvoir la toucher, et 74047 ans avant que sa chaleur propre ait diminué au point de la température actuelle ». Et si on tient compte de l'apport calorifique du soleil, on parvient enfin à une durée de 74817 ans. Buffon a même calculé que, dans 93291 années à partir d'aujourd'hui, la Terre sera tellement refroidie que la vie y sera devenue impossible. Les mêmes opérations, appliquées aux autres planètes, lui ont aussi permis de déterminer les temps pendant lesquelles elles ont été, sont, ou seront habitables, dans un esprit qui n'est pas sans rappeler Cyrano de Bergerac ou l'*Entretien sur la pluralité des mondes*, de Fontenelle. Notons ici que les deux mémoires correspondants appartiennent à la *Partie* déclarée *Hypothétique* de son travail : les mathématiques n'ont plus une force probatoire supérieure à celle de l'expérience qui, seule, demeure concluante, et le cadre des hypothèses ainsi formulées est devenu scientifique en raison des manipulations techniques dont elles sont l'occasion.

Aujourd'hui, ces résultats nous apparaissent évidemment dérisoires, mais, en 1771, ils étaient décisifs : l'idée d'une création du monde en six jours, entre quatre ou six millénaires avant notre ère, était, désormais, rendue scientifiquement inconcevable, tout juste bonne pour les petits enfants et quelques attardés ou retardés, même si elle doit mettre encore beaucoup de temps à disparaître des croyances du grand public christianisé. Les jours bibliques ne peuvent plus être, au mieux, que des époques de durée indéterminée, mais qui exigent au moins des dizaines de millénaires chacune, voire des centaines, des milliers et plus encore : les portes du temps sont ouvertes. Il ne reste plus qu'à découvrir des techniques d'évaluation des durées géologiques qui soient plus fiables que celle dont Buffon a fait usage, des « chronomètres », comme dira Deluc à la fin du siècle, mais, pour cela, il faudra attendre le début du XXe siècle, avec la mise au point de méthodes fondées sur la radioactivité (Holmes, 1913). C'est donc dans un cadre temporel nouveau, expérimentalement défini (si naïve que puisse nous paraître cette expérimentation et ses bases théoriques, le refroidissement progressif du globe), qu'il a inscrit sa Cosmologie, au centre de laquelle il y a le soleil dont il essaie péniblement d'expliquer l'incandescence constante par la pression et le mouvement, en raison, peut-être, de réminiscences cartésiennes, faute de mieux. La Terre et les autres planètes sont censées en provenir et cette origine leur confère une température propre dont la perte progressive est scandée par les divers avatars qui forment leur histoire. L'accès à l'histoire de notre planète est donc commandé par les « faits », c'est-à-dire, pour Buffon, les conditions physiques successives du globe, depuis son origine ignée, mais cette histoire proprement dite ne s'amorce que grâce aux « monuments », constitués par les restes pétrifiés des êtres vivants, c'est-à-dire, à partir du moment où on a pu le toucher, et, à ce moment-là, les eaux s'étaient condensées à sa surface.

La Géogénie de Buffon

La première *Théorie de la Terre*, de 1749, représente cette Histoire, c'est-à-dire la description du parcours temporel qui va d'une Terre initialement recouverte d'une mer universelle à l'émersion d'une partie sèche, avec les montagnes et les collines issues des inégalités que des courants marins auraient produites au fond des eaux. Si la mer s'est retirée, ce serait toujours à la suite de l'effondrement de vastes cavernes qui l'ont absorbée partiellement, effondrement qui peut entrainer aussi des continents, comme l'Atlantide, dont la place est occupée actuellement par l'océan atlantique, d'après le mythe platonicien du Critias. Les mers peuvent aussi revenir sur des terres, comme le voulait Aristote. Dans tout cela, il n'y a que reprise de vieilles idées cosmogoniques sans rien d'original, si ce n'est l'ordre dans lesquelles Buffon les arrange. Les *Preuves* développent la Géogénie correspondante.

La goutte de soleil

Des effets de l'eau qui occupaient le précédent texte, nous passons à la place primordiale du feu. À l'origine, la Terre devrait être considérée comme une goutte de soleil qui en aurait été arrachée, comme les autres planètes, par le choc d'une comète, hypothèse censée ne contrevenir à aucune des connaissances acquises dans le cadre de la Mécanique céleste créée par Newton et qui, actuellement, est encore reconnue comme un des quatre modèles possibles de la naissance du système solaire (en substituant le passage d'une étoile vagabonde à proximité du soleil au choc d'une comète[1]). Cette séparation, nous dit Buffon, correspond au temps « que Moïse dit que Dieu sépara la lumière des ténèbres », puisque les planètes s'éteignirent; elle sert de prélude à sa mise en parallèle des « Jours » de la *Genèse* et des « Époques » géologiques qu'il définira ultérieurement.

Le refroidissement

Cette Terre, qui, au sortir du soleil n'est autre qu'un « torrent de matières fondues et de vapeurs enflammées »[2], se refroidit et, sur la surface uniforme de cette matière vitrifiable, c'est-à-dire, du quartz « qui forme la roche intérieure du globe » et qui « est en même temps la base universelle des autres matières vitreuses »[3], les vapeurs se condensent, si bien que la mer la recouvre d'une « couche d'eau de 5 à 600 pieds d'épaisseur » (soit à peu près 200 mètres) qui dépose partout une « couche limoneuse, mêlée de toutes les matières qui peuvent se sublimer et s'exhaler par la violence du feu »[4]. Dans l'atmosphère définitive, on ne trouvera donc plus que l'air et quelques nuages de vapeur d'eau qui varient en importance selon les climats. Par conséquent, les eaux sont repassées au premier plan : agitées par la rotation de la Terre, les marées, l'action des vents et la chaleur du soleil, « elles creusèrent des profondeurs et élevèrent des hauteurs qui, dans la suite, sont devenues des continents »[5]. Elles sont aussi responsables des lits de terre qui forment le sous-sol des plaines et dont Buffon a pris la peine d'analyser un exemple à Marly la Ville sur une profondeur de 100 pieds (soit 30 m.) : il y distingue trente niveaux de terre, de sables, de marnes, de grès, etc., ce qui prouve que cette plaine a bien été un fond de mer.

Mais cela ne suffit peut-être pas pour rendre compte de toutes les inégalités du sol, et en particulier des hautes montagnes et des fosses sous-marines. Buffon évoque donc encore de vastes cavernes souterraines dont

1. C. Pomerol *et alii*, *Éléments de Géologie*, *op. cit.*, p. 29, fig. 1.12.

2. Buffon, *Preuves*, art. 7, dans *Œuvres complètes*, éd. Richard, Paris, Pourrat, 1833, t. 1, p. 209.

3. Buffon, *Histoire des minéraux, Des roches vitreuses et du porphyre*, dans *Œuvres complètes*, *op. cit.*, t. 4, p. 50 *sq.*

4. Buffon, *Preuves*, *op. cit.*, art. 7, p. 210.

5. *Ibid.*

les voûtes se seraient effondrées, et il ajoute qu'en même temps, il serait « fort possible que d'autres parties de la surface du globe se soient élevées »[1], en inclinant la surface des couches. Trente ans plus tard, dans les *Époques de la nature*, ces cavernes sont devenues des « boursouflures » qui se seraient formées au cours du refroidissement de la Terre en fusion, à la manière de ce qui arrive dans « une masse de métal ou de verre fondu lorsqu'elle commence à se refroidir » : il s'y forme des trous et des aspérités et « au dessous de la surface, il se fait des vides, des cavités, des boursouflures »[2]. C'était déjà l'avis de Leibniz. Les montagnes primitives sont donc les aspérités antérieures à la condensation des eaux et « lorsque les eaux ont couvert nos continents »[3], leurs sommets ont peut-être surmonté cette « mer universelle ». Par conséquent, l'eau ne sera plus responsable que du dépôt des couches horizontales, des courants qui vont donner lieu au creusement des vallées et aux « montagnes de médiocre hauteur », dont l'émersion reste due à la baisse de niveau consécutive au percement des voûtes qui soutenaient les montagnes primitives. Autrement dit, ce sont les eaux qui sont la cause des « révolutions » secondaires qui donnent à la Terre une apparence de ruines. On constate chez Buffon l'apparition de cet attrait préromantique pour les ruines, dont le témoignage dans l'histoire humaine sera fourni par Volney au début de la Révolution française[4] et dans l'art des jardins, par les paysagistes qui renoncent au classicisme du XVIIe siècle au profit des effets pittoresques dus à l'association des ruines (artificielles), des lacs, des rochers et des arbres.

Dans tout ce qui précède, nous pouvons constater que Buffon est conduit à remplir les vides laissés par les connaissances et les méthodes scientifiques dont il dispose par les produits d'une imagination qui s'appuie sur l'expérience banale, depuis cette surface de la Terre « assez refroidie pour pouvoir la toucher » jusqu'aux « boursouflures » qui apparaissent dans le verre fondu et aux cavernes dont le plafond s'écroule lorsqu'il est miné par les eaux. Il rejoint ainsi Descartes et la philosophie grossière qui, d'après Fontenelle, a caractérisé « les premiers siècles » de l'humanité à cette différence près, qui peut nous apparaître capitale, qu'il les propose sur le mode hypothétique, faute de mieux, et non pas sur un mode catégorique à peine voilé, par son illustre prédécesseur dont la présentation faussement hypothétique avait pour seule fonction de ne pas contredire trop ouvertement l'orthodoxie religieuse dominante après le

1. Buffon, *Preuves*, *op. cit.*, p. 223.
2. Buffon, *Des Époques de la Nature*, dans *Œuvres complètes*, *op. cit.*, t. 3, p. 382.
3. *Ibid.*, Troisième Époque.
4. Volney, *Les Ruines ou méditations sur les révolutions des empires*, Paris, 1791.

procès de Galilée. Néanmoins, il apparaît clairement que ses expériences sur le refroidissement des boulets, qui lui ont fait franchir un pas essentiel dans le domaine de la chronologie terrestre, ne lui ont pas permis d'entrevoir l'existence d'un dynamisme de la Terre, parce qu'elles lui ont imposé l'idée que le refroidissement ne pouvait être que total, sans distinction entre un centre resté igné et fluide et une enveloppe refroidie mais isolante, thème qui s'imposera plus tard comme le cœur d'une Physique du Globe élémentaire, du XIXe siècle à nos jours. Comme Descartes qui admettait un noyau central formé de matière solaire, mais inactif, donc sans intérêt, en raison de la solidité de la matière qui l'entourait, Buffon a dû se rabattre sur des effondrements mythiques, limités à la croûte superficielle du globe. Ce sera la reconnaissance des racines profondes du volcanisme qui transformera cette situation, mais les effondrements auront encore de beaux jours devant eux.

Les espèces perdues

Passons maintenant au deuxième apport capital de Buffon à la future Géologie : la reconnaissance du fait qu'il y a eu des espèces qui désormais n'existent plus. Aristote avait distingué entre Socrate, individu périssable, et l'Homme, espèce intemporelle dont Socrate n'était qu'un échantillon[1], dogme qui s'est imposé en Histoire Naturelle jusqu'aux Temps Modernes. L'idée que certaines espèces avaient pu disparaître n'était cependant pas tout à fait neuve du temps de Buffon : Bernard Palissy l'avait clairement affirmée au XVIe siècle[2], dans ses deux collections de Traités. Au siècle suivant, Robert Hooke s'en était montré convaincu : les restes des espèces disparues pouvaient être considérés comme des médailles et monuments d'une histoire de la Terre[3]. Un peu plus tard, en 1710, la question est évoquée par Fontenelle d'une manière qui reste encore très hypothétique dans l'*Histoire de l'Académie des sciences*, ce qui, tout de même l'officialise. L'idée va s'en répandre ensuite chez les naturalistes, mais ce n'est encore qu'une opinion, car les espèces inconnues dont les coquilles se trouvent dans les couches de la terre pourraient encore se retrouver dans les fosses des mers tropicales tandis que les ossements de vertébrés fossiles sont, la plupart du temps, difficiles à distinguer de ceux des espèces actuelles parce que l'on manque d'une méthode anatomique exacte pour

1. Aristote, *Catégories*, trad. fr. J. Tricot, Paris, Vrin, 1946, chap. 5.
2. En 1563 et 1580.
3. R. Hooke, *A Discourse of Earthquakes* (1694), dans *Posthumous Works* (1705), rééd. Londres, F. Cass, 1971.

les identifier : Sloane s'en plaint en 1727 et Guettard reprend à peu près les mêmes termes beaucoup plus tard, en 1768. Pour Buffon en 1749, la disparition de certaines espèces n'est qu'une simple possibilité, évoquée à propos des cornes d'Ammon, c'est-à-dire des ammonites, mais aussi des os fossiles extraordinaires pour lesquels il n'existe aucun animal connu actuellement qui puisse servir de référence[1]. Ce serait parce que ces espèces qui répondaient à une température passée plus élevée de la surface de la Terre n'auraient pas résisté au refroidissement, et la même chose pourrait arriver aux espèces actuelles à mesure que le globe se refroidira[2]. Mais tout cela exigerait confirmation.

Le mammouth de l'Ohio

Entre temps, on avait découvert d'autres ossements fossiles, en particulier en Sibérie où ils semblaient attribuables, soit à des éléphants, soit à une espèce voisine extraordinaire, appelée « mammouth », et qui aurait vécu à la manière des taupes selon les indigènes[3]. Cela contribuait à renforcer l'idée qu'il y aurait des espèces disparues. Il en allait de même de l'annonce que l'on avait trouvé en Amérique un dépôt d'ossements monstrueux de même type, signalés à Buffon en 1748 comme ayant appartenu à un « Mammouth de l'Ohio ». Mais lorsque les échantillons qui en proviennent sont soumis à Daubenton, l'anatomiste du Jardin du Roi, ce dernier n'y voit qu'une association de pièces provenant d'éléphants et d'hippopotames[4] et sa conviction antérieure qu'il n'existe pas d'espèce fossile dont l'analogue actuelle soit inconnue en sort renforcée. Il la fait partager par Buffon qui écrit en 1765 cette page célèbre :

> Un individu, de quelque espèce qu'il soit, n'est rien dans l'univers ; cent individus, mille, ne sont encore rien : les espèces sont les seuls êtres de la nature : êtres perpétuels, aussi anciens, aussi permanents qu'elle, que, pour mieux juger, nous ne considérons plus comme une collection ou une suite d'individus semblables, mais comme un tout indépendant du nombre, indépendant du temps, un tout toujours le même, un tout qui a été compté pour un dans les ouvrages de la création, et qui, par conséquent, ne fait qu'une unité dans la nature[5].

1. Buffon, *Preuves*, *op. cit.*, art. 8, p. 259-260.
2. *Ibid.*, p. 260, n. 1.
3. J.G. Gmelin, *Reise durch Sibirien von dem Jahr 1733 bis 1743*, Göttingen, 1751-1752.
4. Daubenton, *Mémoire sur des os et des dents remarquables par leur grandeur*, dans *Mémoires de Mathématiques et de Physique tirés des registres de l'Académie Royale des Sciences*, Paris, 1762, p. 206-229.
5. Buffon, *De la Nature, seconde vue*, dans *Œuvres complètes*, *op. cit.*, t. 12, p. 117.

C'est le chant du cygne de l'aristotélisme dans le domaine de la philosophie zoologique.

Daubenton sera réfuté par les compatriotes de Hooke, pour lesquels la comparaison anatomique ne peut pas entrer seule en ligne de compte. Les articles décisifs de Peter Collinson et de William Hunter sont de 1767 et 1768 : ils concernent le seul animal de l'Ohio. Leur argumentation, fort simple, est fondée sur le recoupement de trois sortes de données : la connaissance du dépôt fossilifère, qui permet d'établir l'appartenance litigieuse au même animal des défenses et des fémurs, puisqu'il n'existe pas une seule molaire d'éléphant pour au moins trente squelettes ; l'établissement d'une différence générique des molaires examinées tant avec celles de l'éléphant que celles de l'hippopotame ; et, enfin, l'extension géographique de cette espèce, puisqu'on trouve des molaires identiques dans les musées de toutes les parties du monde européanisé. Un tel animal ne peut donc être que disparu. Mis au courant de ces travaux, Buffon a fini par se ranger à leurs conclusions : il existe au moins une espèce perdue et cela, en raison de son gigantisme devenu incompatible avec une terre qui s'est refroidie parce que la baisse de la température lui semble la raison de la réduction de la taille chez les espèces vivantes. Il est incontestable que les faits ont été établis par Collinson et Hunter, mais leur reconnaissance par Buffon, dont il ne faut pas oublier la notoriété, et qui a vérifié lui-même par comparaison directe les différences qui existent entre ces molaires énigmatiques et des molaires d'hippopotame conservées au Jardin du Roi dont il était l'Intendant, représente un moment capital pour la préhistoire de la Paléontologie : puisque les espèces, qu'elles soient fixes ou non, pouvaient être mortelles, en contradiction directe avec la doctrine d'Aristote, celle-ci était définitivement falsifiée.

Les espèces sont mortelles

C'est un point qui est souligné par François Burtin en 1790[1] : la mort des espèces est devenue tellement pensable que c'est l'inverse qui ne l'est plus malgré quelques résistances qui vont se prolonger jusqu'au XIXe siècle débutant. Parmi celles-ci, il est surprenant de rencontrer cette opinion de Lamarck à propos des espèces dites perdues : « Ne serait-il pas possible [...] que les individus fossiles dont il s'agit appartinssent à des espèces encore existantes mais qui ont changé depuis, et ont donné lieu aux espèces

1. F. Burtin, *Réponse a la question physique proposée par la Société de Teyler sur les Révolutions générales qu'a subie la surface de la Terre et sur l'ancienneté de notre globe*, Haarlem 1790.

actuellement vivantes que nous en trouvons voisines ? »[1]. Voila qui donne à son transformisme un parfum singulièrement archaïque, puisque, en 1693, dans sa *Protogée*, Leibniz en disait tout autant à propos des ammonites[2] alors que sa pensée est ancrée dans le cadre de l'Échelle des Êtres qui n'a rien à voir avec un quelconque évolutionnisme. Mai si, pendant longtemps, on trouvera encore quelques attardés, la question a été reglée par Cuvier en 1796, dans son *Mémoire sur les espèces d'éléphants vivants et fossiles* : un premier coup d'œil lui montre que l'éléphant fossile ressemble « par le crâne ainsi que par les dents » plus à l'espèce des Indes qu'à celle d'Afrique et l'observation d'un dessin du crâne de Mammouth établi par Messerschmidt lui enlève le moindre doute quant à la différence entre l'espèce fossile et celle des Indes. Conclusion :

> Cette idée [...] m'ouvrit des vues toutes nouvelles sur la théorie de la Terre ; un coup d'œil rapide jeté sur d'autres os fossiles me fit présumer tout ce que j'ai découvert depuis, et me détermina à me consacrer aux longues recherches et aux travaux assidus qui m'ont occupé depuis vingt cinq ans[3].

La Paléontologie était née.

Les Époques de la Nature

Ces deux moments capitaux pour l'histoire des idées, à savoir l'extension de l'âge de la Terre au-delà des limites fixées par la chronologie sacrée et la reconnaissance du fait que les espèces vivantes sont mortelles, ont été repris par Buffon dans les *Époques de la Nature*, texte qui se présente comme une allégeance à la Cosmogonie mosaïque, mais réinterprétée à la lumière des connaissances nouvelles. S'agit-il ici de simple politique ou d'un accord entre l'ordre temporel défini dans le premier chapitre de la *Genèse* et sa propre vision géogénique ?

On sait que la Sorbonne a obligé Buffon à se rétracter sur quatorze propositions contraires à la foi de l'Église dans sa première Théorie de la Terre, ce qu'il a fait sans sourciller. Mais, après les audaces aggravées qu'il s'est permis dans ce nouvel ouvrage, il se serait par prudence replié à Montbard le jour de sa publication. Inscrire ses idées dans un cadre biblique ne représentait donc pas pour lui une véritable protection. Il s'agit peut-être alors d'une commodité rhétorique en un temps où, quelques

1. Lamarck, *Philosophie zoologique*, Paris, 1809, chap. 3.
2. Voir le chapitre 26 de la *Protogée*, *op. cit.*
3. G. Cuvier, *Recherches sur les ossements fossiles*, 4e éd. Paris, D'Ocagne, 1834, t. 2, p. 201-202.

soient leurs convictions intimes tous ses lecteurs étaient baptisés et catéchisés par une Église quelconque : la Bible servait de fondement à un langage commun. Plus profondément, il faut tout de même admettre qu'à la différence des autres cosmogonies mythiques, la cosmogonie biblique concernait la Terre et l'Homme, et non plus les aventures des dieux, puisqu'il n'y en avait plus qu'un seul, et par surcroit Créateur du monde dans un ordre linéaire et progressif qui aboutissait à l'Homme. Il est donc possible qu'un pareil contexte ait facilité l'application à la Terre d'une approche réflexive incompatible avec tout ce que l'on sait de la pensée antique, dominée par une conception cyclique du temps. Mais une facilitation n'est pas encore une incitation : ce n'est pas Moïse qui a tourné le regard des hommes vers la Terre, mais le développement, au cours des Temps Modernes d'un contexte économique, scientifique et technique propice à une approche réaliste, plutôt que mythique, de ce qui pouvait se passer sur et sous sa surface.

Aux six Jours d'activité créatrice évoqués dans la Bible, suivis d'un septième pendant lequel Dieu se repose, Buffon fait correspondre sept Époques de la nature, censées couvrir les quelque 75000 ans que ses expériences lui ont permis d'assigner à la Terre, au nom d'un droit à la réinterprétation d'un texte primitif (« la lettre tue », allusion à saint Paul), rédigé dans une langue pauvre, « dénuée d'expressions précises pour les idées abstraites ». Les mots y seraient déterminés par les circonstances, si bien qu'un même terme peut signifier aussi bien « créer » que « former » ou « faire » : Buffon se réserve donc aussi la possibilité d'admettre une création originelle de la matière dont proviendraient les autres phénomènes physiques par formation ou production, y compris la lumière, réduite ici à une modalité matérielle. Le mythe devient donc un cadre dans lequel on peut inscrire les connaissances acquises par les sciences modernes en lieu et place des conceptions archaïques qu'il regroupait, dont Buffon donne en exemple le Firmament, c'est-à-dire la voûte céleste solide, créée le deuxième jour, qui était censée enfermer le monde et qui n'a plus sa raison d'être en un temps où, avec Descartes, l'espace est devenu infini. Il faut bien avouer qu'une telle inscription du nouveau dans le traditionnel en est aussi la subversion, et ceci, dès les premières lignes. On se souvient que les deux premiers versets du texte biblique nous disent que « Au commencement, Dieu créa le Ciel et la Terre », que « L'esprit de Dieu était porté sur les eaux » (traduction donnée par Buffon), et que les eaux occupent les trois premiers Jours. Or, pour Buffon, à l'origine d'une Géogénie susceptible de correspondre aux données astronomiques modernes, c'est-à-dire, d'inspiration newtonienne, on ne peut concevoir que le feu : comme nous l'avons vu, l'eau ne peut intervenir que secondairement. La science s'introduit ainsi au cœur d'un domaine jusqu'ici réservé à la Théologie, dans le prolongement d'exégèses subversives comme il y en avait déjà eu au siècle précédent, démarche radicalement différente de celle de Descartes dont la cosmogonie spéculative, présentée fallacieusement comme purement imaginaire, n'avait plus rien à voir, grâce à cet artifice, avec le cadre biblique. Pour Buffon, c'est le mythe et non la science qui relève de l'imaginaire ou du symbolique, même si on peut s'en servir comme d'un cadre.

Si Buffon fait correspondre sept Époques aux sept Jours, cela ne va pas plus loin : le contenu de chaque Époque ne relève que de la cosmogonie qui est la sienne, sans la moindre allusion au texte de la *Genèse*. La première Époque nous expose la formation du système solaire à partir de l'hypothèse du choc entre le soleil et une comète, dont il discute le caractère scientifiquement plausible ; la seconde nous explique comment les premiers reliefs de la surface terrestre sont dus au refroidissement d'une masse en fusion. Si la troisième Époque étudie le travail des eaux et l'apparition de la nature vivante, il n'y est pas question d'un rapport, même lointain, avec la Bible qui plaçait pourtant au troisième Jour la séparation des terres et des eaux et la création des végétaux. La quatrième Époque nous décrit ensuite la manière dont Buffon comprend le volcanisme sous la forme d'embrasements souterrains dus à des réactions chimiques entre amas végétaux transformés en charbon et pyrites, à la manière des volcans fantaisistes de Lemery, le célèbre chimiste de la fin du siècle précédent, qui les fabriquait par association de soufre et de limaille de fer humide. La cinquième Époque retrace les déplacements du monde vivant du pôle vers l'équateur et ses transformations, en liaison avec le refroidissement du globe et la sixième nous parle de l'effondrement de l'Atlantide et de ses conséquences, ce qui relève d'un tout autre registre mythique puisqu'il nous renvoie à Platon. Quant à la dernière Époque, celle de l'homme, en lieu et place du Paradis, elle évoque l'existence primordiale d'un peuple très heureux et très savant dont la culture aurait été détruite non par un Déluge mais par une invasion barbare, si bien que « de tous ces beaux et premiers fruits de l'esprit humain il n'est resté que le marc ; la métaphysique religieuse ». L'Humanité n'a pas fini de s'en relever. Après un tel blasphème, une fuite à Montbard était justifiée.

Cosmogonies et géologie

La survie de thèmes cosmogoniques et de la Cosmogonie biblique au cours d'une bonne partie de la période ultérieure pendant laquelle on assiste à la gestation de la Géologie peut conduire à s'interroger sur les raisons pour lesquelles ils se sont maintenus au cours du travail intense de défrichage dont les phénomènes géologiques ont été l'objet à partir de la fin du siècle. À cette question, M. de Chesnel nous offre en 1849 la réponse suivante :

> C'est que le savant pénètre sans beaucoup de difficulté dans l'étude des détails, attendu que Dieu lui a donné l'intelligence pour atteindre ce but ; tandis que dans l'examen qu'il fait de l'ensemble, il se perd le plus souvent dans de fausses théories, parce qu'alors il s'occupe moins de résumer ce qui est que de spéculer sur ce qu'il rêve [1].

Or, s'il n'est guère possible d'aborder scientifiquement un objet défini, ne serait-ce que la Terre, sans se donner une idée préalable de ce qu'il peut être, et de son contexte, vouloir penser l'ensemble du monde est une prétention qui relève d'un orgueil luciférien, celle de se situer au niveau de Dieu. Les résultats n'en peuvent être qu'aberrants. C'est pourquoi une Cosmogonie, voire une Géogénie, c'est-à-dire une théorie de la formation de la Terre, pour être vraie, d'après M. de Chesnel, ne peut être que révélée, et le travail géologique ne servira qu'à en confirmer la validité. Nous trouvons encore le témoignage de cette manière de concevoir les choses en 1876, dans les dernières pages du *Manual of Geology* d'un géologue américain d'importance majeure : James D. Dana [2], pour lequel la signification profonde des données acquises de la Géologie de son temps confirme la véracité de la Création en six jours de la Cosmogonie mosaïque.

Mais qui dit Révélation, dit aussi Texte sacré et interprétation légitime, autrement dit, orthodoxie religieuse, dont le poids se fait sentir sur ceux qui y adhèrent, y compris celle qui a été adoptée par un groupe hérétique ou schismatique séparé d'une Église antérieure, comme, par exemple, l'anglicanisme pour les géologues anglais au XIXe siècle. Elle pèse d'autant plus lourd sur le travail intellectuel, qu'à l'instar des Fables chez les primitifs, selon Fontenelle, elle confère aux phénomènes observés sans pouvoir être aussitôt compris, une sorte d'intelligibilité qui affranchit l'esprit d'un travail jugé impossible et, ce faisant, elle rassure, en replaçant ces phénomènes dans une grille qui leur donne un sens conforme à des besoins émotionnels profonds. Lorsque le développement de la science mettra en question ces convictions, il sera foncièrement dérangeant et provoquera la

1. A. de Chesnel, *Dictionnaire de Géologie*, Introduction, dans Abbé Migne, *Encyclopédie Théologique*, Petit-Montrouge, Ateliers catholiques, 1849, vol. 50.

2. J.D. Dana, *Manual of Geology*, New York, Ivison, Blakeman, Taylor and co., 1876, p. 765-770.

révolte de ceux qui seront dérangés : la violence des débats ainsi suscités révèlera cet aspect polémique de la science qui, de nos jours, n'est pas éteint, car mettre en question les apports soi-disant positifs de la Religion à la Géologie suscite encore des expressions dépréciatives, y compris chez certains historiens. Pourtant, il faudra bien qu'un jour la connaissance l'emporte sur un imaginaire sous-tendu par les besoins émotionnels et les emprises dogmatiques au profit de cette idée de la vérité qui anime l'espèce humaine : « Habemus enim ideam veram » [1], nous avons en nous un modèle de vérité qui n'à rien à voir avec les Révélations et les Traditions, c'est-à-dire, les croyances en marge de la réalité. Les tentatives qui vont avoir pour but d'appréhender scientifiquement ce qui se passe sur et dans la Terre démontreront à quel point il sera difficile à la connaissance positive de s'imposer lorsque des intérêts affectifs profonds sont en question : la Terre est toujours d'abord vécue comme la maison paternelle.

Une Cosmogonie scientifique

Dans le même contexte newtonien que Buffon, le philosophe Kant (1724-1804) a pu, cependant, proposer en 1755 une *Histoire générale de la Nature et Théorie du Ciel*, dans laquelle il formule une hypothèse qui sera reconnue comme scientifiquement soutenable. Il attribue à Dieu la création d'une matière cosmique dispersée dans l'espace infini de manière chaotique et qui va sortir instantanément de son repos grâce à deux mouvements : un mouvement de condensation dû à l'attraction universelle et une rotation qui résulte de la transformation de l'impulsion primitive en mouvement circulaire par l'attraction des corps centraux[2]. Il se constitue ainsi des centres dans lesquels la force vive de la matière qui s'y précipite s'y transforme en chaleur et ces centres correspondent à « la sorte d'étoiles nébuleuses dont M. de Maupertuis fait mention dans le traité *de la figure des étoiles* »[3], lesquelles sont, pour nous, des galaxies, « des mondes de mondes » d'après Kant, mais considérées par Maupertuis comme « de grandes masses de lumière, qui ont été aplaties par une puissante rotation »[4]. Parmi celles-ci, il y aurait des mondes en formation de la manière dont le système solaire s'est formé[5] à partir d'une matière dispersée, c'est-à-dire de nébuleuses au sens actuel.

1. Spinoza, *Traité de la réforme de l'entendement* (1682), § 33.
2. Kant, *Histoire générale de la Nature et Théorie du Ciel* (1755), trad. fr. J. Seidengart, Paris, Vrin, 1984, p. 73.
3. *Ibid.*, p. 76.
4. *Ibid.*, p. 77, note.
5. *Ibid.*, p. 108-115.

Mise à part la question de la chiquenaude primitive, nous sommes donc déjà en possession des moyens physiques d'élaborer une Cosmogonie intégralement scientifique, à la hauteur des connaissances astronomiques acquises, et dans laquelle la formation de la Terre et des planètes n'aura plus besoin de faire intervenir un événement accidentel supplémentaire, ne serait-ce que le passage d'une comète. Les lois newtoniennes de l'attraction universelle rendent ainsi superflue l'intervention du hasard. Par contre, lorsqu'il s'agit de ce qui peut se passer à la surface d'une planète refroidie, Kant en revient à Descartes et Buffon : il se forme sous l'écorce fragile des cavités dont l'effondrement du toit donnera les montagnes [1].

Cette approche, dite « modèle de la nébuleuse », sera reprise par Laplace (1749-1827), de manière totalement indépendante, en 1796, dans la dernière note de son *Exposition du Système du Monde*. À partir de l'observation télescopique qui permet, d'une part, d'apercevoir des nébuleuses composées d'un noyau brillant entouré d'une nébulosité, il fait l'hypothèse d'un état primitif de nébulosité diffuse, et d'autre part, la condensation de nébuleuses à plusieurs noyaux lui permet de penser que le système solaire provient d'une disposition semblable dans laquelle les noyaux secondaires sont entrés en rotation autour du principal. L'atmosphère solaire, en se refroidissant, aurait délivré, à mesure, les planètes entrainées par sa rotation. Il faudra attendre Humboldt et la publication du *Cosmos*, pour que cette hypothèse soit reconnue comme l'unification d'une Physique du Monde dans laquelle une Physique de la Terre avait sa place, mais les géologues ne s'y intéressent guère jusqu'au milieu du XIXe siècle, alors que Laplace lui-même y voyait la possibilité de rattacher la Géologie à l'Astronomie, mais à condition de reconnaître le caractère primordial du feu.

Kant et Laplace ont vu dans Buffon un promoteur, ce qui fait de lui le premier des Modernes, malgré la faiblesse flagrante de sa Géogénie. Après lui, les questions posées par la surface de la Terre seront distinguées des problèmes géogéniques qui restent spéculatifs et dont les naturalistes vont se détourner. Elles vont pouvoir être abordées d'abord par la voie empirique, mais, dans la mesure où les moyens conceptuels d'interprétation seront défaillants, il y aura encore place pour l'imagination mythique, et ceci, pour longtemps. Après les incertitudes qui vont peser encore quelque temps sur les fonctions essentielles de l'eau et du feu, ce dont la mythologie ambiante reste largement responsable, l'origine ignée de la planète va devenir une évidence scientifiquement fondée.

1. Kant, *Histoire générale de la Nature et Théorie du Ciel*, *op. cit.*, p. 126-127.

Illustration 4
Leopold von Buch (1774-1853)

CHAPITRE II

L'EAU ET LE FEU

Même si, du point de vue de Cuvier au début du XIXe siècle, les Théories de la Terre sont discréditées, il n'est pas possible d'en faire l'économie car il est difficile d'admettre un fait sans en chercher la raison. Cuvier lui-même va se montrer tributaire d'une de ces Théories, celle de Werner, qui pose en principe la primordialité de l'eau. Mais les « faits » et les « monuments », dès la fin du siècle précédent, ont la priorité. Ils sont décrits, analysés, catalogués dans le cadre d'une Histoire naturelle de la Terre qui prolonge la Géographie physique dans le sens de la profondeur et qui sera baptisée *Géognosie*, connaissance de la Terre. Les Théories de la Terre n'auront plus de vérité que dans leur pouvoir de rendre compte de la structure de l'écorce terrestre que les phénomènes répertoriés auront mise en évidence. Comme les explications de ces phénomènes par leurs causes supposent que l'on se représente comment la Terre s'est formée et ce que le passé du globe terrestre a pu être, elles relèvent de ce que l'on désigne comme *Géogénie*, à savoir le domaine des hypothèses sur l'origine et le développement de la Terre. Ce domaine reste ouvert à la spéculation et forme, pour ainsi dire, la philosophie de la Géologie. Dans ces théories, l'eau et le feu sont moins les résultats d'opérations chimiques, ni même deux des quatre éléments du monde définis par Empédocle, que deux puissances cosmogoniques originaires, de nature mythique.

L'EAU

La Géographie souterraine

La Géognosie doit sa naissance aux recherches minières. On sait que la métallurgie, et par conséquent le repérage des premières mines qui lui ont fourni la matière première, sont d'origine préhistorique, mais l'Art minier n'est devenu systématique, susceptible de publications, qu'au XVIe siècle, avec Agricola qui a développé en Saxe une connaissance pratique des mines. C'est alors que les révélations miraculeuses et la baguette divinatoire ont commencé à faire place aux débuts d'une prospection fondée sur des observations empiriques. Au XVIIIe siècle, dans l'*Encyclopédie* de Diderot et d'Alembert [1], le baron d'Holbach nous signale quatre sortes de « mines » : les filons, les « rognons » ou agglomérats, les dépôts issus d'un transport de minerais par les eaux, et les mines « vitriolisées », c'est-à-dire les pyrites ou sulfures de plusieurs métaux, que l'on trouve dispersées dans diverses roches. Ce sont les filons qui sont les plus intéressants parce que ce sont « les ateliers dans lesquels la nature s'occupe le plus ordinairement de la formation des mines » et parce qu'ils sont, en général, économiquement les plus productifs et les plus rentables. Ces filons, avec leurs ramifications, sont dus à des fentes et crevasses qui traversent les bancs qui composent les montagnes. Elles sont remplies de substances métalliques et minérales, ou de terres, c'est-à-dire de substances meubles, ou encore de cristallisations. Or, si l'Histoire naturelle des Minéraux porte d'abord sur leurs caractères intrinsèques et leur nature, dans une perspective classificatrice, lorsqu'il s'agit des filons, les minéralogistes, nous dit d'Holbach [2], décrivent leur direction, leur inclinaison, leurs dimensions et les roches qui les contiennent, tous aspects dont il faut tenir compte pour diriger leur exploitation, et qui les inscrivent aussi dans l'espace intérieur des montagnes. De la classification, nous sommes renvoyés ainsi à un point de vue géographique, à celui d'une Géographie souterraine en train de naitre. C'est ainsi que, dans la même *Encyclopédie*, l'article *Géographie physique*, rédigé par Nicolas Desmarest, prend également en compte « les affections générales de la structure intérieure et régulière du globe » [3], c'est-à-dire les couches et leurs formes, les minéraux et leur consistance, abordés essentiellement du point de vue de leur disposition spatiale relative. Dans ce cadre, nous

1. « Mine », dans *Encyclopédie*, *op. cit.*, t. X.
2. « Filon », dans *Encyclopédie*, *op. cit.*, t. VI.
3. *Ibid.*, t. VII.

retrouvons encore les filons qui remplissent les fentes du sous-sol, censées provenir de la dégradation des montagnes par les eaux.

À l'époque, l'activité d'un feu central n'est pas admise par tout le monde, en particulier chez les minéralogistes. Sur ce point, d'Holbach est catégorique : cette idée est chimérique. D'Holbach préfère encore supposer que les montagnes primitives aient été créées en même temps que la Terre, à la vie de laquelle il les juge nécessaires[1] malgré son matérialisme dans lequel la notion de création n'a guère de sens. D'un autre côté, lorsque Buffon parle d'un refroidissement de la Terre, il s'agit d'un refroidissement en masse, comme celui d'un boulet de canon, comme nous l'avons vu. Même s'il admet une chaleur centrale, elle n'est que résiduelle. Si la surface de la Terre est rugueuse, ce ne peut donc être que la conséquence du travail des eaux ou d'effondrements. Si spectaculaires soient-ils, les phénomènes volcaniques et les tremblements de terre sont considérés comme des manifestations, somme toute superficielles, des incendies ou accidents souterrains associés aux « pyrites » et aux mines de charbon. Puisque le centre de la Terre est inactif et homogène, le regard du naturaliste va pouvoir ainsi se focaliser sur les apparences directes offertes par les reliefs, en particulier sur les couches que l'on peut voir sur les flancs des montagnes dites secondaires, c'est-à-dire censées résulter du creusement de dépôts marins par les eaux des rivières lorsque l'ouverture du toit des cavernes aura amené la mer à son niveau actuel[2].

C'est donc l'eau qui s'impose la plupart du temps comme principe explicatif de la disposition des terrains et des paysages. Elle ira même jusqu'à retrouver une portée géogénique avec le chimiste Rouelle (mentionné par d'Holbach dans son article « Montagnes »), lorsqu'il suppose une cristallisation des montagnes au fond des eaux primitives comparable à celle d'un sel au fond d'un cristallisoir. Si nous pouvons admettre que l'*Encyclopédie*, publiée entre 1751 et 1765, nous donne une idée de ce qui pouvait être admis par une large partie du public éclairé et du monde savant, elle nous permet de comprendre l'orientation que la nouvelle Géogénie va pouvoir prendre en accordant à l'eau un rôle primordial et les raisons de son succès, en dépit de l'impasse, dans laquelle elle s'engouffre, évidente même pour l'époque : dissoudre du quartz et dissoudre du sel de table, ce n'est pas la même chose ! Or, d'après le principe de charité du philosophe américain Quine, « il est probable que les assertions manifestement fausses à première vue fassent jouer des différences cachées de

1. « Montagnes », dans *Encyclopédie*, *op. cit.*, t. X.
2. « Terre, couches de la – », dans *Encyclopédie*, *op. cit.*, t. XVI.

langage »[1]. Pour que l'eau ait pu contenir les montagnes à l'état de solution, il faudrait lui assigner ou bien un volume, ou bien une puissance, extraordinaires, ce qui n'est pas concevable au niveau d'un langage réaliste et scientifique. C'est donc en raison de la présence implicite d'un langage mythique qu'un pareil rôle pouvait lui être attribué. Ce langage qui nous parle des eaux primordiales, héritées du livre de la *Genèse* et des mythes cosmogoniques d'origine mésopotamienne ou égyptienne, est donc resté toujours vivant dans le contexte culturel de l'époque, y compris chez des auteurs qui avaient pris leur distance vis-à-vis des religions officielles à l'instar de d'Holbach qui était, on le sait, athée et matérialiste.

La Géographie physique n'était pas encore la *Géologie*. Le terme n'existe pas dans l'*Encyclopédie* et ne semble devoir son apparition qu'à Deluc, en 1778, terme censé définir, selon lui une Cosmologie réduite à la Terre, mais qu'il renonce à employer parce qu'il est encore inusité[2]. Ce terme finira tout de même par se répandre comme synonyme de « Théorie de la Terre », et c'est en ce sens que Cuvier le comprend et le récuse. Ce que le monde savant réclame, au contraire, ce n'est pas une théorie abstraite, mais, comme dans les autres départements de l'Histoire Naturelle, « un plan capable de faire voir l'écorce naturelle du globe » à partir d'observations locales et particulières, méthodiquement confirmées et combinées entre elles à partir de relations découvertes sur le terrain et non pas imaginées, qui pourront conduire à des généralisations fondées sur « la régularité des opérations de la Nature »[3]. Ce programme est celui de la *Géognosie*.

Werner

La Géognosie est ainsi définie par Werner, son fondateur :

> La Géognosie est la partie de la Minéralogie qui nous fait connaître, dans un ordre méthodique, le globe terrestre en général; et surtout qui nous fait connaître, d'une manière particulière, les *Gîtes de Minéraux* qui le composent : elle expose leurs rapports, leur manière d'être, ainsi que celle des minéraux qui les constituent, et finalement, elle peut nous conduire à des notions sur leur formation[4].

1. W.V.O. Quine, *Le mot et la chose*, trad. fr. Paris, Flammarion, 1977, p. 101.
2. M. Rudwick, *Bursting the limits of Time*, Chicago-Londres, University of Chicago Press, 2005, p. 134-135.
3. N. Desmarest, « Géographie physique », dans *Encyclopédie*, *op. cit.*, t. VII.
4. Citation de Werner, dans J.F. d'Aubuisson de Voisins, *Traité de Géognosie*, Paris-Strasbourg, Levrault, 1819, t. 1, p. 374, note 1.

Au premier plan de ces gîtes de minéraux sur lesquels vont porter en priorité les observations locales et particulières, sans lesquelles il n'est plus permis, en cette fin de siècle, de parler de science, nous avons les gisements miniers : Werner (1750-1817) est devenu en 1775 professeur à l'École des Mines de Freiberg, petite ville de Saxe, située à proximité des Erzgebirge (Monts Métalliques), ainsi désignés en raison du grand nombre d'exploitations minières qui s'y trouvent. Il faut savoir que cette École a été la première créée, en 1765, avant qu'elles ne se multiplient sur le continent européen : Berlin 1770, St Petersbourg 1773, Almaden 1777, et enfin Paris 1783. Les géognostes seront donc d'abord des ingénieurs des mines ou assimilés et il en restera quelque chose par la suite : lorsque Bouvard et Pécuchet se prendront pour des géologues, conformément aux conseils donnés par Ami Boué dans son *Guide du voyageur géologue* (1836), ils pourront se faire passer pour des ingénieurs, question de respectabilité[1]. Conformément aux vœux des Encyclopédistes, cette science pratique, qui permettait de reconnaître les filons productifs et leur parcours présumé en fonction de leur position observable par rapport au terrain encaissant, va ensuite pouvoir se généraliser à l'ensemble des roches qui constituent la surface accessible de la Terre pour en découvrir les dispositions structurales.

La minéralogie

L'Histoire naturelle des minéraux

Werner avait été nommé professeur de *Minéralogie*. Celle-ci était en premier lieu l'Histoire naturelle du Règne minéral au même titre que la *Botanique* est l'Histoire naturelle du Règne végétal et la *Zoologie*, celle du Règne animal et nous savons que ces trois Règnes forment trois degrés dans la représentation hiérarchique traditionnelle du Monde connue sous le nom d'*Échelle des Êtres* encore présente, par exemple, chez Buffon. Mais, à l'époque, la Minéralogie ne se réduit pas encore à la seule détermination des espèces minéralogiques et à leur classification, comme la Botanique et la Zoologie. Elle englobe aussi tout un domaine qui va des questions traitées dans les Théories de la Terre à celles qui relèvent de la Géographie physique.

C'est ainsi, du moins, que d'Holbach la comprend :

> Sous quelque point de vue que l'on envisage la *Minéralogie*, son objet est très vaste et ses branches très étendues. Elles s'occupe des substances dont est composé le globe que nous habitons ; elle considère les différentes révolutions qui lui sont arrivées ; elle en suit les traces dans une antiquité souvent si reculée qu'aucun monument historique ne nous en a conservé le

1. Flaubert, *Bouvard et Pécuchet*, 1880.

> souvenir; elle examine quels ont pu être ces événements surprenants par lesquels tant de corps appartenant originairement à la mer ont été transportés dans les entrailles de la terre; elle pèse les causes qui ont déplacé tant de corps du règne animal et du règne végétal, pour les donner au règne minéral; elle fournit des raisons sûres et non hasardées de ces embrasements souterrains, de ces tremblements sensibles qui semblent ébranler la terre jusque dans ses fondements, de ces éruptions des volcans allumés dans presque toutes les parties du monde, dont les effets excitent la terreur et la surprise des hommes; elle médite sur la formation des montagnes et sur leurs différences, sur la manière dont se sont produites les couches qui semblent servir d'enveloppe à la terre, sur la génération des roches, des pierres précieuses, des métaux, des sels, etc. [1].

Telles sont donc les principales questions que les « curieux de la nature » se posent à propos de tout ce qui peut être observé à la surface de la Terre, à l'exception des êtres vivants qui relèvent d'un autre domaine.

Pour y répondre, d'Holbach précise que ni « les spéculations tranquilles du cabinet », ni « les connaissances acquises dans les livres » ne suffisent : il faut aller voir sur place, à condition de pouvoir reconnaître les minéraux. De ce fait, l'Histoire naturelle des minéraux est prioritaire. Or, si les caractères extérieurs sont les premiers signes distinctifs qui servent à les reconnaître, d'Holbach ne s'y arrête pas. Il passe très vite à leur arrangement dans le sein de la terre, préoccupation de mineur plus que de naturaliste ou de collectionneur, car ce sont les Mines et non les minéraux qui exigent la maîtrise de cette Géométrie souterraine au moyen de laquelle on juge « de la direction des couches et des veines métalliques, de leur inclinaison, de leur marche, des endroits où on pourra les retrouver lorsque quelque obstacle imprévu aura interrompu leur cours » [2]. Mais reconnaître n'est pas encore connaître : pour parvenir à des notions suffisantes concernant ces corps, il faudra passer aussi par la Chimie et par ce département de la Chimie qui est consacré à l'étude expérimentale des cristallisations, en ce temps où une science des cristallisations est en train de se constituer. On voit donc ici comment ce sont bien les recherches minières et les Écoles qui y préparent auxquelles on doit l'inflexion décisive qui fait passer l'analyse structurale de la portion accessible du sous-sol avant les questions géogéniques dont l'aspect académique reste prépondérant. Dans cette perspective, il faut que le mineur, d'abord ingénieur et praticien, soit aussi naturaliste pour reconnaître les minéraux qu'il trouve en un temps où l'Histoire naturelle représente toujours l'unique forme de science lorsqu'il est question de la diversité du réel.

1. « Minéralogie », dans *Encyclopédie*, *op. cit.*, t. X.
2. *Ibid.*

La classification des minéraux

Le premier des rares ouvrages laissés par Werner est un *Traité des caractères extérieurs des minéraux* (1773), écrit dans l'esprit du *Système de la Nature* (1735, etc.) de Linné. Le livre de Linné répondait à un besoin pratique de la collectivité savante : en un temps où les explorations lointaines se multipliaient et où les échantillons zoologiques et botaniques rapportés par les voyageurs remplissaient les musées et les collections privées, il fallait définir une méthode commode qui permette d'identifier de manière sûre les divers spécimens pour faciliter la communication entre les naturalistes à leur propos, sans qu'ils soient obligés de se déplacer à travers tout le continent pour les observer directement. Cette méthode devait s'appuyer sur des caractères distinctifs visibles dont la présence, l'absence ou les variations allaient permettre de reconnaître les espèces botaniques et de les dénommer dans le cadre d'un système général de classification. Pour la Botanique, Linné s'est appuyé sur les seuls organes de la reproduction, fleurs et dispositifs apparentés, dont l'observation était particulièrement commode, pour construire ce système, qualifié d'artificiel, en raison de ce qu'il y avait d'arbitraire dans ce choix. Passant aux minéraux et pour la même raison, il n'a pris en considération que la seule forme cristalline, mais il a pensé aussi qu'on pouvait conclure de la forme à la composition chimique, ce qui, très rapidement, s'est révélé faux. Le travail de Werner s'inscrit dans ce cadre, celui d'une Histoire naturelle des minéraux destinée à faciliter la prospection minière.

Les caractères extérieurs des minéraux, ce sont leurs apparences sensibles, en premier lieu visuelles, mais qui peuvent être complétées par les informations venues des autres organes sensoriels : happement à la langue, saveur, son rendu au choc, etc. Parmi les caractères visuels, la forme extérieure est destinée à jouer le rôle principal lorsqu'il s'agit des minéraux cristallins, les plus fréquents. Or, l'identification des cristaux exige une détermination exacte de leur grandeur, de leur assemblage et surtout de leur figure géométrique. Ainsi, pour pouvoir traiter les formes complexes, Werner va les rattacher à des formes simples ou figures primitives dont elles seraient les altérations ou les variations. Il en résulte une méthode « ayant beaucoup de ressemblance avec celle que les botanistes publient sous le nom de flore pour permettre aux amateurs de faire un herbier » [1]. Elle conviendra aux mineurs pour identifier les minerais. Elle sera aussi un préliminaire à la classification des roches, nécessaire aux

1. H. Metzger, *La genèse de la science des cristaux* (1918), Paris, A. Blanchard, 1969, p. 78. Voir le § 14 entier, p. 76-79.

naturalistes « qui désireraient se livrer à l'observation des terrains qui présentent les roches dans les positions qu'elles ont prises en vertu de leur formation et qui les mettent en relation les unes avec les autres et souvent avec celles qui ont été produites dans d'autres parties du globe », comme Haüy l'a écrit beaucoup plus tard[1] en définissant de cette façon le programme de la Géognosie, devenue Géologie. Les roches qu'il faut, en premier lieu, savoir reconnaître, sont des agrégats de substances minérales et, « toute substance qui n'offre aucun indice de cristallisation est [...] une variété amorphe d'une espèce dont il existe des cristaux et dont la relation avec cette espèce peut être déterminée par l'observation »[2]. On peut donc dire des cristaux « qu'ils sont la fleur des minéraux »[3]. En vérité, la méthode de Werner souffre de la même tare que le Système de Linné : elle est artificielle. Comme les botanistes, les minéralogistes vont s'efforcer ensuite d'établir une méthode naturelle qui prenne en compte les parentés réelles entre les minéraux. Néanmoins, elle s'avère suffisante pour la fonction qu'elle devra remplir dans le cadre de la Géognosie.

La Géognosie

L'étude du globe en général suppose une *Physique*, science qui traite des actions des corps en général les uns sur les autres, tandis que la Minéralogie est le département de l'*Histoire naturelle* qui étudie les corps terrestres appartenant au Règne minéral et qui, pour parvenir à la connaissance complète des minéraux, prend en considération leurs caractères, leur composition chimique et, à la fois, leur gisement et « le rôle qu'ils jouent dans la constitution du globe ». Parmi les *Gîtes de Minéraux* qui composent le globe, Werner distingue les gîtes *généraux* et les gîtes *particuliers* : « les premiers sont ces grandes masses minérales d'une étendue indéfinie et dont l'ensemble forme la partie solide du globe terrestre; les seconds sont, ou des parties des premiers, ou ils sont renfermés dans leur masse »[4]. Les gîtes *particuliers* sont surtout les gîtes localisés, non plus de minéraux, mais de *minerais*, objets de la prospection minière, et relèvent de la *minéralogie géographique* ou de la *minéralogie économique*. Les gîtes *généraux*, équivalents aux termes de *formations* ou *terrains* dans le vocabulaire minéralogique français, définissent le domaine propre aux recherches géognostiques.

1. R.J. Haüy, *Traité de Minéralogie*, 2e éd. Paris, Bachelier, 1822, p. XLIII.

2. *Ibid.*, p. 49-50.

3. *Ibid.*, p. 5.

4. Werner, dans *Traité de Géognosie*, *op. cit.*, 1819, t. 1, p. 374, note 1. Voir la note entière, p. 374-377.

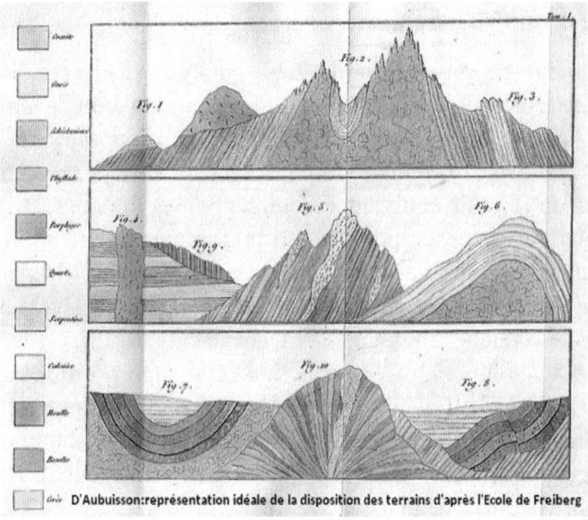

Illustration 5
d'Aubuisson, *Coupe idéale de la Terre d'après Werner*

Ces deux termes ne sont pas synonymes: « *Une formation est un assemblage de couches ou masses minérales, liées entre elles de manière à ne faire qu'un tout ou un système*, sans interruption notable, tant dans la nature que dans l'époque de la production » et les couches qui la composent sont simplement des masses minérales étendues en surface mais peu épaisses. Par contre, « *Un terrain comprend toutes les formations d'une même roche*, ou plutôt toutes les formations dans lesquelles la même roche domine et qui ont eu lieu dans la même des grandes époques ou classes des productions minérales »[1], par exemple, le terrain de granite, celui de calcaire primitif, etc. La notion de *formation* apparaît donc comme une notion structurale : la superposition des formations, des couches et des strates qui subdivisent les couches en lits par des fissures parallèles, constitue la structure de la Terre; mais on voit que, si la notion de *terrain* reste minéralogiquement connotée, elle peut faire aussi intervenir la perspective temporelle. Il y aura, pour Werner, cinq sortes de terrains, à savoir primitifs, intermédiaires, secondaires, de transport et volcaniques, auxquels il faudra ajouter, plus tard, les terrains tertiaires entre les terrains secondaires et les terrains de transport pour reconnaître la spécificité des couches du bassin de Paris, mise en évidence en 1808 par Brongniart et Cuvier[2].

1. J.F. d'Aubuisson de Voisins, *Traité de Géognosie*, *op. cit.*, t. 1, p. 272-273.
2. *Ibid.*, t. 1, p. 364-366.

L'ordre des terrains

Le principe de superposition, établi au XVIIe siècle par Sténon[1] est repris à son compte par Werner, principe qui veut que : « *toute couche minérale, qui est dans sa position originaire, est toujours de formation moins ancienne que la couche à laquelle elle est superposée* »[2]. Il réclame également qu'il y ait équivalence entre grandes époques et classes de productions minérales, et, pour cela, il lui faut une justification physique qui ne peut être que théorique. D'Aubuisson la place dans « la manière dont Werner se représente les changements survenus progressivement dans la formation des couches minérales »[3]. Dans le cadre d'une Géogénie selon laquelle, pour comprendre « la structure et la superposition des masses minérales », on doit d'abord « se représenter les principes élémentaires des minéraux comme suspendus dans une vaste dissolution quelque fut d'ailleurs sa nature »[4], ces changements résulteront des modalités physiques du dépôt de chaque type de roche.

C'est ce qui ressort du résumé qui en est fait par Cuvier dans son *Éloge de Werner* (1817) :

> Une mer universelle et tranquille dépose en grandes masses les roches primitives, roches nettement cristallisées, où domine d'abord la silice. Le granit fait la base de tout ; au granit succède le gneiss, qui n'est qu'un granit commençant à se feuilleter ; petit à petit, l'argile prend le dessus ; les schistes de différentes sortes naissent ; mais à mesure que la pureté des précipitations s'altère, la netteté du grain cristallin diminue ; des serpentines, des porphyres, des trapps succèdent, où ce grain se marque encore moins, quoique la nature siliceuse y reprenne de la pureté. Des agitations intestines du liquide détruisent une partie de ces premiers dépôts : de nouvelles roches se forment de leurs débris réunis par des ciments. C'est parmi ces tempêtes que nait la vie. Le charbon, premier de ces produits, commence à se montrer, etc.

Avec le charbon, nous passons des terrains dits primitifs aux terrains secondaires auxquels on adjoindra d'une part, avant le charbon, les terrains intermédiaires ou de transition, marqués à la fois par des formations cristallines et des traces de vivants, et d'autre part les terrains tertiaires, formations situées au dessus de la craie secondaire et, contrairement aux précédentes, divisées en bassins. Les terrains de transport sont des dépôts

1. Voir G. Gohau, *Les sciences de la Terre*, Paris, Albin Michel, 1990, p. 105-109.
2. J.F. d'Aubuisson de Voisins, *Traité de Géognosie*, *op. cit.*, t. 1, p. 335.
3. *Ibid.*, t. 1, p. 354.
4. *Ibid.*, t. 1, p. 270.

incohérents « non recouverts par des couches pierreuses et qui n'ont pu l'être ». Quant aux terrains volcaniques, d'Aubuisson les place après les terrains secondaires, tout en reconnaissant qu'il existe, dans les terrains de transition, des couches entremêlées avec les couches calcaires et qui ont beaucoup de rapport avec les « produits » volcaniques, mais dont il récuse l'origine ignée[1].

Le Neptunisme

Une doctrine impossible

Ce que Cuvier désigne comme « une mer universelle et tranquille » était pour Werner un « *océan chaotique* », autrement dit, un mélange, mais initialement calme, et dont les mers actuelles dérivent sans rupture de continuité. Les roches primitives s'y seraient cristallisées et précipitées lentement, conformément au modèle de cristallisation privilégié, à l'époque, par les cristallographes[2]. Or, cette masse liquide originaire à laquelle le globe terrestre doit sa forme conformément à la théorie newtonienne, devait donner à la planète un volume fantastique pour tenir en dissolution, ne serait-ce que la silice contenue dans la plupart des roches cristallines. Il fallait donc qu'elle puisse se résorber jusqu'aux capacités des mers actuelles. Ce point de sa doctrine, Werner l'exposait, paraît-il, « de la manière la plus séduisante », mais on ne sait trop comment. D'Aubuisson émet pourtant quelques réserves[3] sur cet abaissement du niveau de la mer, puisqu'on trouve des granits primitifs en montagne, situés plus haut que des calcaires secondaires, ce qui contredit la théorie puisque les roches siliceuses doivent se déposer en premier. De plus, un tel processus continu est trop simple pour rendre compte de l'ensemble des observations géognostiques disponibles. D'Aubuisson n'en retient, pour le moment, que les inversions de l'ordre de superposition :

> par exemple, si toute roche ou couche doit se trouver à un niveau d'autant plus bas qu'elle est plus ancienne, pourquoi voit-on des masses porphyriques, ayant beaucoup de rapport avec celles qui existent dans les terrains primitifs posées sur des grès et même sur des poudingues et qui s'élèvent à de grandes hauteurs ?[4].

1. J.F. d'Aubuisson de Voisins, *Traité de Géognosie*, *op. cit.*, t. 2, p. 518-519.
2. Voir H. Metzger, *La genèse de la science des cristaux*, *op. cit.*, p. 172-173.
3. J.F. d'Aubuisson de Voisins, *Traité de Géognosie*, *op. cit.*, t. 1, p. 356-357.
4. *Ibid.*, t. 1, p. 368.

Il est impossible de ne pas envisager de « nouvelles inondations ou cataclysmes ». Cependant, Werner, paraît-il « était très circonspect lorsqu'il s'agissait des cataclysmes et des révolutions de la nature », et ceci peut-être en raison de « son respect pour les livres sacrés » qui « lui faisait craindre que les assertions qu'il aurait émises ne fussent mal interprétées »[1], remarque qui permet de se demander si piété et géologie sont destinées à faire bon ménage lorsqu'elles interfèrent.

Ce qu'il y a d'inconcevable dans cette doctrine et ses difficultés à expliquer un certain nombre de faits connus, est loin d'avoir nui à la diffusion de la Géognosie qui s'en inspire. Elle semble avoir acquis à sa cause au début du XIXe siècle non seulement ceux qui avaient été élèves à l'École des Mines de Freiberg, mais aussi une majorité parmi les minéralogistes et les naturalistes qui s'étaient consacrés à l'investigation des couches de la Terre. L'Héraclitéisme, puis le Cartésianisme attestaient pourtant que les choses pouvaient être imaginées autrement et la sphéricité de la Terre pouvait aussi s'expliquer par une fluidité ignée comme Leibniz, Newton, puis Buffon l'avaient envisagé. À cela s'ajoute qu'on avait commencé à se rendre compte que le volcanisme relevait de toute autre chose que d'incendies souterrains, somme toute superficiels. Mais, en faveur de l'eau primordiale, l'argument décisif invoqué par d'Aubuisson repose sur la continuité entre terrains secondaires et primitifs, devant laquelle les difficultés que représentent les inversions de superposition, le redressement des couches et autres accidents paraissent négligeables.

Les terrains secondaires sont d'origine indiscutablement sédimentaire : les fossiles animaux le prouvent. Donc, on peut dire que : « dans l'histoire naturelle, *il y a peu de faits établis sur d'aussi fortes preuves que la fluidité aqueuse des terrains secondaires* proprement dits »[2]. Or, dans les terrains intermédiaires, on trouve aussi des couches calcaires qui sont manifestement de même origine que celles des terrains secondaires et qui alternent avec des couches de roches cristallines, « peut-être même de vrai granite ». La conclusion paraît évidente : « *le passage insensible et incontestable des terrains secondaires aux terrains primitifs, tant dans la nature que dans la disposition des masses, ainsi que des couches de même espèce dans les uns et dans les autres indique pour tous un mode de formation analogue* »[3] c'est-à-dire aqueuse. Pourtant, tout le monde n'est pas d'accord : « des savants d'un mérite très distingué, MM. Hutton, Playfair et Breislak ont

1. J.F. d'Aubuisson de Voisins, *Traité de Géognosie*, *op. cit.*, t. 1, p. 369.
2. *Ibid.*, t. 1, p. 383.
3. *Ibid.*, t. 1, p. 388.

dernièrement attaqué ce mode de formation et ont essayé de lui en substituer un autre », dans lequel la chaleur est essentielle. Cette doctrine de la formation des roches dans un océan primitif est le *Neptunisme*, puisque Neptune est le dieu de la mer, et la doctrine opposée, le Vulcanisme ou le Plutonisme, par référence à Vulcain ou Pluton, dieux des forges et des enfers. Or, Quenstedt, paléontologue allemand, a fait remarquer en 1856 que « Moïse était neptunicien » [1]. On peut donc, en fin de compte, se demander si ce qui était évidence géognostique pour Werner et ses élèves, ne reposait pas, en dernier ressort, sur la « Révélation » biblique d'après laquelle l'esprit de Dieu était porté sur les eaux. Elle imprégnait profondément toute la culture européenne, indépendamment même des croyances avérées et déclarées. C'est la prégnance inconsciente d'un tel mythe qui permet, peut-être, de comprendre la facilité avec laquelle les invraisemblances et absurdités du Neptunisme ont pu être négligées, voire ignorées, alors même qu'elles avaient été relevées : Breislak avait publié au début du siècle, dans un ouvrage destiné à un large public, les calculs auxquels il s'est livré pour apprécier la quantité d'eau fantastique requise par la théorie neptunienne sans que l'on puisse savoir ce qu'elle était devenue [2]. Il n'est pire aveugle que celui qui ne veut pas voir.

La Stratigraphie contre la Tectonique

Freiberg est en Saxe, région minière, certes, mais aussi montagneuse. Tout se passe comme si Werner, en fixant son attention sur les minéraux et leurs gisements, avait perdu de vue les paysages montagneux, dont les structures ne peuvent pourtant pas être oubliées des minéralogistes qui se préoccupent aussi de Géographie physique. Des *gîtes particuliers* de minéraux, il passe aux *gîtes généraux* qui les renferment, c'est-à-dire aux formations et terrains qui forment la structure accessible de la Terre. En traitant ces derniers comme des dépôts successifs de couches superposées il les envisage comme primordialement horizontaux. Les montagnes ne relèvent que de ces révolutions secondaires, gênantes pour sa doctrine, mais qu'il peut laisser de côté. La Stratigraphie s'ouvre donc à la temporalité, mais elle bloque en même temps toute tentative de Tectonique. La nécessité d'une Tectonique, susceptible de rendre compte du bouleversement des couches que l'on observe dans les montagnes, s'impose, cependant, au naturaliste-voyageur. C'est ce dont témoigne le texte célèbre par

1. Cité par H. Hölder, *Brève histoire de la Géologie et de la Paléontologie*, trad. fr. Paris, Springer-Verlag France, 1992, p. 40.

2. S. Breislak, *Introduction à la Géologie*, trad. fr. Paris, Klostermann, 1812, p. 31-36.

lequel Horace Bénédict de Saussure, en présence de l'inclinaison du Cramont et de sa chaine apposée contre le Mont Blanc, renonce à la conception neptunienne à laquelle il adhérait. Le passage essentiel en est le suivant :

> Je conclus de tous ces rapports que, puisque les montagnes secondaires avaient été formées dans le sein des eaux, il fallait que les primitives eussent aussi la même origine. Retraçant alors dans ma tête la suite des grandes révolutions qu'a subies notre globe, je vis la mer, couvrant jadis toute la surface du globe, former par des dépôts et des cristallisations successives, d'abord les montagnes primitives, puis les secondaires ; je vis ces matières s'arranger horizontalement par couches concentriques ; et ensuite le feu ou d'autres fluides élastiques renfermés dans l'intérieur du globe, soulever et rompre cette écorce et faire sortir ainsi la partie intérieure et primitive de cette même écorce, tandis que ses parties extérieures ou secondaires demeuraient appuyées contre les couches intérieures [1].

Le pas que ni Werner, ni d'Aubuisson qui en avait pourtant senti le besoin en 1819, n'avaient pu franchir, l'avait été plus de vingt ans auparavant. Cette vision de Saussure a été évoquée en 1802 par Playfair [2], le défenseur et propagateur de la Théorie de la Terre de Hutton : l'eau devient destructrice et le feu, créateur.

Le feu

Hutton

Que la Terre soit en ruines et que l'eau en soit la cause principale, à l'époque, le thème est largement répandu, sinon rebattu : Hutton s'en est servi dans sa Théorie de la Terre comprise comme un système de destruction et de rénovation dans lequel on ne trouve « ni vestige d'un commencement, ni perspective d'une fin » [3]. Ce cycle, non pas éternel mais indéfini pour nous, suppose que les continents actuels (*the present land*) proviennent de continents antérieurs (*a former land*) ayant contenu des matériaux et des êtres vivants semblables à ceux que nous connaissons. Leur dégradation a fourni les sédiments qui se sont accumulés au fond des mers et qui,

1. Cité par G. Gohau, *Les sciences de la Terre*, *op. cit.*, p. 259-260.

2. J. Playfair, *Illustrations of the Huttonian Theory of the Earth* (1802), trad. fr. Basset, *Explication de Playfair sur la Théorie de la Terre par Hutton*, Paris, Bossange et Masson, 1815, p. 8.

3. J. Hutton, *Theory of the Earth with Proofs and Illustrations*, Edinburgh, W. Creech, 1795, vol. 1, part. 1, chap. 1, section 4, p. 165-200.

sous l'effet de la pression et de la chaleur, se sont transformés en couches rocheuses jusqu'à ce qu'un soulèvement dû à la chaudière de la machine terrestre produise la disparition des continents anciens érodés, et l'émersion de terres nouvelles, celles que nous connaissons. À peine émergées, les terres actuelles deviennent, à leur tour, sujettes à l'érosion, comme on peut le constater, et le cycle des dégradations et des soulèvements se poursuit sous nos yeux.

L'érosion

Dans l'*Explication* que Playfair, son disciple et ami, nous donne de la théorie de Hutton, les actions de l'érosion relèvent d'abord de l'atmosphère, mais s'il existe bien une action chimique de l'air sur les roches, elle est accrue par l'humidité, la lumière, la chaleur. Cependant, l'action des forces mécaniques est plus évidente que celle des forces chimiques et l'eau intervient ici comme agent essentiel de transport des produits de la désagrégation chimique à laquelle elle a déjà participé, depuis les pluies les plus fines jusqu'aux vagues de l'océan, en passant par les ruisseaux, les rivières et les fleuves : « Il suffit de remarquer que les effets de tant d'agents petits mais infatigables travaillent tous ensemble, et, qu'ayant pour eux la gravité, ils forment un système de destruction universelle et de dégradation qu'on peut tracer sur toute la surface de la terre, depuis le sommet des montagnes jusqu'aux rivages de la mer »[1]. Or, si les agents de ce système nous sont parfaitement familiers, ils peuvent aussi nous expliquer des phénomènes géologiques jugés énigmatiques par les contemporains : le creusement des vallées par les rivières, l'existence des lacs, les champs de pierrailles comme la Crau, les immenses dépôts de graviers et de cailloux roulés, etc. et, enfin les déplacements de rochers dus aux glaciers et aux torrents, sans qu'il soit nécessaire d'invoquer une débâcle d'origine inconnue, autrement dit, un Déluge aux implications mythiques[2]. Il suffit de leur en donner le temps, et rien ne s'y oppose car la chronologie sacrée ne peut concerner que l'histoire humaine.

Playfair, de ce point de vue, place la théorie de Hutton sur le même plan que le système de Copernic : « Il n'existe nulle raison de supposer que la révélation ait voulu nous donner des règles pour la géologie, ni pour la science de l'astronomie »[3]. Cette indétermination du temps permet donc de

1. J. Playfair, *Explication*, *op. cit.*, § 96, trad. p. 268.

2. *Ibid.*, voir les Notes XVI, Rivières et lacs, p. 272; XVII, Débris de roches décomposées, p. 290; XVIII, Transports des pierres.

3. *Ibid.*, p. 381.

supprimer le dernier obstacle qui s'opposait à une interprétation complète des phénomènes géologiques en termes actualistes, et même *uniformitariens*. Les doctrines correspondantes, qui postulent l'identité du passé et du présent, vont permettre une approche intégralement scientifique, par exclusion de toutes causes et forces inconnues ou miraculeuses. Le reproche d'éternitarisme, inacceptable puisqu'il contredisait l'idée biblique de Création, n'a pas ici sa place, contrairement aux insinuations, à l'époque, de quelques géologues religieux et, depuis, de certains historiens des sciences. On peut noter en passant que le même Kirwan, qui s'est opposé à Hutton pour des raisons théologiques, à cette époque, en le taxant d'éternitarisme, a défendu le « phlogistique » contre Lavoisier, dans le domaine de la chimie.

Les soulèvements

Néanmoins, la destruction par les eaux ne peut que représenter le moment négatif dans « un système d'économie sage et prévoyante »[1] qui réponde aux exigences d'une Théologie naturelle caractéristique de l'idéologie ambiante dans l'Angleterre de l'époque. L'autre moment sera donc celui de la restauration de la surface terrestre habitable, et ce sera la part du *Feu*. Si les lits distincts qui se sont formés au fond des mers à partir de la diversité des apports sédimentaires venus des continents, se sont consolidés, l'eau n'y a eu aucune part, car l'eau divise. Au contraire, le feu réunit : dans les conditions de pression réalisées dans les dépôts abyssaux, la chaleur qui amollit et fluidifie les minéraux, les rend, lors du refroidissement, compacts, vitrifiés, cristallisés. Le résultat des processus naturels est alors identique à celui des expérimentations effectuées en laboratoire : on sait que le carbonate de baryum est fusible mais que chauffé à l'air libre, au dessus d'un certain degré, il donne de la baryte caustique, tandis que, sous pression, il demeure fusible, comme le docteur Black, « philosophe et célèbre chimiste », l'a montré, et cela permet de présumer qu'il doit en être de même du calcaire « dans les régions souterraines »[2]. Il appartiendra à James Hall de fabriquer, un peu plus tard, du marbre en enfermant de la craie dans un canon de fusil solidement obturé. S'il a pu arriver à Playfair de se tromper en attribuant le silex de la craie à une fusion ignée[3], le principe fondateur de la Géologie expérimentale restait acquis. Ces transformations minéralogiques secondaires qui transforment ainsi les

1. J. Playfair, *Explication*, *op. cit.*, p. 390.
2. *Ibid.*, § 16, p. 81-82.
3. *Ibid.*, § 20, p. 87-88.

dépôts sédimentaires en roches cristallisées dans les profondeurs de l'écorce terrestre, ont été désignées en 1833 par Charles Lyell du nom de *Métamorphisme*.

La *Tectonique* se définit comme la discipline qui étudie les déformations de l'écorce terrestre et les structures qui en résultent[1]. Le terme apparaît à la fin du XIXe siècle – E. Suess s'en sert en 1875 à propos de l'orogénèse alpine – mais la chose existe bien avant le mot. Qu'il y ait des strates, que ces strates aient été déposées horizontalement et successivement dans un liquide, que leur position ait été modifiée et qu'il se soit produit ensuite un nouveau dépôt de lits horizontaux, comme le montrent les discordances de stratification, tout le monde en est d'accord depuis Sténon[2]. Par contre, que de tels déplacements puissent s'expliquer par des effondrements de toits de cavernes, contredit tout ce que l'on peut voir dans les Alpes : Hutton et Playfair ont lu Saussure, mais ils ont aussi observé sur le terrain des discordances de stratification et des redressements de couches[3], phénomènes inconcevables si on refuse d'admettre des soulèvements. En effet, dans la Note XII de son *Explication*, intitulée *Élévation et inflexion des strata*, Playfair mentionne d'abord chez Saussure l'observation, dans les Alpes, de brèches et de poudingues anciens qui ont reçu leur caractère présent au fond des mers, ce qui implique qu'ils se soient soulevés. Il les avait confondus avec les graviers actuels provenant des eaux courantes, pourtant bien différents, erreur due à ses préjugés « neptunistes ». Playfair ajoute ensuite les observations correspondantes faites par Hutton et lui-même en Écosse, qui portent sur les déplacements et les courbures des couches et celles qui ont été faites ailleurs par le même Saussure, à propos desquelles il mentionne le célèbre pli en *S* du Nant d'Arpenaz, dans les Alpes. Ces dernières données restaient inexplicables par la force de la pesanteur, la seule force physique admise, d'après la théorie neptunienne, comme responsable de l'effondrement du toit des cavernes primitives, parce qu'une chute ne peut donner que des cassures, formant des angles. Pour qu'il y ait courbure, il fallait une autre force, s'exerçant de bas en haut, sinon latéralement, et avec lenteur. Seule une chaleur interne au globe pouvait répondre à une telle exigence, celle qui, en Minéralogie, était la cause du métamorphisme[4] et qui permet de concevoir une tectonique.

1. C. Pomerol, Y. Lagabrielle, M. Renard. *Éléments de Géologie*, *op. cit.*, p. 267.
2. G. Gohau, *Les sciences de la Terre*, *op. cit.*, p. 109-113.
3. Voir le texte de Hutton et son illustration, cités par G. Gohau, *ibid.*, p. 280-283.
4. J. Playfair, *Explication*, *op. cit.*, p. 122-145.

La chaleur centrale

Reste la question qui a été à l'origine de la Géognosie, celle de la formation des filons. Elle représente encore un épisode minéralogique, mais consécutif à la consolidation des strates. Pour l'essentiel, Werner y voyait des fentes ou fractures dans les couches, qui s'étaient remplies de dissolutions dont les minéraux se seraient précipités sur leurs parois. Hutton et Playfair les interprètent comme les produits d'une injection de substances en fusion à travers les roches en place, stratifiées ou non, comme l'observation des veines qui passent de manière continue des unes aux autres, en fournit la preuve[1]. Cela vaut pour les métaux natifs et les minerais métalliques lorsqu'ils se présentent en filons, mais aussi pour une série de roches, regroupées sous le nom de *whinstone* par Playfair et liées plus ou moins directement au volcanisme puisque le basalte entre dans cette catégorie. Hutton avait déjà observé en 1785 que le granite au Glen Tilt, en Écosse, se présentait en veines introduites à l'état fondu dans des schistes fossilifères aux couches disloquées[2]. La formation de telles veines et les ruptures dans les roches encaissantes attestées par leurs interruptions et décrochages, attestent un ordre « qui indique l'action d'une force immense mais lente et graduée dans ses effets »[3]. Des veines aux intrusions massives et au volcanisme, on pourra même constater une continuité et une origine commune située dans les régions centrales du globe terrestre en raison des affinités entre le *whinstone*, le porphyre et le granite[4], et, si le porphyre, connu pour ses dépôts massifs, représente une variété homogène et compacte de *whinstone*[5], il appartient, de ce fait, à la même famille que le basalte produit par les volcans soit sous forme de laves, soit sous l'aspect de colonnes prismatique, comme on peut le voir en Irlande, à la Chaussée des Géants, et autres lieux. Ces roches, qui appartiennent à des genres distincts, sont donc réunies entre elles « par une suite de nuances insensibles, depuis le basalte homogène jusqu'au granite le mieux cristallisé »[6]. Un granite qui peut avoir été fondu et injecté parmi des roches stratifiées qui existaient déjà, ne peut pas être considéré comme plus primitif qu'elles. Puisque le granite était traité jusqu'ici comme le modèle de roche primitive, il s'ensuit

1. J. Playfair, *Explication*, *op. cit.*, § 60, p. 173-174.
2. F. Ellenberger, *Histoire de la Géologie*, Paris, Technique et Documentation, 1994, t. 2, p. 309.
3. J. Playfair, *Explication*, *op. cit.*, § 57, p. 171-172.
4. *Ibid.*, § 61, p. 176-177.
5. *Ibid.*, § 76, p. 220.
6. *Ibid.*, § 77, p. 230.

que « nous ne voyons rien qui soit absolument primitif ». À ce terme, reconnu impropre à désigner les strates en apparence les plus anciennes, il faut substituer celui de *Primaire*[1].

Le granite, on le savait à l'époque, est une roche cristallisée formée de quartz, de mica et de feldspath. Or, il existe d'autres roches cristallisées, parmi lesquelles Playfair note le gneiss et le « granite veiné », dans lesquelles « nous avons non seulement la stratification, mais encore la structure schisteuse unie à la cristallisation », si bien que « certainement on ne peut voir nulle part mieux combinés, et les effets de la déposition par l'eau, et ceux de la fluidité par le feu ». Il explique cette combinaison de la manière suivante : « pendant que la chaleur produisait un degré de fluidité capable de permettre au corps de se cristalliser en refroidissant, une grande pression, agissant de tous côtés, a tenu toute la masse dans sa place, de manière à lui conserver la forme que la mer lui avait donnée originellement ». Mais, il constate aussi que « le granite veiné, ou ce que, suivant moi, on devrait appeler schiste granitique, se change souvent et graduellement en granite en masse, c'est-à-dire en granite sans texture schisteuse, sans fissures »[2]. Autrement dit, Playfair établit dans le paragraphe de cette Note consacrée au granite, à la fois la distinction entre les roches métamorphiques et les roches magmatiques, celles qui forment les intrusions, et, en même temps, leur continuité. Mais le granite, pour lui, reste avant tout une roche magmatique, car « les veines de granite ne viennent pas des roches qui sont réellement stratifiées mais de celles que l'eau n'a jamais déposées »[3]. Contrairement à Saussure qu'il juge avoir été leurré par les apparences et des conceptions proches de celles de Werner, il refuse donc l'idée que le granite proprement dit, à la différence du gneiss, soit stratifié à la manière des dépôts marins. Il voit dans la montée du granite propulsé par le feu la raison du soulèvement des montagnes :

> Ainsi, en ne supposant pas le Mont-Blanc stratifié, on le conçoit sous la forme d'une masse qui a été fondue sous les strata par la chaleur souterraine, et qui, chassée vers le haut par une force que l'on peut comparer à celle qui a lancé les planètes dans leur orbite, a élevé les strata qui la couvraient et est restée enfermée par eux de tous côtés[4].

1. J. Playfair, *Explication*, *op. cit.*, § 8 et Note IV, Strata primaires et non primitifs, p. 53-59.

2. *Ibid.*, Note XV, § 148, p. 241-243.

3. *Ibid.*, Note XV, § 150, p. 244.

4. *Ibid.*, Note XV, § 151, p. 245.

L'existence de cette force interne est un fait qui doit être reconnu au même titre que les faits astronomiques. Elle est le moteur de la machine de Hutton, mais son fonctionnement reste obscur.

De l'Histoire Naturelle aux Théories.

La Géognosie, étude structurale de l'écorce terrestre, issue de la Minéralogie, appartient, nous l'avons vu, à l'Histoire naturelle descriptive et classificatrice, telle qu'elle était comprise au XVIIIe siècle, mais elle y est restée enfermée en raison, semble-t-il, de la Théorie de la Terre dont elle s'est trouvée tributaire, malgré ses prétentions à une stricte positivité. Cette théorie, en postulant un océan chaotique originaire, était aussi fantastique que celles qui faisaient rire Cuvier, qui, pourtant, semblait l'admettre. Or, cette théorie, en attribuant à la totalité des roches une origine par précipitation au fond d'un liquide, a focalisé l'attention des géognostes sur l'ordre des couches et leur âge relatif aux dépens de leurs dispositions qui restaient à peu près inexplicables, comme Saussure en avait fait l'expérience jusqu'au moment où il a compris la nécessité de faire intervenir des forces soulevantes internes au globe [1]. On voit ici comment la Stratigraphie, c'est-à-dire l'Histoire naturelle de la Terre qui ne se souciait que de l'ordre des couches, était un obstacle à la naissance d'une Tectonique, science des déformations de la surface du globe qui fera intervenir des principes physiques susceptibles de répondre aux observations sur le terrain, en accord avec les connaissances disponibles par ailleurs, depuis l'Astronomie jusqu'à la Minéralogie.

Cet obstacle a joué, dans le monde savant, jusque dans les premières décennies du XIXe siècle, mais dans le grand public beaucoup plus longtemps. On sait que « Bouvard penchait vers le neptunisme; Pécuchet, au contraire, était plutonien ». Ces deux imbéciles à travers lesquels Gustave Flaubert a exercé sa verve sarcastique sur les sujets de conversation à la mode vers le milieu du siècle, s'étaient entichés de sciences après leurs déboires agricoles. Ils en sont donc venus à la Géologie. Or, il est clair que, dans leur esprit, c'est-à-dire dans un large public qui, sans être totalement ignorant, n'était pas particulièrement éclairé, le neptunisme et le plutonisme n'étaient que des doctrines auxquelles il était loisible d'adhérer au nom de préférences personnelles, comme on pouvait être épicurien ou stoïcien, sans que rien d'objectif ne décide du choix, sauf l'aptitude à faire rêver. Du plutonisme de Pécuchet, on passe directement

1. Voir le texte de Saussure, cité *supra*, p. 70.

aux activités fantastiques et menaçantes du feu central et de là, à la question de la fin du monde, soit par le froid, soit par le feu, puis à divers cataclysmes: la Géologie est devenue un jeu à se faire peur. Les savants, professionnels ou amateurs, n'en étaient pas là.

Néanmoins, dans la communauté des naturalistes géologues, on a assisté à une longue survie du conflit entre les deux conceptions du devenir de la Terre, alors que la chose avait déjà été jugée par Saussure dans le texte cité, puis par Hutton dont les idées ont pu se répandre en Europe continentale après la fin des guerres napoléoniennes, soit 1815, date de la traduction de l'*Explication* de Playfair par Basset. On ne peut donc s'empêcher de voir un témoignage de la faiblesse du raisonnement géologique lorsqu'il s'agit de théorie en face des pressions culturelles ambiantes dans la facilité avec laquelle les géognostes wernériens ont fait usage de données scientifiques, qu'ils avaient eu le mérite d'établir, en vue de soutenir des arguments destinés à nier des évidences définitivement acquises, au profit d'une Géogonie intenable. Si Hutton a pu envisager les choses autrement, c'est peut-être que l'Angleterre au siècle des Lumières et sa formation personnelle lui ont fourni les conditions de liberté intellectuelle qui n'existaient nulle part ailleurs [1]. L'itinéraire de Léopold von Buch, élève de Werner, est le témoignage de la difficulté qu'il pouvait y avoir, au cours de la première moitié du XIXe siècle, à s'affranchir du mythe de l'eau primordiale qui marque l'idéologie scientifique de l'époque.

DE L'EAU AU FEU

Léopold von Buch

Léopold von Buch (1774-1853) a été un des géologues, sinon le géologue, le plus représentatif de la première moitié du XIXe siècle en raison d'un parcours théorique qui le conduit de l'École de Freiberg, c'est-à-dire de la croyance à la formation des roches cristallines par précipitation à partir d'une dissolution aqueuse, à la reconnaissance de leur origine ignée, avec les conséquences géogéniques et tectoniques, impliquées par une telle conversion. Elle se produit dans un contexte nouveau: si la géognosie est née, avec Werner, dans les mines, ses élèves se mettent à voyager, et, de ce fait, ils confrontent les théories minéralogiques avec la diversité des paysages et des sols. À partir de ce moment, ce n'est plus la variation d'une loi, celle de la cristallisation, qui rend raison seule, de la

1. Sur ce point, voir G. Gohau, *Les sciences de la Terre*, *op. cit.*, p. 264-268.

diversité des roches. Il faut compter avec ce que l'on voit en surface : les variations géognostiques sont alors saisies comme des événements locaux, dont les grands ensembles géologiques constituent la récapitulation. La surface introduit à la profondeur qui en représente le passé. De ce point de vue, la doctrine des soulèvements, et du métamorphisme, c'est-à-dire le plutonisme, apparaît comme le corollaire profond d'une géologie de surface, qui a renoué avec les longues marches et les ascensions que connaissaient avant eux Nicolas Desmarest et Horace Bénédict de Saussure. Si Humboldt est allé en Amérique du Sud, von Buch a parcouru bien des territoires en Europe. Il y affrontera, en Italie et en Auvergne, la question qui va se révéler décisive, celle de l'origine du basalte, liée au problème de la nature du volcanisme.

Le volcanisme

Les volcans, que Buffon fait apparaître à la quatrième Époque du Monde, étaient pour lui comme pour la majorité des naturalistes du temps, le produit d'incendies souterrains [1] d'une telle violence qu'on pouvait voir, dans un volcan, dit-il, « un canon d'un volume immense » [2] dont la décharge s'accompagnait ordinairement de tremblements de terre. D'Holbach était du même avis, à ceci près, qu'ils étaient pour lui des soupapes de sécurité providentielles destinées à limiter les ravages des tremblements de terre dus à la force prodigieuse des matériaux mis en expansion par les « fourneaux ou foyers qui sont à leur base » [3]. L'École de Freiberg, par la suite, ne dira pas autre chose : les manifestations volcaniques proviennent de la combustion de mines d'anthracite ou de charbon. Dans son Voyage aux îles Lipari, Dolomieu s'intéresse, lui aussi, aux matières combustibles qui entretiennent l'inflammation des feux souterrains provoqués par « l'acide vitriolique » [4], mais sa principale préoccupation concerne le rapport des laves avec les roches dont les foyers volcaniques auraient provoqué la fusion, dans le but de les localiser [5]. Même s'il les plaçait à une « profondeur infinie », ce n'était cependant jamais dans les « granits primordiaux », mais plutôt entre ces derniers et « les dépôts argilo-ferrugineux » consé-

1. Voir chap. I, p. 52.

2. Buffon, *Théorie de la Terre*, *Preuves*, art. XVI, cité par G. Gohau, *Les sciences de la terre*, *op. cit.*, p. 213-214.

3. D'Holbach, « Volcan », dans *Encyclopédie*, *op. cit.*, t. XVII.

4. Déodat de Dolomieu, *Voyage aux îles Lipari ou notice sur les îles éoliennes, suivi d'un mémoire sur les îles Ustica et Pantellaria pour servir à l'histoire des volcans*, dans Œuvres, Paris, De Drée, 1806, vol. 1, p. 67.

5. *Ibid.*, p. 113-123.

cutifs[1]. Ce n'est qu'en 1797, après un voyage en Auvergne, qu'il parvient à écrire ceci :

> je pense que partout, c'est à de grandes profondeurs dedans et au dessous de l'écorce consolidée du globe que résident les agents volcaniques, ainsi que les bases de toutes les déjections, que là restent cachées les causes qui contribuent à l'inflammation dont sont accompagnées les éruptions, et celles qui produisent la fluidité des laves[2].

Il ne s'agit plus, cette fois, d'incendies de mines de charbon : en accord avec le mathématicien et physicien Lagrange, il adopte l'idée d'une fluidité ignée originelle, suivie d'un refroidissement qui provoque seulement la formation d'une écorce plus ou moins épaisse, sans atteindre le noyau central. Ces matières fondues qui forment ce noyau supportent aisément les continents parce qu'elles seraient plus denses que celles de la croûte extérieure : il n'est donc plus nécessaire de se tordre l'esprit pour imaginer des combustibles et des sources d'air pour alimenter les incendies volcaniques[3]. Une rupture entre chaleur et feu est ainsi consommée. Des hypothèses de Lazzaro Moro, qui remplissait les vides laissés par l'éjection des matières volcaniques soit par de l'air, soit par un feu central de consistance indéterminable[4], nous passons d'une vision encore fantastique à une conception rationnellement soutenable. Pourtant, il ne semble pas que ce soient les phénomènes volcaniques, ni les conclusions auxquelles était arrivé Dolomieu en 1797, si capitales soient-elles, qui aient provoqué un tournant dans les conceptions géogéniques au début du siècle suivant, mais la reconnaissance de l'origine volcanique du basalte.

Le basalte

Le premier à avoir parlé du basalte est Pline l'Ancien au Iᵉʳ siècle de notre ère. Il nous dit que les Égyptiens trouvent en Éthiopie une sorte de marbre couleur de fer et qui est fort dur, lequel ils appellent Basalte ». La statue de Memnon, qui résonne au contact des premiers rayons du soleil levant, en serait formée[5]. Valmont de Bomare le décrit comme « une

1. Déodat de Dolomieu, *Distribution méthodique de toutes les matières dont l'accumulation forme les montagnes volcaniques*, dans *Œuvres*, *op. cit.*, vol. 2, p. 49-50.

2. Déodat de Dolomieu, *Rapport fait à l'institut national le 6 Frimaire an VI (nov. 1797) sur ses voyages de l'an V et VI (1797)*, *ibid.*, vol. 2, p. 403-404.

3. *Ibid.*, p. 404-407.

4. Voir G. Gohau, *Les sciences de la Terre*, *op. cit.*, p. 181-182.

5. Pline, *L'Histoire du Monde*, trad. fr. A. du Pinet, Lyon, Antoine Tardif, 1584, t. 2, p. 679-680.

espèce de pierre de touche, propre à éprouver les métaux », donc une pierre dure « qui se trouve en Lorraine, en Bohème, en Saxe, en Silésie »[1] et autres lieux où l'on ne rencontre pas de volcans actifs. Puisque, par ailleurs, les laves sont des matières fondues par le feu des volcans, si bien que « la lave la plus pure ressemble parfaitement à du verre noir »[2] alors que le basalte est une roche cristalline, rien ne permet de les rapprocher. Si Bomare signale que le rapprochement a, néanmoins, été fait par Nicolas Desmarest, c'est avec réserve : « Ce dernier système ne laisse pas d'avoir des partisans ». Pour que la nature volcanique du basalte soit admise, il fallait que deux conditions soient remplies : la reconnaissance d'un volcanisme ancien et la compatibilité entre les verres et les cristaux.

Illustration 6
Basalte

En premier lieu, Desmarest date son identification du basalte comme matière volcanique d'un voyage en Auvergne qu'il a fait en 1763, voyage qui lui a permis de distinguer quatre classes de courants volcaniques : 1) actuels, 2) « dont les bouches ont disparu », 3) séparés par des torrents, 4) en masses isolées[3]. De ces quatre classes, il déduira trois époques de

1. Valmont de Bomare, *Dictionnaire raisonné universel d'Histoire naturelle*, Paris, Brunet, 1775, « Basalte », t. 1, p. 477.

2. D'Holbach, « Lave », dans *Encyclopédie*, *op. cit.*, t. 9, 1765.

3. N. Desmarest, *Mémoire sur l'origine et la nature du Basalte à grandes colonnes polygones, déterminées par l'histoire naturelle de cette pierre, observée en Auvergne, 1re et 2e parties*, dans *Mémoires de l'Académie des sciences*, 1771, p. 705-768.

volcanisme ancien en Auvergne : celle dont le volcanisme est encore évident, comme dans la chaine des Puys, celle qui n'a pas laissé de traces apparentes de volcanisme, ni cratères, ni scories, mais seulement des coulées en surface, et celle dont on retrouve les coulées intercalées entre les couches sédimentaires [1]. En second lieu, Buffon nous apprend que :

> La cristallisation, qu'on croyait être le caractère le plus sûr de la formation d'une substance par l'intermède de l'eau, n'est plus qu'un indice équivoque depuis qu'on sait qu'elle s'opère par le moyen du feu comme par celui de l'eau. Toute matière liquéfiée par la fusion donnera, comme les autres liquides, des cristallisations ; il ne leur faut pour cela que du temps, de l'espace et du repos : les matières volcaniques pourront donc contenir des cristaux, les uns par l'action du feu et les autres par l'infiltration des eaux [2].

On peut donc affirmer sans crainte que : « Les basaltes qu'on appelle antiques, et les basaltes modernes, ont également été produits par le feu des volcans » [3], point sur lequel il rejoint Desmarest, qu'il mentionne. La question semble donc réglée.

Eh bien non ! Werner en restera aux conceptions de sa jeunesse : pour lui, comme pour d'Holbach, l'idée d'un feu central qui serait la raison du volcanisme reste chimérique, et les minéraux, pour lui, ne cristallisent que dans l'eau, y compris le basalte. L'École de Werner distingue d'abord une variété de roches qu'elle désigne comme « trappéennes », du terme suédois « *trapp* », signifiant : escalier, à cause de la forme de sa décomposition, en lui donnant comme caractère minéralogique la présence de hornblende (cristaux prismatiques noirs et fibreux). Parmi ces roches trappéennes, on trouve des roches primitives (*Ur-Trap*) qui comprennent, entre autres, certaines espèces de porphyres, et des roches censées être d'origine sédimentaire (*Floez-Trap*), parmi lesquelles, le basalte. La présence de cristaux dans ces roches est censée indiquer leur origine aqueuse, par opposition aux laves qui ne donnent que des pâtes ou des verres et cette origine serait confirmée, croit-on, par leur alternance avec d'autres bancs évidemment sédimentaires et l'importance de leurs masses, alors que le volcanisme passait pour un phénomène restreint, superficiel et tardif.

1. N. Desmarest, cité dans G. Gohau, *Naissance de la Géologie historique*, Paris, Vuibert, 2003, p. 65-67.

2. Buffon, « Des matières volcaniques », dans *Histoire des minéraux*, dans *Œuvres complètes*, *op. cit.*, t. 5, p. 3 *sq.*

3. *Ibid.*

Les difficultés d'une conversion.

Léopold von Buch, était entré à l'École des Mines (*Bergakademie*) de Freiberg en 1790, à seize ans. Il l'a quittée en 1793 pour l'Université de Halle. Ces trois années lui ont suffit pour être profondément marqué par l'enseignement de Werner et pour se lier d'amitié avec Alexandre de Humboldt, l'un des hommes à l'horizon intellectuel le plus vaste de cette époque. Il ne pouvait donc pas concevoir le basalte autrement que comme son maître, c'est-à-dire d'origine marine. En 1797, aux environs de Landshut, en Silésie, où il observe une montagne basaltique, personne n'avait trouvé trace ni de volcans, ni de cendres volcaniques[1] : il y voit une confirmation des convictions de son maître qu'il a lui-même adoptées. Même lorsqu'il existe des volcans, le basalte primordial qui, en Allemagne, s'est déposé en couches horizontales, pourrait avoir été fondu et transformé en lave par les foyers souterrains : la doctrine est donc sauve[2]. Mais cette conviction juvénile est bientôt mise à l'épreuve au cours de son premier voyage en Italie. Il observe aux environs de Pergine des superpositions de roches que son maître, trop sédentaire, n'a jamais vues, et, en particulier, un porphyre, roche primordiale (*uranfangliche*) par excellence, superposé à un calcaire, sédimentaire par excellence, ce qui va directement contre l'enseignement reçu. Les lois de la nature lui semblent ébranlées : Nous sommes en plein chaos ! « Il y a là quelque chose d'inconcevable ! »[3]. Arrivé à Rome, ce sera pire : dans une lettre à l'un de ses correspondants, il avoue être si perturbé par les contradictions inhérentes à la Nature qu'il en est malade, car personne n'est plus convaincu que lui du caractère non volcanique du basalte, et pourtant voila qu'il le reconnaît dans une masse d'origine volcanique des environs de Rome[4]. C'est ce qu'il répète plus loin dans son *Journal de voyage*[5]. Après son passage ultérieur en Auvergne en 1802, il reprend les conclusions tirées de ce qu'il avait vu en Silésie et il les maintient : il n'y a rien de volcanique dans le basalte allemand; mais au vu du Montdor, du Puy de Dôme, du Sarcoui, du Puy de la Nugère, il se déclare mis en désarroi par ce qu'il y voit et se demande si le porphyre n'y est pas une transformation du granite et si le basalte n'en proviendrait pas par

1. L. v. Buch, *Beschreibung des Buchberges bei Landshut* (1797), dans *Gesammelte Schriften*, Berlin, Reimer, 1867, t. 1, p. 75.

2. L. v. Buch, *Lettre à Pictet sur les volcans* (1801), *ibid.*, p. 132-142.

3. L. v. Buch, *Geognostische Beobachtungen auf Reisen durch Deutschland und Italien* (1802), *ibid.*, p. 328 et 337.

4. L. v. Buch, *Lettre à von Moll du 23 Septembre 1798*, *ibid.*, p. 99-101.

5. *Ibid.*, p. 373-374.

fusion ultérieure[1]. Malgré leur identité minéralogique, il y aurait donc deux basaltes.

Il est inutile de souligner ce qu'un tel compromis pouvait avoir de bâtard. Il semble pourtant avoir fait école puisqu'on le retrouve encore en 1819 chez d'Aubuisson qui s'excuse d'abord d'avoir en 1803 soutenu l'origine aqueuse du basalte parce qu'il n'avait pas encore vu les basaltes et les volcans éteints de l'Auvergne et du Vivarais. Après les avoir vus, reconnaît-il, le doute n'était plus permis : les basaltes étaient d'origine ignée. Par contre, en présence des trachytes, reconnus comme étant de la même famille minéralogique et de la même origine, « si l'on n'était conduit par une continuité certaine avec les terrains basaltiques et par des signes irrécusables de l'action du feu, on pourrait douter ». Mais, « lorsqu'il n'y a plus de continuité », c'est-à-dire, lorsqu'on passe à une époque plus primitive, et, en particulier, lorsqu'on est en face d'une alternance entre les couches de « trapps » et de grès, on peut rester dans le doute et même admettre que, à l'instar du granite, gneiss, schiste micacé, etc. « toutes les probabilités sont encore pour l'origine aqueuse »[2]. Pour sa part, dans les dix ans qui ont suivi son premier passage en France, von Buch a fini par se convaincre de l'identité du basalte allemand et du basalte auvergnat :

> Au pied méridional du Mont *Mezin* (Mezenc ?), nous serons convaincus, pour autant que l'on puisse parvenir à une certitude en ce domaine, que le vrai basalte, avec tous les caractères et parties composantes du basalte allemand et sous la forme de parfaites colonnes, s'était répandu dans les vallées, tout comme les courants de lave de Clermont[3].

L'article dont est tirée cette citation va beaucoup plus loin : il y est question du « Trapp-Porphyr », porphyre trappéen, identifié en 1790 dans les Siebengebirge, en Allemagne, près de Bonn, et considéré comme apparenté au basalte. Sa nature volcanique a été établie par Humboldt en Amérique du sud[4]. Or, si ce porphyre trappéen est lié directement au basalte, l'École de Freiberg voyait, dans les porphyres, des roches primitives, apparentées au granite. Les anciens élèves de Werner en viennent donc à admettre la validité des conclusions émises depuis longtemps par Playfair : ces divers genres de roches « semblent réunis par une suite de nuances insensibles, depuis le basalte homogène jusqu'au granite le mieux

1. L. v. Buch, *Anhang : Mineralogische Briefe aus Auvergne*, *ibid.*, p. 517-518.

2. J.F. d'Aubuisson de Voisins, *Traité de Géognosie*, *op. cit.*, t. 2, p. 601-606.

3. L. v. Buch, *Von den geognostischen Verhaltnissen des Trapp-Porphyrs* (1813), dans *Gesammelte Schriften*, *op. cit.*, t. 2, p. 645.

4. *Ibid.*, p. 629-654.

cristallisé »[1]. Humboldt en tire un peu plus tard la conclusion qui s'impose : la distinction entre roches d'origine volcanique et roches d'origine neptunienne relève d'une « nomenclature mythologique », quoique généralement reçue[2]. Il ira même jusqu'à considérer la division des formations en primitives, intermédiaires, secondaires, tertiaires et volcaniques, sur des distinctions simplement minéralogiques, comme « d'un usage suranné »[3]. La *géognosie positive*, tant qu'elle s'appuie sur le critère minéralogique pour identifier les terrains, n'a pas à s'occuper de l'origine des choses, question qui relève de la *Géogénie* sur laquelle il s'en débarrasse en même temps que de l'ordre chronologique des terrains; il lui suffit de les classer suivant l'ordre de superposition. On peut noter, enfin, que von Buch avait relevé, dans son article, une différence entre porphyre trappéen et porphyre primitif, non seulement dans l'apparence, mais aussi dans la composition minéralogique, différence qui répond à la distinction reconnue entre trachyte porphyrique, roche volcanique, et porphyre rhomboédrique, roche intrusive, l'une et l'autre relevant, en réalité, du même registre, celui des roches magmatiques.

Les soulèvements

Avec la formation des montagnes, dites primitives, c'est une autre de ses convictions initiales, issues de l'enseignement de son maître Werner, que von Buch va devoir remettre en question. En conclusion d'un article publié en France, en 1799, dans le *Journal de Physique*[4], il soutient que les forces responsables de cette formation se limitaient à la pesanteur et à la cristallisation : si, par exemple, la chaine des Riesengebirge, en Silésie, était dissymétrique, avec d'un côté une pente raide et de l'autre une pente douce grâce à la présence d'une couverture de schistes de ce seul côté, protégé ainsi de l'érosion, c'était simplement parce que la barrière centrale de granite avait, une fois dressée, empêché les courants du fluide dissolvant des roches schisteuses, de passer d'un versant à l'autre. Le massif granitique n'est lui-même qu'un gros cristal, comme l'imaginait Delamétherie. On touche encore du doigt à quel point la doctrine de Werner a pu faire obstacle à une interprétation tectonique correcte des faits observés, au profit d'une construction imaginaire qui, d'une part, ne tenait pas compte

1. J. Playfair, *Explication*, *op. cit.*, p. 230.

2. Humboldt, *Essai géognostique sur le gisement des roches*, Paris-Strasbourg, Levrault, 1826, p. 137.

3. *Ibid.*, p. 306.

4. L. v. Buch, *Considérations sur le Granit*, dans *Gesammelte Schriften*, *op. cit.*, t. 1, p. 101-108.

de connaissances astronomiques et physiques disponibles sur la chaleur, et d'autre part, se livrait à une extrapolation incontrôlée à partir du banal dépôt de cristaux dans un liquide salé, alors que l'apparition de cristallisations au cours du refroidissement lent d'une matière en fusion réclame un dispositif expérimental plus complexe. Néanmoins, nous sommes en présence d'un travail accepté par une revue réputée, qui s'adresse à un public savant : il s'agit donc d'explications admises par une science en gestation, restée sous l'emprise du thème mythique de l'Eau, au nom duquel elle récuse une approche rationnelle entrevue, celle qui suppose des soulèvements. Nous voyons ainsi ce thème cosmogonique fonctionner comme une entrave à la compréhension de la réalité du monde. C'est en Auvergne, en 1802, que von Buch rencontrera le problème d'un soulèvement lié au volcanisme : le Montdor n'aurait-il pas été propulsé en hauteur et cela n'explique-t-il pas l'inclinaison des couches depuis le centre de l'élévation ? De même, l'existence d'un cirque situé entre le mont Cacadogne et le rocher des Cousins évoque pour lui un effondrement qui aurait effacé le cratère correspondant[1]. Ici, nous avons tout de même l'amorce d'une tectonique fondée sur des mouvements verticaux. L'année suivante, il fait un voyage dans les Alpes suisses entre Glarus et Chiavenna, sur lequel il publie un rapport en 1809 : il y attribue le bouleversement des couches à des mouvements de bascule[2], qu'il associe, dans un autre texte à une fluidité interne due au calorique ou à la chaleur (*Wärmestoff* oder *Wärme*)[3].

La réalité des soulèvements, non plus de volcans ou de montagnes, mais de continents, lui était devenue évidente lors de son voyage minéralogique en Scandinavie au cours des années 1807 et 1808. C'est près de Drontheim (port de la côte ouest de Norvège) qu'il a observé un dépôt de coquilles de mollusques situé de 400 à 500 pieds (autour de 130 m) au dessus du niveau de la mer[4]. On sait que, au siècle précédent, Linné, le naturaliste, avait revu l'histoire biblique de la Création en traitant le Paradis comme une seule île primordiale, sur une surface de la Terre couverte par le vaste Océan[5] et dont les eaux se seraient ensuite progressivement retirées, si bien que, « Par l'examen oculaire lui-même, il apparaît que la Terre augmente chaque année et que le Continent dilate ses

1. L. v. Buch, *Mineralogische Briefe aus Auvergne*, *ibid.*, t. 1, p. 513-517.

2. L. v. Buch, *Reise über die Gebirgzüge der Alpen zwischen Glarus und Chiavenna im August 1803*, *ibid.*, t. 2, p. 18-40.

3. L. v. Buch, *Escher Bemerkungen*, *ibid.*, p. 48.

4. L. v. Buch, *Reise durch Norwegen und Lappland* (1810), *ibid.*, p. 236-238.

5. C. v. Linné, *Discours sur l'accroissement de la terre habitable* (1744), dans *L'équilibre de la nature*, Paris, Vrin, 1972, § 16, p. 31.

limites »[1]. Cette idée d'un abaissement du niveau de la mer avait été établie par son ami Celsius grâce à des marques faites sur les rochers dans le golfe de Finlande, et confirmée par lui au moyen d'observations qui allaient du golfe de Bothnie jusqu'à l'île de Gothland[2]. Conscient de l'intérêt géologique de ce qu'il avait noté à Drontheim, von Buch remarque le même phénomène d'abord à Tromsöe, tout à fait au nord de la Norvège[3], puis à Lulea, au fond du golfe de Bothnie[4]. Puisque cet abaissement supposé ne se manifeste pas sur les côtes du reste de l'Europe et en raison des lois de l'isostasie marine, qui posent en principe la concordance planétaire des variations du niveau de la mer, il devenait évident qu'il ne s'agissait pas d'un abaissement du niveau de la mer mais du soulèvement lent de la Scandinavie. C'était, en même temps, la démonstration de la mobilité de la surface terrestre dans un sens vertical, et qui, par conséquent, peut être comprise comme une simple écorce qui enveloppe des fluides élastiques responsables, par ailleurs, des tremblements de terre, de la formation des îles volcaniques, et des bouleversements dans la disposition des couches de la Terre[5]. Hutton était donc dans le vrai.

Les « cratères de soulèvement »

Le nom de von Buch reste attaché à la théorie dite des « cratères de soulèvement », entrevue au Montdor, mais définie au cours de son séjour en 1815 aux îles Canaries, théorie qui a encombré la Géologie jusqu'à ce que Charles Lyell en fasse justice. Elle suppose qu'un soulèvement est dû à une montée de laves qui déplace les couches déposées horizontalement en formant un dôme. Lorsque le sommet s'ouvre, cela nous donne un volcan[6]. Mais si cette théorie représente une interprétation plutonienne de la genèse des montagnes, de la formation qu'il a reçue à Freyberg, von Buch semble avoir toujours gardé une préférence pour les interprétations neptuniennes, même en présence de matières dont on peut facilement présumer l'origine ignée. Cette préférence se manifestait lorsqu'il déclarait, en observant, au Montdor, une couverture basaltique reposant sur une couche de porphyre, qu'il aurait souhaité pouvoir l'attribuer à une formation primitive plutôt qu'à l'œuvre des vapeurs et des flammes[7]. On la constate encore après son

1. C. v. Linné, *Discours sur l'accroissement de la terre habitable*, *op. cit.*, § 27, p. 33.
2. G. Gohau *Les sciences de la Terre*, *op. cit.*, p. 171-173.
3. L. v. Buch, *Gesammelte Schriften*, *op. cit.*, t. 2, p. 333-334.
4. *Ibid.*, p. 503-504.
5. *Ibid.*, p. 260-261.
6. G. Gohau, *Les sciences de la Terre*, *op. cit.*, p. 274.
7. L. v. Buch, *Gesammelte Schriften*, *op. cit.*, t. 1, p. 513-514.

séjour aux îles Canaries, car, pour lui, s'il existe des couches dans la composition des volcans, elles ne doivent leur origine qu'à « des phénomènes volcaniques antérieurs à l'action du volcan lui-même », c'est-à-dire à des soulèvements de couches sédimentaires, car Elie de Beaumont, son ami, aurait prouvé « qu'un courant de lave ne peut jamais former une couche régulière et étendue en tous sens »[1], ce qui, un jour, sera démontré faux. Les manifestations volcaniques restent secondaires par rapport aux phénomènes plutoniens auxquels il accorde le pouvoir de déplacer les couches sédimentaires, dues à l'action de l'eau.

Illustration 7
von Buch, *Cratères de soulèvement*

1. L. v. Buch, *Gesammelte Schriften*, *op. cit.*, t. 3, p. 515.

Il nous en donne encore un exemple avec la manière dont il traite les tufs en territoire volcanique. Il existe deux sortes de tufs, les uns sont d'origine calcaire et forment des bancs par précipitation de calcite au fond des eaux courantes chargées de calcium, les autres sont des conglomérats formés par des cendres volcaniques retombées sur les flancs des volcans ou dans les mers voisines où ils peuvent se stratifier. Or, il traite les tufs volcaniques stratifiés comme des roches sédimentaires, ce qui ne peut valoir à la rigueur que pour les tufs calcaires : « le tuf de Naples, quoique composé principalement de débris de pierres ponces et d'obsidienne, est une formation marine et tertiaire », ce que confirmerait la présence de coquilles provenant de mollusques divers. Ces couches de tuf, après avoir été horizontales dans la plaine, envelopperaient la Somma et le Vésuve « comme un manteau », si bien que la Somma paraît s'élever « hors de cette enveloppe comme un fruit mûr qui sortirait de son calice » [1]. Ce caractère marin et tertiaire des tufs s'étendra jusqu'aux pierres ponces, assimilées, pour les besoins de la cause, au calcaire de Syracuse et de Palerme [2]. Pour les tufs, il n'y a donc de volcanique que le soulèvement, dont le cratère n'est plus que le point culminant. Puisque cette théorie des cratères de soulèvement s'inscrit dans la « nouvelle géogénie » qui fait monter de bas en haut des masses liquéfiées tandis que « l'ancienne géogénie » expliquait tout par des précipitations [3] et puisque les soulèvements y sont bien plus importants que les cratères, il s'agit ici moins de vulcanisme que d'une interprétation un peu particulière du plutonisme. Lyell s'est chargé d'établir qu'elle n'était pas la bonne, que les tufs ne sont pas nécessairement marins et tertiaires et que les cônes volcaniques ne sont pas formés par des couches soulevées mais par les matières provenant des éruptions [4]. Il faut encore en revenir à Hutton.

Dans un autre domaine, von Buch n'a pas été plus heureux avec le métamorphisme en prétendant démontrer la transformation du calcaire en dolomie au voisinage du porphyre. La dolomie est un calcaire magnésien qui se forme dans les fonds marins à partir de calcaires d'origine organique [5]. Elle se formerait, en particulier, autour de récifs coralliens et le plus souvent dans des lagunes où le chlorure de magnésium se concentre. Il

1. L. v. Buch, *Gesammelte Schriften*, *op. cit.*, t. 3, p. 523.

2. *Ueber Erhebungskratere und Vulcane* (1835), *ibid.*, t. 4, p. 298-299.

3. Humboldt, *Essai géognostique sur le gisement des roches*, *op. cit.*, p. 312.

4. C. Lyell, *Principes de Géologie*, trad. fr. Ginestou, 10e éd. Paris, Garnier, s.d., t. 1, p. 825-834 et t. 2, p. 17.

5. Sur ce point, voir E. Haug, *Traité de Géologie*, Paris, Armand Colin, 1927, t. 1, p. 115-116 ; H.R. Wenk, A. Bulakh, *Minerals*, Cambridge, Cambridge UP, 2004, p. 368-369.

s'agit donc d'un cas particulier de diagenèse. Playfair aurait parlé de concentration de sédiments. Personne, aujourd'hui, ne parle plus du porphyre comme responsable de la transformation du calcaire en dolomie. Il se pourrait ici que Von Buch ait confondu contigüité et causalité en raison de la coexistence des deux types de roches dans les Alpes Carniques où il a trouvé le porphyre sous la dolomie. À cela s'ajoute que le porphyre est, pour lui, « pyroxénique », et que le pyroxène est un genre de minéraux d'origine magmatique que l'on savait contenir souvent du magnésium [1]. Ce rapport entre la dolomie et le porphyre lui semble si évident que la dolomie peut être, pour lui, l'indice de la présence sous-jacente du porphyre, de celui-là même auquel il attribue le soulèvement des montagnes, en l'occurrence, celui des Alpes dites « dolomitiques » [2]. Cette erreur est à replacer dans un contexte où la géognosie d'origine wernérienne était obligée d'affronter le soulèvement des montagnes, abordé par quelqu'un dont le point fort était la compétence minéralogique, en tant que géognoste. Elle est peut-être un effet pervers de cette compétence.

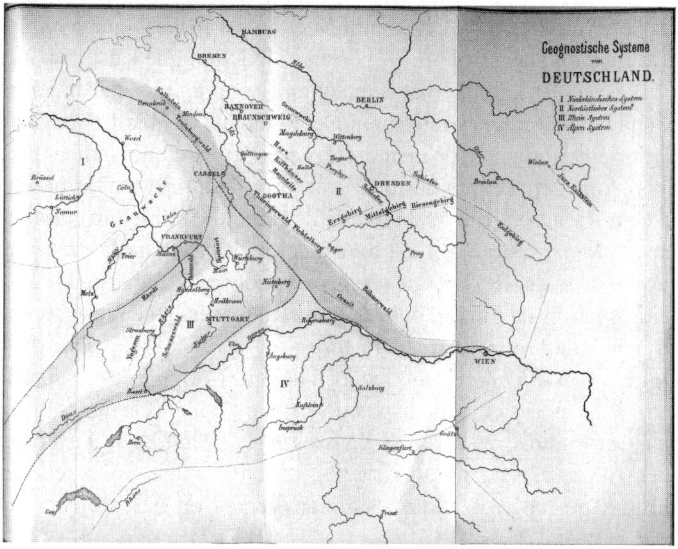

Illustration 8
von Buch, *Les quatre systèmes de montagnes allemands*

1. R.J. Haüy, *Traité de Minéralogie*, Paris, Bachelier, 1822, t. 2, p. 407-410.
2. L. v. Buch, *Ueber die Karnischen Alpen* (1824), dans *Gesammelte Schriften*, *op. cit.*, t. 3, p. 176-177.

Néanmoins, cet intérêt pour les montagnes a conduit enfin von Buch à une observation capitale, celle de l'existence, en Allemagne, de quatre systèmes distincts de montagnes, caractérisées par l'orientation de leurs chaines et la nature des formations rocheuses qui les constituent et qui permettent d'établir leur âge relatif. Ces systèmes sont désignés par leur situation géographique, 1) Hollandais (Ardennes, Taunus, Eifel), 2) du Nord-est (Harz et Thuringe), 3) Rhénan, 4) Alpin (y compris le Jura)[1]. C'est de là que partira Elie de Beaumont.

La Paléontologie stratigraphique

En ouvrant le quatrième volume de ses *Œuvres complètes* (1885), le lecteur, habitué aux montagnes, aux volcans et au porphyre, ne rencontre presque plus que des couches et des pétrifications : la première communication, prononcée en 1828, porte sur « la silicification des corps organiques » et il y est établi qu'elle ne peut se faire qu'en présence de matière organique[2] et les *Quelques remarques sur les Alpes en Bavière*, qui suivent, débutent avec le rôle de la matière organique dans la formation de la dolomie et se termine avec les Ammonites et autres fossiles que l'on trouve dans le Lias du sud Tirol[3]. Le « porphyre pyroxénique » est disparu. La Minéralogie et les balbutiements tectoniques ont fait presque entièrement place à la Paléontologie stratigraphique. Si radical semble-t-il, ce changement d'orientation a, tout de même, été précédé de quelques indices prémonitoires. Ainsi, en 1797, pour confirmer l'origine aqueuse du basalte, il signale qu'il y a trouvé un reste fossile de Hamite (Ammonite déroulée du Crétacé)[4]. Mais, surtout, il s'est livré à des recherches sur la stratigraphie du Jura, datées de 1803 et qu'il n'a pas publiées, dans lesquelles il est question à la fois de minéralogie et de restes fossiles. Il en reste, en particulier, un *Catalogue d'une collection des roches qui composent les montagnes de Neufchatel*[5] dans lequel il indique l'origine des échantillons, et décrit les couches et leurs dispositions, et un bref article *Sur le Jura* qui signale, entre autres, des « couches à strombites » (famille de gastéropodes fossiles), d'une espèce qui n'existe plus dans les couches plus récentes et qui fournit un repère facile à saisir sans lequel on ne parviendrait pas

1. Cf. *Ueber die geognostischen Systeme Deutschland*, *ibid.*, t. 3, p. 218-221.

2. Cf. *Ueber die Silification organischer Kôrper nebst einigen anderen Bemerkungen über wenig bekannte Versteinerungen* (1828-1831), *ibid.*, t. 4, p. 5-21.

3. *Einige Bemerkungen über die Alpen in Baiern* (1828), *ibid.*, t. 4, p. 24-35.

4. *Versuch einer mineralogischen Beschreibung von Landeck* (1797), *ibid.*, t. 1, p. 67, note.

5. *Ibid.*, t. 1, p. 558-687.

à acquérir une idée claire de la constitution de cette montagne[1]. C'est ce qu'on appellera plus tard une « espèce caractéristique ». Cependant, à l'époque, il était beaucoup plus préoccupé par ce qu'il avait vu en Italie et en Auvergne.

Fossiles et terrains

Pour comprendre cette substitution des fossiles aux minéraux dans une perspective stratigraphique qui ne s'est imposée que tardivement à von Buch, leur utilité pour identifier les couches, et le développement d'une Paléontologie des invertébrés contemporaine, n'en représentent peut-être pas la raison profonde. Dans un Discours qu'il a prononcé le 17 avril 1806 pour sa réception à l'Académie des Sciences de Berlin *Sur le progrès des formations dans la Nature*[2], il se propose de replacer la Minéralogie et la Géognosie dans le cadre de la « Philosophie de la Nature » qui, à cette époque, était en vogue en Allemagne chez les naturalistes qui s'occupaient aussi bien des sciences de la Terre que des sciences de la Vie. Pour Schelling, son fondateur, cette philosophie était « un spinozisme de la Physique »[3], c'est-à-dire un monisme centré sur la notion de force dont l'extension était universelle, comme pour Herder, philosophe de l'Histoire, pour lequel la force qui agit en moi est de même nature que celle qui régit le soleil et les étoiles[4]. Puisqu'il n'y a plus à faire de distinction entre les forces physiques, les forces vitales et les forces psychiques, le Monde peut être compris comme le vaste développement de forces formatrices (*Bildungskräften*), et dans ce parcours qui va des Astres à l'Homme, les cristaux et les êtres vivants peuvent se rejoindre. Pour von Buch, les manifestations passées et présentes des êtres vivants sont donc aussi importantes que le granite et le porphyre, puisque, pour les uns comme pour les autres, nous avons affaire à des développements qui progressent à mesure que la Terre vieillit. Ils peuvent également servir à apprécier l'âge relatif des strates.

C'est bien ce qui se passe. L'adoption de la perspective plutonienne permet de considérer la question des terrains, anciennement primitifs et

1. *Versuch einer mineralogischen Beschreibung von Landeck*, *op. cit.*, p. 691.

2. *Ueber das Fortschreiten der Bildungen in der Natur*, *ibid.*, t. 2, p. 4-12.

3. F. Schelling, *Einleitung zu dem Entwurf eines Systems der Naturphilosophie...* (1799), dans M. Schröter (ed.), *Schellings Werke*, Munich, Beck, 1972, tome complémentaire 2, p. 273-275.

4. Herder, *Ideen zur Philosophie der Geschichte der Menschheit* (1784), L. 1, chap. 1, dans *Herders Werke (H. Kurz)*, t. 3, Leipzig Bibliographische Institut, s.d.

secondaires, et de leurs dispositions, comme réglée par les actions combinées du feu et de l'eau. L'attention peut donc désormais se tourner vers la Stratigraphie, discipline qui exige peut-être moins de performances sportives que les escalades en montagne pour un homme qui a dépassé la cinquantaine, mais qui peut aussi, chez lui, satisfaire un penchant invétéré pour les manifestations de l'Eau, dernier vestige de l'enseignement reçu à Freiberg. Nous sommes aussi en un moment où la question de la classification des terrains est au premier plan des préoccupations des géologues : il faut donc pouvoir identifier les formations, et les limites des critères minéralogiques mis en avant par l'École de Freiberg commencent à se faire sentir. Qu'il s'agisse des Vertébrés ou des Invertébrés, la Paléontologie a le vent en poupe. Von Buch est l'homme de son temps.

L'ordre des vivants

En 1803, dans son article non publié *Sur le Jura*, les « couches à Strombites » n'avaient pas été seules à attirer son attention. Il avait auparavant noté que « les roches du Jura font une partie essentielle d'une suite de roches qui, constamment, et sur tout le globe, se retrouvent dans le même ordre »[1]. Cet ordre développe l'histoire de leur formation, donc, l'histoire du monde, et, dans son Discours de 1806, il avait défini cette dernière comme progressive. Ces observations, il faut le signaler, étaient totalement indépendantes des travaux de William Smith, progressionniste lui aussi, qui, à partir de 1791, avait commencé à défricher l'ordre des strates dans les terrains secondaires, en indiquant leur nature minéralogique, mais surtout, en les déterminant à partir de leur contenu fossilifère. Lorsqu'il revient sur la question du Jura, en 1837, à propos du prolongement de cette chaine en Allemagne jusqu'au Jura Souabe, le terme géographique « Jura » désigne alors la formation générale correspondant au groupe Oolithique de De La Beche, et désignée désormais comme « Jurassique », dans laquelle il distingue trois niveaux de bas en haut, noir, brun ou jaune, et blanc, correspondant aux désignations devenues usuelles de Lias, Dogger et Malm, tirées du vocabulaire des mineurs anglais. Chacun de ces niveaux du Jura allemand possède ses fossiles caractéristiques dont il donne la liste en décrivant soigneusement chaque espèce[2]. Ces descriptions sont pour lui nécessaires, car les simples diagnoses, c'est-à-dire les désignations établies à partir des seuls caractères distinctifs ne suffisent pas si on veut connaître les rapports des structures organiques les

1. L. v. Buch, *Sur le Jura*, dans *Gesammelte Schriften*, *op. cit.*, t. 1, p. 690.

2. Cf. *Ueber den Jura in Deutschland* (1839), *ibid.*, t. 4, p. 388-471.

unes avec les autres : une représentation claire et complète de la forme animale dans son ensemble s'impose sous peine de manquer des particularités essentielles lorsqu'on recherche la cause des similitudes et des différences entre des espèces voisines. Chez les Térébratules, par exemple, l'organisation entière et le mode de vie dépendent de la manière dont la coquille adhère au rocher[1].

L'extension planétaire des formations et l'ordre de leur superposition, définissant leur âge relatif, qui relèvent de l'héritage de Werner, d'une part, et la succession continue des espèces à travers les strates, de l'autre, permettent ainsi de comprendre le système de la Nature dans son unité et son harmonie, sous la forme d'un développement continu et progressif, conforme aux conceptions développées dans le *Discours* de 1806. C'est ce dont témoignent les espèces qui ne disparaissent pas d'un seul coup pour laisser la place à une nouvelle faune et une nouvelle flore, comme le prétendaient Cuvier et ses élèves, mais passent peu à peu à d'autres formes en raison du changement de leurs conditions d'existence dues elles-mêmes à l'évolution de la surface terrestre[2]. La *méthode naturelle*, qui, pour Cuvier, était *la science même*[3] et qui suppose que l'on complète les diagnoses par les descriptions, en fournissait la preuve. Encore fidèle sur ce point à Werner, et contrairement à Cuvier, von Buch n'admet donc pas les révolutions : les transformations lentes et du temps peuvent faire aussi bien que des mouvements massifs[4]. Au nom de ce modèle de transformation des formes animales sous l'effet des influences physiques de leur milieu, qui provenaient de Geoffroy Saint-Hilaire plus que de Lamarck qui les faisait, de son côté, dépendre de l'exercice, il n'admet pas non plus les créations successives soutenues par Agassiz. Si on note que la plus grande partie des lettres contenues dans ce volume, sont adressées à Bronn, un des grands paléontologues allemands du milieu du siècle, c'est qu'ils placent, l'un et l'autre, le monde vivant sous le signe du développement progressif. Il s'agit là d'un thème qui sera ultérieurement confondu avec la théorie de l'évolution, en tant qu'ils s'opposent, l'un et l'autre, aux révolutions et aux créations successives qui, à l'époque, font obstacle à toute forme de pensée de type évolutionniste.

Bien entendu, von Buch ne s'est jamais totalement désintéressé des montagnes et des volcans. Un retour à Naples et en Sicile, en 1834, l'amène

1. Cf. *Ueber Terebrateln* (1833), , dans *Gesammelte Schriften*, *op. cit.*, t. 4, p. 196-198.
2. Cf. *Ueber Ceratiten* (1848), *ibid.*, t. 4, p. 860-861.
3. Cf. *Brief an Bronn* (1848), *ibid.*, t. 4, p. 840.
4. Cf. *Einige Bemerkungen über die Alpen in Baiern*, *ibid.*, t. 4, p. 26.

à prendre la défense des cratères de soulèvement, en affirmant que jamais un cône volcanique n'est fait d'un courant de laves, que sa hauteur résulte d'un soulèvement, et même que la pierre-ponce napolitaine est une formation tertiaire, à l'instar des tufs[1], ce qui est faux. Mais si cette question, entre autres, lui tient à cœur, avec la paléontologie stratigraphique, il rejoint le courant principal des recherches qui lui sont contemporaines. Dans ce cadre, ce qui semble avoir attiré surtout son attention, ce sont moins les formations géologiques, comme on aurait pu s'y attendre de la part d'un géognoste, que les espèces qui peuvent servir à les reconnaître, spécialement les Ammonites et les Térébratules. C'est qu'il reproche aux géognostes de traiter les fossiles comme auparavant les minéraux, en se contentant des aspects extérieurs pour distinguer les espèces, sans se soucier de leur organisation interne[2]. Comme par ailleurs les zoologistes ont tendance à ignorer les fossiles, au point que l'on en trouve les plus riches collections non pas en Zoologie, mais en Minéralogie[3], il veut corriger cette situation par ses propres travaux et leur inscription dans la perspective du développement progressif du monde vivant. Cependant, dans aucune de ces directions, il ne semble avoir été novateur, mais avoir plutôt suivi la science normale de son temps dans ses principales inflexions. En cela, son œuvre garde une portée représentative qui mérite l'attention de quiconque veut comprendre comment, à travers l'accumulation des connaissances, les idées ont pu évoluer à partir des Cosmogonies préscientifiques de la fin du XVIIIe siècle, où l'eau et le feu conservaient encore quelque chose de leur charge mythique, en allant dans le sens d'une élimination progressive de la part imaginaire dans l'interprétation des faits observés.

Conclusion

Or, on sait que les faits, seuls, n'ont jamais fait avancer les idées; d'une part, on peut toujours leur trouver une interprétation conforme aux conceptions admises, et d'autre part, il est bien connu que l'invalidation des idées ne conduit ordinairement qu'au scepticisme, pire encore, à l'obscurantisme, lorsqu'il n'est pas possible de leur en substituer de meilleures. On peut donc être tenté de mettre cette indéniable transformation dans la manière d'aborder les problèmes posés par la Géognosie, qui « cherche à dévoiler la composition de la surface de la Terre et les lois qui déterminent

1. *Ueber Erhebungskratere und Vulcane* (1835), dans *Gesammelte Schriften*, *op. cit.*, t. 4, p. 292-308.

2. *Ueber Terebrateln*, *ibid.*, t. 4, p. 168.

3. *Ueber Productus oder Leptaena* (1841), *ibid.*, p. 658.

cette composition »[1], de la part de von Buch, au compte du progrès de ce « désenchantement du monde » qui a marqué l'évolution de la civilisation occidentale jusqu'à nos jours, d'après Max Weber, puis Marcel Gauchet : von Buch est quelque peu libre penseur. C'est le cadre dans lequel on pourrait replacer les remarques délicatement ironiques dont Buckland, géologue devenu évêque anglican, a fait les frais de sa part : l'Arche de Noé, d'une part, et la création providentielle des carnassiers pour limiter le nombre des herbivores, sont devenus difficiles à penser sérieusement[2]. À noter ici que von Buch a omis de signaler que les carnassiers, pour Buckland, ont aussi le mérite d'éviter aux herbivores les ennuis de la vieillesse, preuve indéniable de la Bonté éminente du Créateur. Mais, avec le poids du Déluge à la même époque, dans les débuts d'une Stratigraphie où les critères paléontologiques l'ont emporté sur les critères minéralogiques dans l'identification des terrains, on pourra assister à la survie et aux métamorphoses de ce thème mythique en fonction des besoins d'explication de la distinction surévaluée des faunes successives qui les caractérisent. La séparation des chaines de montagnes par leur direction et leur âge confirmera l'idée de catastrophes géologiques fantastiques pour justifier la segmentation du devenir terrestre en créations qui se reproduisaient de manière cyclique.

1. *Betrachtungen über die Verbreitung und die Grenzen der Kreide-Bildungen* (1849), dans *Gesammelte Schriften*, *op. cit.*, t. 4, p. 897.

2. *Ueber einige Riesenthiere der Vorwelt* (1850), *ibid.*, p. 924-925.

Illustration 9
Georges Cuvier (1769-1832)

CHAPITRE III

LE DÉLUGE ET LES RÉVOLUTIONS

Au cours de deux premières décennies du XIXe siècle, la disqualification des Eaux primordiales comme origine de la Terre, se répand parmi les géognostes en raison de la reconnaissance de l'origine centrale du volcanisme, de la formation des roches cristallisées par métamorphisme, et des soulèvements pour rendre raison des reliefs. Puisque l'esprit de Dieu n'est plus porté sur les eaux, pour sauver la Cosmogonie biblique, il faudra se rabattre sur le FIAT LUX devenu le moment capital de la Création, à condition d'identifier la lumière et le feu, comme l'avait déjà fait Descartes avec sa matière du premier élément qui était celle du soleil. Mais si l'Eau perd son pouvoir créateur, elle conserve son pouvoir destructeur qui la rend responsable d'une surface de la Terre en ruines, pouvoir dont le mythe du Déluge universel représente la consécration.

LE DÉLUGE

Déluge et Révolution

Le mythe biblique du Déluge, comme celui des eaux primordiales, provient de Mésopotamie. Il s'agit cette fois du Poème d'*Atrahasis*, ou du Supersage, dans lequel les dieux ont créé les hommes pour les libérer de leurs travaux. Mais les hommes ont fini par pulluler et la rumeur qu'ils émettaient, a excédé le grand Dieu Enlil qui a décidé leur destruction par un Déluge. Le Supersage, qui en avait eu vent, s'est adressé à Ea, le Dieu des techniques et celui-ci lui a fait construire une Arche dans laquelle il s'est embarqué, lui, les siens, les techniciens et les animaux petits et gros. Sauvé de l'inondation, il offre un sacrifice qui le réconcilie avec les dieux et Enlil, qui n'est pas rancunier, lui accorde l'immortalité, ainsi qu'à sa femme. De retour en Babylonie, ses compagnons reconstruiront Babylone[1]. Dans la version biblique, Dieu, dont les fils étaient corrompus par les filles des hommes, jugea que les hommes étaient méchants et décida de les supprimer, mais, il fit exception pour un homme juste, Noé, sa famille et sept couples de toutes les espèces animales en vue de repeupler la Terre. Il le chargea de construire une Arche, d'y embarquer tout ce monde, et, le travail terminé, il fit pleuvoir pendant quarante jours et quarante nuits pour submerger la terre entière, après quoi les eaux baissèrent et l'Arche s'échoua sur le mont Ararat. Ce fût le départ d'un nouvel ordre du monde[2] alors que, dans l'*Atrahasis*, on avait plutôt affaire à un retour à l'ordre ancien. Or, Cuvier, connu comme fondateur de l'Anatomie comparée et de la Paléontologie des Vertébrés, mais aussi pour son rôle dans l'apparition d'une Paléontologie stratigraphique, en raison de la reconnaissance par lui et son ami Brongniart, de la distinction des couches lacustres et marines dans le Bassin Parisien grâce à leur contenu fossilifère, a tenu à prouver le caractère historique de l'événement en question, alors qu'il est, pour nous, comme, à la même époque, pour Von Buch, on l'a vu, évidemment mythique.

Sous prétexte que, de son temps, personne n'avait encore trouvé de fossiles humains, Cuvier, dans son *Discours préliminaire* (1812) aux *Recherches sur les ossements fossiles de Quadrupèdes*, soutient que: « Tout porte donc à croire que l'espèce humaine n'existait point dans les pays où se découvrent les os fossiles »[3], transformant ainsi une donnée négative en fait positif, raisonnement faux, s'il en est. Ce n'est pas, dit-il en guise de correction, qu'elle n'existait pas du tout, mais, au moins, qu'elle était absente des terres actuellement accessibles aux investigations des géognostes. Il en conclut à l'occurrence d'une totale inversion de position géographique entre les terres et les mers, survenue à une date relativement récente, provoquée par « une grande et subite révolution dont la date ne peut remonter beaucoup au-delà de cinq à six mille ans »[4]. La preuve en

1. J. Bottéro et S.N. Kramer, *Lorsque les dieux faisaient l'homme*, Paris, Gallimard, 1993, chap. XIII, p. 526-601.

2. *Genèse*, chap. 6, v. 1-chap. 9, v. 17.

3. G. Cuvier, *Recherches sur les ossements fossiles* (1812), *Discours préliminaire*, Paris, Flammarion, 1992, p. 122.

4. *Ibid.*, p. 144.

serait dans toutes les traditions connues jusqu'à l'Inde et à la Chine, à commencer par le livre de la *Genèse*[1], preuve par l'accord des peuples (*Consensus gentium*), qui, comme on le sait, ne prouve rien. Mais cette preuve lui tient tellement à cœur que dans la réédition définitive de son *Discours préliminaire* sous le titre de *Discours sur les révolutions de la surface du globe* (1825), il incorporera quelques soixante-dix pages de recherches historiques pour la confirmer. Dans le mythe babylonien, le Déluge est dû à l'ouverture des « vannes célestes »; dans la Bible, il est question « des sources de l'abîme et des écluses du ciel »; chez Cuvier, il s'agirait d'un phénomène géologique, dont la détermination reste inconnue. Malgré cette différence, les attestations de la réalité de l'événement mythique deviennent pour lui la garantie de l'authenticité de la « dernière révolution » qui sert de modèle à « deux ou trois irruptions de la mer » dont il a besoin pour rendre compte des différences dans le contenu fossilifère des couches successives, entre lesquelles il n'y a pas, selon lui, de transition possible.

L'anatomie comparée

Tout se passe alors comme si chacune de ces couches contenait les restes d'un monde indépendant qu'il allait pouvoir ressusciter grâce au *principe de la corrélation des formes*, d'après lequel :

> Tout être organisé forme un ensemble, un système unique et clos, dont toutes les parties se correspondent mutuellement, et concourent à la même action définitive par une réaction réciproque. Aucune de ces parties ne peut changer sans que le autres changent aussi; et par conséquent chacune d'elles, prise séparément, indique et donne toutes les autres[2].

Grâce à ce principe, il est possible de reconstituer les espèces disparues à partir d'un fragment d'os, à condition de connaître l'anatomie comparée des espèces actuelles les plus voisines : c'est ainsi que Cuvier lui-même, en présence des ossements fossiles mélangés dans les dépôts des carrières de Montmartre a pu rattacher chaque morceau à ceux qui lui répondaient et rétablir les squelettes entiers d'animaux d'espèces distinctes. Or, ce principe dépend lui-même du *principe des conditions d'existence* ou des *causes finales* compris comme principe rationnel particulier à l'Histoire Naturelle et défini ainsi :

1. G. Cuvier, *Recherches sur les ossements fossiles*, *op. cit.*, p. 131-144.
2. *Ibid.*, p. 97.

> Comme rien ne peut exister s'il ne réunit les conditions qui rendent son existence possible, les différentes parties de chaque être doivent être coordonnées de manière à rendre possible l'être total, non seulement en lui-même, mais dans ses rapports avec ceux qui l'entourent et l'analyse de ces conditions conduit souvent à des lois générales tout aussi démontrées que celles qui dérivent du calcul ou de l'expérience [1].

Ainsi, non seulement l'identification d'un fragment fossile implique la reconstitution de la forme spécifique vivante à laquelle il a appartenu, mais aussi le mode de vie de l'animal peut être reconnu et il renseigne sur le milieu dans lequel il a vécu. On assiste ainsi à la restauration progressive de « ces antiques monuments d'épouvantables révolutions » [2]. Mais, pourquoi faut-il que ces révolutions soient épouvantables ?

La représentation que se faisait Cuvier de l'organisme animal, où « la forme de la dent entraine la forme du condyle, celle de l'omoplate, celle des ongles, tout comme l'équation d'une courbe entraine toutes ses propriétés » [3], rend inconcevable toute forme d'évolution. Il est clair que la moindre variation dans l'une des parties de l'ensemble se traduirait par une rupture dans un équilibre si bien lié, car elle exigerait les modifications immédiates correspondantes de tout le système, sous peine de donner naissance à une anomalie qui, par ailleurs, ne répondrait plus correctement aux exigences du milieu dont dépend la vie de l'animal. Or, la transformation des espèces, imaginée depuis Anaximandre et Empédocle comme le résultat du hasard et des influences physiques, et par Lamarck comme due à la réponse de l'activité animale aux conditions de milieu, se réalise nécessairement à partir de la variation d'organes ou de systèmes particuliers qui peuvent produire progressivement la remise en ordre du tout, à condition que l'animal puisse survivre. Il faut aussi que les modifications de la surface terrestre soient suffisamment lentes pour qu'il ait le temps de s'y adapter. Il y a donc réciprocité entre une philosophie du vivant où les espèces ne peuvent être que des touts susceptibles d'être créés, détruits, mais jamais modifiés et la notion même de « Révolution », comprise comme destructrice de toutes les espèces vivantes, dans une philosophie du devenir terrestre qui ne parvient pas à concevoir un temps suffisamment long. Moïse et Aristote se retrouvent chez eux dans le monde de Cuvier.

1. G. Cuvier, *Le Règne animal*, Paris, Déterville, 1817, p. 6.
2. G. Cuvier, *Recherches sur les ossements fossiles* (1836), *op. cit.*, t. 4, p. 5.
3. G. Cuvier, *Discours préliminaire*, *op. cit.*, p. 100.

Passons pour Aristote : c'était, en son temps, un savant. Que les espèces puissent être détruites, comme Cuvier l'a prouvé, cela ne signifie pas que l'on sache comment elles sont apparues, et, pour supposer qu'elles se transforment, on ne disposait, de son temps, d'aucun moyen de comprendre par quel processus. La place reste disponible pour l'idée de Création, soit unique, soit au départ de périodes successives. Contre les vieilles idées transformistes et contre Lamarck, son contemporain, Cuvier avait peut-être raison. On peut lui accorder le mérite d'avoir déblayé le terrain pour de futurs modèles évolutionnistes enfin consistants : « Que de temps perdu, en effet, si la saine terreur qu'inspirait le maître du Muséum n'avait coupé court à cette invraisemblable histoire de Girafe dont le cou s'allonge de génération en génération au fur et à mesure qu'elle recherche de la verdure de plus en plus haut perchée » [1]. Mais que dire de Moïse !

Une histoire naturelle chrétienne

Dans une lettre du 17 novembre 1788, envoyée à son ami Pfaff depuis le château de Fiquainville, près de Fécamp en Haute Normandie, où il exerce les fonctions de précepteur auprès du fils du comte d'Héricy, le jeune Cuvier, qui vient de sortir de l'Académie Caroline de Stuttgart, lui écrit qu'il travaille « à un nouveau plan d'une histoire naturelle générale », et il ajoute « Je pense qu'on devrait rechercher soigneusement les rapports de tous les êtres existants avec le reste de la nature et montrer surtout leur part dans l'économie de ce grand Tout ». Dans ce cadre, s'il admire Aristote, il juge son travail incomplet, pour ne retenir ensuite que Linné, son *Œconomia Naturae*, « sèche et maigre » et Buffon, trop imaginatif, deux ouvrages qui intègrent cependant dans le même projet, non seulement les animaux, et, pour Linné, les végétaux, mais aussi le Globe et les minéraux. C'est en opposition à Buffon qu'il déclare : « Je voudrais que tout ce que l'expérience nous montre fût dégagé avec soin de toute hypothèse », déclaration dont on retrouve un écho, dans son rapport de 1806 sur la *Théorie de la surface actuelle de la Terre, Ou plutôt Recherches impartiales sur le temps et l'agent de l'arrangement actuel de la surface de la terre, fondées uniquement sur les faits, sans système et sans hypothèse*, de M. André, ci-devant P. Chrysologue, livre dont le sous-titre fait état de la même intention positiviste.

1. P. Pellegrin, « Présentation », dans Cuvier, *Discours préliminaire*, *op. cit.*, p. 42.

Le livre de M. André

Ce rapport indique d'abord ce que doit être la Géognosie, et il en définit le programme en neuf points, dans lesquels il est essentiellement question des couches et des fossiles, à l'exception du premier, d'après lequel il faudrait vérifier si les chaines de montagnes se subdivisent en une crête centrale et deux latérales, ce qui, du point de vue tectonique, est rudimentaire et annonce le primat de la stratigraphie tout au long du siècle qui débute. Entre temps, il signale qu'il était naturel, dans les ouvrages de Géologie, d'avoir recours au Déluge pour expliquer l'existence des fossiles et leur position à l'intérieur des terres, mais que : « Leurs auteurs oubliaient que le déluge nous est donné dans la *Genèse*, comme un miracle, ou comme un acte immédiat de la volonté du Créateur, et qu'il est bien superflu de lui chercher des causes secondaires »[1]. Sur ce point, Cuvier rejoignait Buffon pour lequel le Déluge était tellement miraculeux qu'il ne pouvait pas avoir laissé de traces de son passage, à l'encontre de « la superstition du commun des naturalistes ». Cependant, en l'absence du Déluge, les « systèmes explicatifs » se sont mis à proliférer, raison pour laquelle il faut ramener la Géologie au rang d'une science de faits et le Déluge est placé dans le domaine des faits.

Ce serait le mérite des deux premières parties du livre de M. André, mais, sans vouloir porter de jugement sur la troisième partie, parce que théorique, Cuvier juge utile d'en donner l'idée que voici :

> Il pense, en outre, que cet arrangement [de la surface de la Terre] est dû en totalité à une cause unique, générale, uniforme, violente et prompte ; et il paraît attribuer à cette même cause, le transport de fossiles étrangers ; il cherche à faire voir que ni les volcans, ni les fleuves, ni les courants n'ont pu arranger la surface de la terre, comme elle est aujourd'hui[2].

Idée qui serait partagée par « quelques naturalistes célèbres » et même « vos commissaires », autrement dit, par lui-même. Si, à présent, on ouvre le livre de M. André, dès les deux premières parties il saute aux yeux que ce qu'il observe dans les Alpes et ailleurs, sur les pas de Saussure, s'explique par « une grande débâcle », « une révolution » due au mouvement des eaux, dont le degré de certitude atteint « presque » l'évidence, au point qu'il réprimande Saussure à chaque fois que ce dernier envisage une autre

1. M. André, *Théorie de la surface actuelle de la terre* (1806), dans *Rapport*, *op. cit.*, p. 521.

2. *Ibid.*, p. 334-335.

explication. Sa conclusion en troisième partie est la suivante : « Voila donc les principaux phénomènes expliqués, *sans aucune hypothèse*, mais par suite d'opérations d'un seul et unique agent, (*des grandes eaux violemment agitées*), reconnu de tous les naturalistes »[1], à la suite de quoi M. André laisse la parole au P. Chrysologue, ex-capucin : « Serait ce donc pour moi, un grand crime *géologique* que de chercher l'origine et la retraite des eaux, en question, dans un événement qui a laissé, chez différents peuples, un souvenir plus sûr qu'un printemps perpétuel, avec l'idée d'un châtiment infligé par un Dieu irrité ? »[2]. Et il aggrave ce crime en signalant que Moïse fait remonter l'époque du Déluge à 4161 ans et que le Déluge s'est produit seulement 1649 ans « après la création de la terre »[3]. Cuvier a donc adopté « la grande débâcle », son caractère récent, mais repousse un peu la date de la Création. Cette évidence du mythe va encombrer l'Histoire naturelle jusqu'à la fin du siècle.

L'évidence du Déluge

Avant M. André, il y avait eu Deluc, auteur d'un « système » dont le jeune Cuvier transmet à Pfaff une esquisse dans une lettre du 11 mars 1792. Cette esquisse s'arrête avant la sixième et dernière des périodes envisagées par Deluc, celle dans laquelle « nos continents furent mis dans l'état où ils sont aujourd'hui », mais qu'il n'a pas encore abordée « à cause d'une foule de divagations sur d'autres matières ». Néanmoins, ces *Lettres à M. de la Métherie* sont, pour lui, intéressantes : « grâce à beaucoup de points solides de physique qui y sont traités, et à des faits géognostiques nombreux ». Or, avec Deluc, la science et la religion vont s'unir dans ses premiers travaux pour faire jouer au Déluge de Moïse un rôle central dans l'histoire géologique de la Terre, « partie intégrale d'une cosmologie chrétienne ». Cette histoire serait divisée en deux parties par une brusque révolution, le Déluge de Noé, qui sépare l'âge actuel du monde, seul connaissable, et les temps obscurs qui l'ont précédé et dont on ne peut déterminer la durée[4], mais ensuite, et c'est ce dont le jeune Cuvier a eu connaissance, il va s'intéresser aux vastes périodes qui se sont déroulées antérieurement, et aux révolutions qui ont pu les marquer, en les rapprochant, comme Buffon l'avait fait avant lui, des six jours de la Genèse[5].

1. M. André, *Théorie de la surface actuelle de la terre*, *op. cit.*, p. 310.
2. *Ibid.*, p. 311.
3. *Ibid.*, p. 313.
4. M. Rudwick, *Bursting the Limits of Time*, *op. cit.*, p. 150-158.
5. *Ibid.*, p. 305-314.

Cuvier le suit dans cette voie, ne serait-ce que pour situer les espèces actuellement inconnues et bien antérieures à l'histoire de l'humanité, dont il s'est fait l'antiquaire, tâche en vertu de laquelle il y aurait pour l'homme quelque gloire « à savoir franchir[1] les limites du temps », ce qui, du reste, était déjà fait. L'union contre nature de la religion et de la science, c'est-à-dire de vérités absolues, donc non vérifiables, et de vérités relatives, mais vérifiables, consiste, dans la *Théorie de la terre* de M. André, à littéralement *voir* le Déluge se manifester dans les données observables. Il en va de même chez Cuvier, dans son *Discours préliminaire* : lorsqu'il avance les diverses preuves des Révolutions du Globe et de leurs principales caractéristiques, la conclusion est censée s'imposer au vu de ce qui est simplement décrit : les catastrophes se *voient* dans les cailloux roulés, par examen direct. Autrement dit, les Révolutions bénéficient de l'évidence qui était celle de la dernière d'entre elles, le Déluge de Moïse. Par conséquent, si on peut admettre que le sens du mot « Révolution » a pu être anodin et multiple au cours du XVIIIe siècle, où il désignait tout changement complet, sa collusion avec le mythe du Déluge en fait désormais un obstacle majeur à toute recherche d'une interprétation rationnelle des phénomène observés en offrant l'évidence d'une explication facile aux apparences géognostiques les plus difficiles à déchiffrer, tels les blocs erratiques. Il est frappant de voir que là où il y avait un problème pour Saussure, il n'y en a plus, ni pour M. André, ni même pour Cuvier, dont le positivisme affiché s'éclaire ainsi d'une lumière délicatement obscurantiste, laquelle s'inscrit fort bien dans le contexte politique et administratif réactionnaire de l'Empire et ensuite de la Restauration où Cuvier avait une place éminente. Cette nouvelle dimension du terme « Révolution » perdurera à travers le siècle pour disparaître définitivement avec le mythe qui l'avait promu. Les « Révolutions » sont des inondations, imaginées d'après le modèle biblique. Il faut ici souligner que les « extinctions de masse », reconnues au XXe siècle, auront des causes qui vont du volcanisme à la chute d'un astéroïde : ce ne sont plus des inondations. Elles n'ont aucun rapport avec les « Révolutions », même si quelques historiens de la Géologie veulent les y confondre.

La Stratigraphie et le Déluge

Les Révolutions semblent avoir reçu leur dimension catastrophique de la contemplation des paysages tourmentés que l'on trouve dans les

1. Franchir, en anglais, *to leap over*, *to jump over*, *to overleap*, etc., et non pas *to burst*, exploser.

montagnes, et qui suggéraient des bouleversements extraordinaires, mais, le désordre des montagnes, en lui-même, décourage les chercheurs, et c'est dans l'explication de l'ordre et de la succession des couches, c'est-à-dire, la Stratigraphie, qu'elles vont trouver leur plein emploi. La Géognosie, depuis Werner, est une Stratigraphie minéralogique, qui classe les terrains en fonction des roches qu'ils contiennent, mais, puisque ces roches se seraient formées par cristallisations et précipitations continues, les Révolutions, au sens fort, n'y ont guère de place, on l'a vu. Par contre, lorsque des incertitudes au sujet de l'identification minéralogique des couches commenceront à se profiler, et lorsque les géognostes vont se tourner vers leur contenu fossilifère, les Révolutions auront pour fonction de rendre compte de la succession des formations à partir de la disparition de la faune caractéristique précédente et de l'apparition de la suivante, en justifiant la coupure qui semble être intervenue entre chaque niveau par l'occurrence d'un cataclysme de portée universelle.

Ami Boué et le critère minéralogique

L'École de Freiberg n'ignorait pas l'existence des fossiles, ni même leur portée diagnostique, puisque c'est leur présence en dessous des terrains houillers, qui a permis de distinguer entre les terrains primitifs, antérieurs à la présence des êtres vivants, et les terrains intermédiaires qui associent roches cristallines et dépôts fossilifères. Mais le critère minéralogique restait prédominant, voire exclusif : du tableau des terrains secondaires donné par William Smith en 1815, d'Aubuisson de Voisins, par exemple, ne retient que la première colonne, l'ordre des strates, désignées par leur nature minéralogique. Il ignore leur contenu fossilifère[1]. Ami Boué, aussi, qui ne sortait pourtant pas de cette École, semble avoir constamment préféré ce critère comme moyen d'identifier les strates. Il était une personnalité d'autant plus intéressante qu'il avait une dimension extranationale : allemand, mais d'origine suisse, installé en France, il était allé étudier la Géognosie en Écosse où elle était enseignée par Jameson, qui, lui, avait été élève de Werner, et c'est à Jameson qu'il dédie son *Essai géologique sur l'Écosse* en 1820.

1. J.F. d'Aubuisson de Voisins, *Traité de Géognosie*, *op. cit.*, t. 2, p. 254, et le *Tableau* de Smith, dans G. Gohau, *Naissance de la Géologie historique*, *op. cit.*, p. 76-77 ; voir ci-dessous, p. 144.

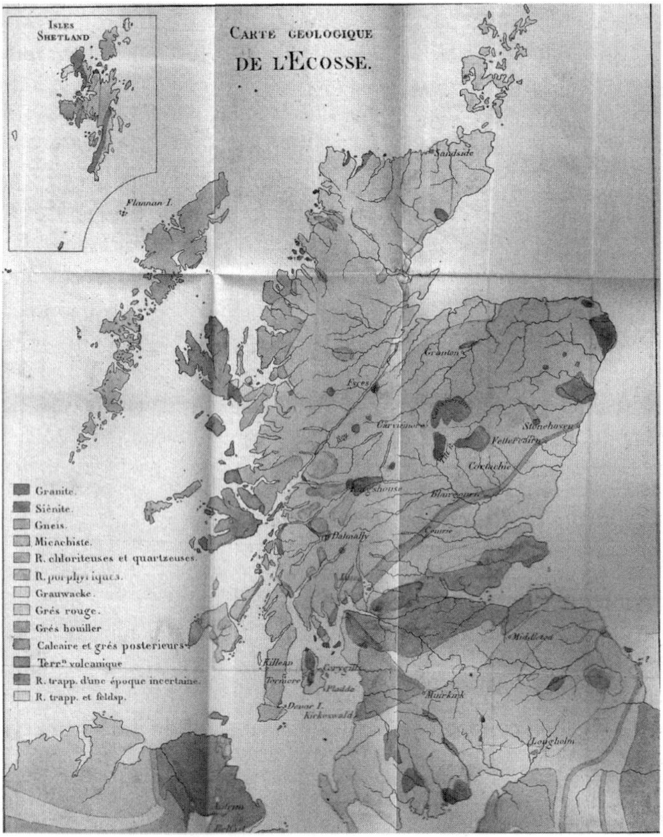

Illustration 10
Ami Boué, *La minéralogie d'Écosse*

Dans ce livre, il distingue en Écosse « dix formations ou terrains »[1] d'après leur contenu minéralogique, à savoir, de granite, de gneiss, de micaschiste, de porphyre, qui forment le niveau primitif, puis de « roches chloriteuses et quartzeuses » et de « schiste argileux » qui ont « le double caractère de roches primitives et de transition », suivies de la « grauwacke », à laquelle il ajoute les poudingues, que nous retrouvons dans le terrain « du grès rouge ou houiller » formant le lien entre « les terrains intermédiaires et secondaires »[2]. Le seul terrain secondaire qu'il mentionne, est ici « un

1. A. Boué, *Essai géologique sur l'Écosse*, 2e éd. Paris, Vve Courcier, 1823, p. 14.
2. *Ibid.*, p. 98.

calcaire et grès postérieurs » qui contient des « gryphites » (Gryphées, famille des huitres), et, de ce fait, assimilable au « calcaire du Jura des géologues allemands »[1]. Il signale, enfin, le terrain volcanique, qui ne peut être qu'ancien, et le terrain d'alluvion. Or, à propos des poudingues, conglomérats de cailloux roulés, liés entre eux par un ciment naturel, dont il a noté la présence dans le terrain de la grauwacke et celui du grès rouge, l'un primitif et l'autre secondaire, il a fait cette remarque : « que toutes les différences de ces roches tiennent fort peu à l'époque de leur formation, mais qu'elles dérivent des matériaux qui leur ont donné naissance et des endroits où ces derniers ont été déposés »[2]. Il remarquera aussi d'autres « alternations » de grès, de calcaires, de « roches trappéennes », etc. qui montrent une certaine indifférence au temps, alors que la Géognosie, malgré Humboldt, prend de plus en plus conscience de l'importance du temps pour comprendre la structure de la surface de la Terre. Tout se passe donc comme si, pour remplir la tâche qui consiste à établir la position temporelle des couches, dans le cadre même qui avait été proposé par Werner, le critère minéralogique se révélait insuffisant. Cela ne signifie pas que, pour Ami Boué, le critère paléontologique doive s'imposer : il lui suffit de compléter le critère minéralogique par.celui qui provient de la superposition des terrains successifs, comme il le soutient en 1832[3].

Doutes et convictions

Le principal apport direct de Cuvier à la Géologie avait été sa participation à *l'Essai sur la Géographie minéralogique des environs de Paris*, publié en 1810 avec Brongniart. L'alternance des couches successivement lacustres et marines, attestant retraits et avancées de la mer, y était démontrée par les différences entre les coquilles d'eau douce et les coquilles marines qui caractérisaient les étages respectifs. Après avoir critiqué le *Discours* de Cuvier, que ce soit celui de 1812 ou celui de 1825, qui attribuait aux seul fossiles toute Théorie de la Terre, alors qu'il ne s'agissait que de *Sa* Théorie de la Terre, Ami Boué s'en prend à l'*Essai* : si un géologue livrait au public un « opuscule ridicule sur la zoologie », Cuvier le renverrait à ses carrières, de même, M. Cuvier, sortant de son

1. A. Boué, *Essai géologique sur l'Écosse*, *op. cit.*, p. 201.
2. *Ibid.*, p. 105
3. A. Boué, *Essai pour apprécier les avantages de la paléontologie appliquée à la géologie et à la géogénie*, dans *Mémoires géologiques et paléontologiques*, Paris, Levrault, 1832, t. 1, p. 105-111.

anatomie, ne doit pas s'étonner de voir considérer sa géologie « comme le résultat d'une promenade autour de Montmartre »[1]. Quant au Déluge, s'il est encore l'objet de toute une littérature géologique dont Boué indique quelques titres parus au moment où il écrit, il souligne qu'il y a tout de même des personnes « qui pensent que les discussions sérieuses sur le Déluge ne sont plus de notre siècle »[2], ce en quoi elles se trompent.

On constate, en effet, que, pendant la période qui suit, un géologue aussi en vue que Omalius d'Halloy ne semble jamais avoir douté de l'authenticité du Déluge, attesté, dit-il, par la *Genèse* et « d'autres monuments historiques », ni de son importance géologique, et de sa valeur de modèle pour les « Révolutions » plus anciennes, au moins jusqu'en 1843, date de la réédition de son *Précis élémentaire de Géologie* (de 1834). Pour lui, le Déluge représente la dernière des « Révolutions », celle qui, d'après Elie de Beaumont (qu'il suit fidèlement sur ce point), a été provoquée par le soulèvement des Andes, soulèvement instantané, appartenant à la catégorie des fractures, comparable à celles que l'on observe au cours du refroidissement d'une grande masse de verre. Son importance géologique, comme celle des autres « Révolutions » ne serait pas niable : « Le phénomène du soulèvement explique aussi de la manière la plus satisfaisante », nous dit-il « l'aspect déchiré de la plupart des sommets de montagnes, et la ressemblance que la plupart de nos vallées offrent avec des fentes et des crevasses »[3]. Il est même possible qu'on lui doive le brusque changement de climat dont témoigne la Sibérie, habitée autrefois par des animaux herbivores énormes et désormais glacée et déserte. Si Omalius d'Halloy admet qu'au moment du Déluge la configuration du sol de l'Europe devait être à peu près ce qu'elle est actuellement, contrairement aux avis de Deluc et de Cuvier qui en faisaient l'origine de la géographie que nous connaissons, il voit cependant dans le Déluge le début de la période de repos géologique qui est la nôtre depuis plus de quatre mille ans. Elie de Beaumont et lui, ne sont pas les seuls à avoir conservé ce type de croyances dans lesquelles ils voient des considérations purement théoriques, autrement dit, largement spéculatives et mythiques, qu'ils pensent être confirmées par l'observation.

1. Le Déluge, le diluvium et l'époque alluviale ancienne, *ibid.*, p. 158.

2. *Ibid.*, p. 145.

3. J.J. d'Omalius d'Halloy, *Précis élémentaire de Géologie*, Paris, A. Bertrand, 1834, p. 688.

Du Déluge aux Révolutions

Histoire sainte et Géologie profane

Ce dont Ami Boué est, cependant, témoin et participant, en 1832, c'est le début d'un décrochage entre le Déluge, événement qui se veut historique et la cause des dépôts alluviaux immédiatement antérieurs à l'état actuel de la surface du globe et les Révolutions. Cuvier a décrit ces couches alluviales, dans son *Discours* de 1825, comme remplies « d'ossements d'animaux terrestres, en grande partie inconnus ou au moins étrangers », déposés dans les plaines, les cavernes et les fentes de rochers. C'est pourquoi, dans les *Reliquiae Diluvianae*, ouvrage publié en 1823 et signalé en note par Cuvier, Buckland les a désignées du nom de « Diluvium » pour les distinguer des terrains d'alluvions de Werner, baptisés « Alluvium », qui proviennent actuellement des torrents et des rivières. Pourquoi Diluvium ? Parce que ces dépôts sont issus de la dernière grande convulsion de la surface de la Terre, qu'il identifie au Déluge, point sur lequel son accord avec Cuvier est total[1], et qu'il date, comme Cuvier, de cinq à six mille ans[2]. Mais, dès ce moment, l'idée d'un déluge universel à la fois identique au Déluge biblique et responsable du Diluvium est loin de faire l'unanimité, même chez les théologiens. Ami Boué nous dit qu'en Allemagne, « depuis longtemps, son clergé des trois communions a sagement laissé de côté ces questions oiseuses et les géologues qui ont adopté les mots de diluvium, de postdiluvien et d'antédiluvien, n'y ont pas attaché leur sens véritable ». Mieux, en Angleterre, Sedgwick et Conybeare, géologues de première importance et d'une orthodoxie anglicane reconnue, ont admis publiquement en 1831 que, s'il y a eu des déluges, ils n'ont pas été généraux, et que « le déluge mosaïque, dût-il avoir eu lieu tel qu'il est rapporté, n'a pu, en aucun cas, produire les alluvions anciennes ou le prétendu diluvium ». Et Buckland lui-même s'est rangé à cet avis. Dans la collection des *Bridgewater Treatise*, destinés à montrer « la Puissance, la Sagesse et la Bonté de Dieu, manifestées dans les œuvres de la Création », il a été chargé d'une *Géologie et Minéralogie*, ouvrage dans lequel il mentionne les *Reliquiae Diluvianae* dans une note, pour y préciser que l'inondation responsable du Diluvium, contrairement à ce qu'on aurait pu croire, ne doit pas être confondue avec « l'inondation comparativement peu importante qui a été décrite par l'historien sacré », que cette inondation mondiale serait « la dernière des

1. W. Buckland, *Reliquiae Diluvianae*, London, J. Murray, 1823, p. 2.
2. *Ibid.*, p. 48-51.

nombreuses révolutions géologiques qui ont eu pour cause l'irruption violente des eaux »[1]. Ce n'est donc plus le Déluge, mais un cataclysme diluvien, auquel est transféré le caractère précédemment universel attribué à l'événement biblique, qui est responsable du « Diluvium », formation géologique.

Ce décrochage est accepté par la majorité des géologues, à l'exception de ceux qui restaient attachés à la Révélation biblique de manière rigide. Il atteint même ceux que, Edward Hitchcock, professeur à la fois de Théologie naturelle et de Géologie à Boston, désigne comme des « chrétiens intelligents ». La communauté intellectuelle en est donc arrivée à la conclusion que le Déluge de Moïse n'a pas grand-chose à voir avec l'état actuel de la surface de la Terre[2], probablement en raison d'une prise de conscience historique des limites géographiques de ce qui était l'« Univers » pour les anciens Hébreux. Néanmoins, en Angleterre, les tenants de la Bible enseignaient une « Géologie scripturale » qui se chargeait de maintenir l'idée de preuves géologiques du Déluge dans la conscience populaire. En France, c'est le clergé catholique qui remplissait la même fonction : dans l'*Encyclopédie théologique*, de l'abbé Migne, M. de Chesnel nous déclare que les témoignages en sont si connus (dépôts diluviens, blocs erratiques, cavernes à ossements, etc.) qu'il est superflu de les rappeler[3]. Mais l'abbé Maupied, ex-professeur à la faculté de Théologie à la Sorbonne, et représentant d'un catholicisme ultramontain correspondant à l'esprit du pontificat de Pie IX, a choisi, en 1852, une autre stratégie : les révélations de la Sainte Écriture sont « parfaitement démontrées » ; c'est la Géologie qui « n'a encore et n'aura d'ici longtemps que des conjectures » et, puisque le Déluge « n'a pas duré assez longtemps pour laisser à la surface du globe des traces indubitables aux recherches actuelles », cela n'a pas d'importance. Si la science arrive un jour à le confirmer, ce sera tant mieux. Comprenons ici, tant mieux pour elle, car le récit biblique, quant à lui, est infaillible[4]. Plutôt qu'intelligents, l'abbé Maupied préfère les chrétiens imperméables.

1. W. Buckland, *Géologie et Minéralogie* (1836), trad. fr. Doyère, Paris, Crochard, 1838, p. 83.

2. E. Hitchcock, *Religion of Geology*, Boston, Phillips, Sampson and Co., 1852, p. 143.

3. A. de Chesnel, « Déluge », dans *Encyclopédie théologique*, *op. cit.*, t. 50, *Dictionnaire de Géologie*, col. 119-124.

4. F.L.M. Maupied, « Appendice : Du Déluge du point de vue scientifique et théologique », dans *Dieu, l'Homme et le Monde, Cours de Physique Sacrée*, Paris, Leroux et Jouby, 1854, t. 3, p. 735-807.

L'ultime Révolution

Quoi qu'il en soit, au cours de la troisième décennie du XIXe siècle, le Déluge se noie, si l'on peut dire, dans les Révolutions, dont il reste la dernière. Si, par exemple, un auteur aussi respectueux de la tradition biblique que Marcel de Serres, professeur de Géologie à Montpellier, voit encore dans le Déluge mosaïque le lien entre les temps géologiques et les temps historiques, la diversité des dépôts diluviens l'oblige à diviser le Diluvium en plusieurs époques, marquées par autant de « grands cataclysmes ». De plus, bien que le Déluge ait, selon lui, laissé des « preuves irrécusables » dans les traditions humaines, il reconnaît que les « faits physiques » sont « tout à fait impuissants pour rien nous apprendre relativement à cette grande catastrophe » [1]. Il refuse, en particulier, de l'associer à l'inondation cataclysmique, qui, d'après Elie de Beaumont, aurait été provoquée par le soulèvement subit des Andes, ce dont il nous faudra reparler. En allant encore un peu plus loin, dans le même sens que Sedgwick et Conybeare, mentionnés ci-dessus, Huot, dans son *Nouveau cours élémentaire*, nous dit que l'évocation du Déluge de Noé pourrait faire croire au public non informé qu'il existe des traces d'un déluge universel, alors que « tout annonce l'action de différents cataclysmes partiels, appartenant à des époques différentes » [2].

C'est visiblement d'une pareille dérive, susceptible d'engendrer des doutes sur la réalité de cet événement, que l'abbé Maupied voulait prémunir ses ouailles en leur signalant la faiblesse de la science en face de la robustesse des vérités théologiques. Mais, si les dérangements et les dislocations des couches évoquent des désordres géographiquement locaux, ils peuvent être interprétés comme des soulèvements brusques, susceptibles de provoquer des raz-de-marée extraordinaires, nécessaires pour rendre compte des amas de graviers observés dans les couches de toutes les époques, de la configuration des vallées, etc. [3] et surtout du renouvellement des faunes, tant qu'il ne sera pas possible à la majorité des géologues de concevoir les durées énormes exigées par l'action des causes lentes à la surface de la terre, tant sur le modelé des reliefs que sur le devenir des

1. M. de Serres, *De la cosmogonie de Moïse comparée aux faits géologiques* (1838), 3e éd. Paris, Lagny frères, 1859, t. 1, p. 340-341.

2. J.J.N. Huot, *Nouveau cours élémentaire de Géologie*, Paris, Roret, 1837, t. 1, p. 373-374.

3. A. Boué, *Les Principes de la Géologie, ou un essai d'expliquer les changements qui ont eu lieu sur le globe par les causes maintenant en action, par M. Ch. Lyell*, dans *Mémoires géologiques et paléontologiques*, *op. cit.*, p. 317-356.

vivants. Il y a donc convergence entre les géologues et les paléontologues depuis Cuvier, qui admettent la disparition des espèces, mais ne sont pas en état de concevoir leur origine. Même si d'aucuns reconnaissent l'existence de « passages » d'une formation à l'autre, ils ne disposent pas d'un modèle sérieux pour expliquer la succession des faunes. Les uns et les autres ont besoin des « Révolutions subites », quitte à les doubler de Créations pour rendre compte d'une telle succession, contrairement à Cuvier qui avait évoqué des migrations à partir d'un territoire originaire resté indéterminé.

Les évidences faciles

Le résumé de tout ceci est donné par Elie de Beaumont, géologue polytechnicien dont l'œuvre est centrale et dominante au XIXe siècle, en raison du rôle qu'il s'est défini en 1829 de la manière suivante :

> M. Cuvier a montré que la surface du globe a éprouvé une suite de révolutions subites et violentes. M. Leopold de Buch a signalé des différences nettes et tranchées entre les divers systèmes de montagnes qui se dessinent sur la surface de l'Europe. Je ne fais autre chose que de mettre en rapport ces deux ordres d'idées.

Il suffit de se souvenir qu'un soulèvement place en position oblique une couche qui s'est déposée horizontalement, si bien que la sédimentation ultérieure, de nouveau horizontale, fera un angle avec la précédente, pour comprendre qu'à chaque soulèvement de montagnes correspondra une discontinuité entre couches successives. La Géogénie peut donc justifier la Géognosie, c'est-à-dire, la Stratigraphie, en un temps où le critère minéralogique fait place au critère paléontologique. Supposons que ces soulèvements soient si brutaux qu'ils provoquent des raz-de-marée gigantesques qui balaient toute la surface de la terre sous la forme de Déluges universels, et les Révolutions, suivies de Créations, deviennent aussi évidentes que la succession des formations elles-mêmes. Les géologues peuvent désormais se livrer tranquillement au travail d'identification des terrains : ils peuvent se dispenser d'envisager d'autres explications à leur distinction et à leurs dispositions variées. Ils retrouvent la sérénité de M. André en face des tourments de Saussure, grâce à cette interprétation d'origine mythique. Or, écrivait Bachelard en 1938, « Un fait mal interprété par une époque reste un fait pour l'historien. C'est, au gré de l'épistémologue, un obstacle, c'est une contre-pensée »[1]. On peut considérer ici, que cet obstacle est responsable de la paresse intellectuelle qui, à de rares exceptions près[2], a détourné

1. G. Bachelard, *La formation de l'esprit scientifique* (1938), Paris, Vrin, 1947, p. 17.
2. H. Hölder, *Une brève histoire de la Géologie et de la Paléontologie*, *op. cit.*, p. 93-97.

les géologues de la recherche d'une explication des plissements, qu'ils ont fait semblant de ne pas voir, au profit d'une Tectonique verticale, résultant de la contraction de la surface de la terre en raison de son refroidissement supposé, dont on pouvait déduire les Révolutions censées être une cause suffisante de la séparation des étages géologiques. Ils ne percevaient que dislocations, fractures et failles, c'est-à-dire les mouvements du sol réclamés par les stratigraphes pour rendre raison des disjonctions entre formations.

LES « RÉVOLUTIONS »

Vers 1830, pour interpréter les résultats des investigations géognostique, il y avait donc le choix, pour la communauté géologique, entre deux options majeures concernant le lien entre les phénomènes actuels et le passé de la Terre : la continuité d'un « Développement progressif » ou la discontinuité d'une série d'époques distinctes, séparées par des « Révolutions ». Ces deux options ont d'autant moins à voir avec la science qu'elles sont chargées d'un poids mythique qui en fait une affaire de sensibilité personnelle, sinon de tradition nationale. Ne revenons pas sur l'origine des Révolutions du globe, issues du Déluge biblique véhiculé par la doctrine chrétienne, et sanctionnées par l'autorité de Cuvier, secrétaire perpétuel de l'Académie des sciences et Conseiller d'État. Le Développement progressif, adopté par la Philosophie de la Nature romantique allemande, est une notion que l'on trouve aussi chez Lamarck[1], pour lequel il a pour fondement la « Puissance de la Nature », c'est-à-dire une force ascensionnelle allant des formes inférieures aux formes supérieures de la vie, des amibes à l'homme. En réalité, il ne s'agit ici que de l'inversion et de la temporalisation du vieux mythe philosophique et théologique de l'Échelle des Êtres qui postulait l'existence d'une hiérarchie continue d'êtres, descendant de Dieu à l'homme et de l'homme aux poussières, en passant par les êtres vivants[2]. Les « Révolutions », en raison de l'ascendant de Cuvier, vont cependant dominer la scène jusqu'à ce que la nécessité d'invoquer des créations, qui ne pouvaient être que surnaturelles, pour expliquer le renouvellement des faunes, ne devienne insupportable aux intellectuels de

1. J.B. de Lamarck, *Système analytique des connaissances positives de l'homme* (1820), Paris, PUF, 1988, p. 43.

2. Sur ce point, voir A.O. Lovejoy, *The Great Chain of Being* (1936), New York, Harper & Row, 1960, p. 242-287 ; B. Balan, *L'ordre et le temps*, Paris, Vrin, 1979, p. 29-68.

l'époque. Néanmoins, on pourra peut-être leur reconnaître le mérite de traiter le devenir terrestre comme un système de fluctuations cycliques à niveau constant, ce qui permet de dissocier les transformations des êtres vivants et les hypothèses géogéniques, condition qui se révèlera impérative pour remplacer la perspective du Développement par la théorie, cette fois scientifique, de l'Évolution. Mais, contrairement à l'optique uniformitarienne de Charles Lyell, dans laquelle le passé de la Terre ne fait rien intervenir qui ne soit aujourd'hui observable, elles demeurent un obstacle épistémologique, une solution de facilité qui dispensait de concevoir des processus authentiquement géologiques.

La raison des révolutions

Du point de vue d'une histoire des idées en Géologie au XIXe siècle, les Révolutions se situent à la suite du Déluge biblique, introduit par Deluc, qui en avait fait la transition entre le monde actuel, déclaré historique puisque l'homme y est présent, et le monde antérieur, resté géologique. Mais leur démultiplication, envisagée par Deluc et entérinée par Cuvier, évoque une mythologie située encore en amont, celle qui promeut un temps cyclique scandé par le renouvellement intégral des mondes. Le thème de la Grande Année et le stoïcisme de Sénèque nous en ont fourni la forme classique, mais c'est en Inde que l'on en trouve l'expression la plus pure, avec le *Pralaya*, destruction périodique par le feu et rénovation par l'eau[1]. Malgré l'intérêt qui se fait jour au début du XIXe siècle pour la mythologie en général, et celle des Indiens en particulier, avec la publication par Frédéric Schlegel, homme de Lettres et philosophe allemand connu, d'un *Essai sur la langue et la philosophie des Indiens*, l'idée d'être tributaires ou d'avoir été influencés par un tel fonds archaïque aurait provoqué l'indignation de géologues qui ne juraient que par les « faits ».

Or, un fait n'existe pas tant qu'il ne suscite pas l'intérêt en vertu de la signification qui peut lui être conférée : un piton basaltique n'est qu'un accident du paysage qui ne mérite pas un regard tant qu'on ne sait pas qu'il est fait de basalte et que cette roche est d'origine volcanique, à moins que sa couleur noire ne fasse penser aux enfers. Pour reconnaître que deux couches sédimentaires superposées renfermaient des animaux marins d'espèce différente, il fallait donc disposer d'une grille interprétative susceptible de leur être appliquée et qui, avant toute connaissance bien fondée, ne pouvait faire appel qu'au registre mythique, dont la source

1. Voir *supra*, chap. I.

relève des cadres primitifs de la pensée humaine. Il semble que le recours à un temps cyclique, scandé par des destructions rénovatrices, relève de tels cadres dont l'enracinement profond dans le psychisme humain procure un sentiment d'évidence d'autant plus difficile à surmonter qu'il échappe à la conscience réflexive. C'est ainsi que les « Révolutions » orientaient l'attention vers la distinction des couches qui, en retour, attestaient la réalité des « Révolutions ». Tant que ce cercle ne sera pas rompu, il sera difficile de parler de science, quel que soit l'intérêt des recherches qu'il aura suscitées au cours d'une bonne première moitié du siècle.

Retour à Cuvier

Cuvier a résumé ainsi les traits majeurs de cette optique prépondérante en Géologie au début du siècle en signalant ses protagonistes :

> M. Cuvier a montré que la surface du globe a éprouvé des Révolutions subites, accompagnées de changements dans les races vivantes qui la peuplaient ; M. Adolphe Brongniart a aperçu des changements correspondants dans la nature de la végétation ; M. de Buch a fait connaître des différences nettes et tranchées entre les divers systèmes de montagnes qui parcourent la surface de l'Europe. M. de Beaumont a cherché à mettre en rapport ces divers ordres d'idées ; il a montré par des exemples que la dislocation de certaines portions de la croûte extérieure du globe a fourni une partie essentielle de chacun de ces changements [1].

Texte auquel celui par lequel Elie de Beaumont a défini ultérieurement son propre rôle fait écho.

La sarigue de Montmartre

Pour en revenir à Cuvier, les changements dans les races vivantes, mentionnées dans ses propres travaux, nous renvoient aux ossements fossiles de quadrupèdes dont il nous a dit, dans son *Discours préliminaire*, qu'« ils caractérisent d'une manière plus nette les révolutions qui les ont affectés », en raison de la stabilité indiscutable de leurs espèces, de leur sensibilité au changement de milieu, et à une plus grande facilité à les distinguer. Il nous a dit aussi que l'organisme animal forme « un système unique et clos », dont les lois relèvent « presque autant du raisonnement que de l'observation ». La conséquence qu'il en tire dans les *Recherches sur les ossements fossiles*, à l'occasion des ossements d'oiseaux, en est directe : « Que l'on ne vienne donc plus nous parler de ces variations produites par

1. G. Cuvier, *Histoire des progrès des sciences naturelles de 1789 jusqu'à ce jour* (1826), Paris, 1836, t. 5, p. 140.

les habitudes – Rien n'a été allongé, raccourci, modifié, ni par les causes extérieures, ni par la volonté intérieure : ce qui a changé a changé subitement, et n'a laissé que ses débris pour traces de son ancien état » [1]. L'identification de la sarigue de Montmartre a permis à Cuvier de fournir la preuve que les lois anatomiques établies à partir des espèces actuellement vivantes, et qui rendent inconcevable leur transformation, s'appliquent parfaitement aux espèces fossiles de mammifères.

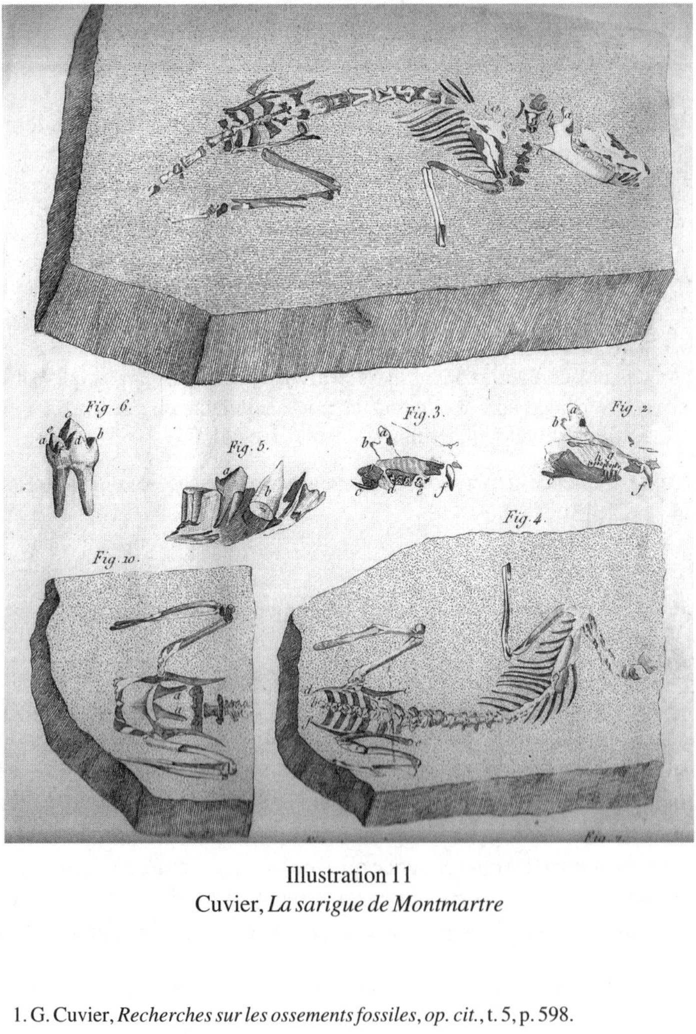

Illustration 11
Cuvier, *La sarigue de Montmartre*

1. G. Cuvier, *Recherches sur les ossements fossiles*, *op. cit.*, t. 5, p. 598.

L'histoire est la suivante: les ouvriers qui travaillaient dans les carrières de Montmartre lui avaient transmis un morceau constitué de deux pierres renfermant un squelette complet qui s'est partagé entre elles. Suit la description générale de ce squelette, puis l'indication de caractères tirés de la mâchoire et des dents à partir desquels il a pu identifier une sarigue, ce dont il a trouvé confirmation dans le reste du squelette. Mais la partie antérieure du bassin, qui renferme les os marsupiaux, caractéristiques de cette sous-classe de mammifères, restait dissimulée dans la pierre. Avant de creuser la pierre pour vérifier leur présence, il a pris soin d'inviter quelques personnes, « dans l'intention de leur prouver par le fait la justesse de nos théories zoologiques, puisque le vrai cachet d'une théorie est sans contredit la faculté qu'elle donne de prévoir les phénomènes »[1]. Un animal exotique avait donc vécu à Montmartre, ce qui prouve des migrations ou des extensions d'espèces auparavant inimaginables. Cuvier en tire la preuve qu'un « fait bien constaté » peut renverser bien des systèmes, et, il ajoute que :

> le plus grand service qu'on puisse rendre à la science est d'y faire place nette avant d'y rien construire, de commencer par renverser tous ces édifices fantastiques qui en hérissent les avenues, et qui empêchent de s'y engager les hommes à qui les sciences exactes ont donné l'habitude de ne se rendre qu'à l'évidence, ou du moins de classer les propositions d'après le degré de leur probabilité[2].

Au changement « subit » des espèces, ne pouvaient correspondre, en Géogénie, que des révolutions « subites ». Que faut-il alors penser de ce qu'il y avait précisément de fantastique dans cette idée même de « Révolution subite » pour laquelle une justification physique ne pouvait être que spéculative ?

Microcosme et macrocosme

La présence d'une sarigue dans le sous-sol de Montmartre évoque l'existence de passages entre la Nouvelle Hollande, c'est-à-dire l'Australie où ces espèces sont cantonnées actuellement, et l'Eurasie, au même titre que les « pachydermes » apparentés au tapir, celle de communications entre l'Europe et l'Amérique du Sud. Le principe des conditions d'existence, qui veut qu'un animal ne peut vivre que dans des conditions auxquelles son organisation correspond, exige, dans les mêmes lieux des

1. G. Cuvier, *Recherches sur les ossements fossiles*, *op. cit.*, p. 518-532.
2. *Ibid.*, p. 540-541.

conditions différentes des conditions actuelles. Il fallait donc, dans le passé, un monde différent du nôtre. C'était déjà l'avis de ceux qui admettaient le refroidissement de la Terre, pour lesquels il y avait transformation continue du climat entre le passé et le présent. Tel n'était pas l'avis de Cuvier, car :

> Le règne animal, à ces époques reculées, était composé d'après les mêmes lois ; il comprenait les mêmes classes, les mêmes familles que de nos jours ; et, en effet, parmi les divers systèmes sur l'origine des êtres organisés, il n'en est pas de moins vraisemblable que celui qui en fait naitre successivement les différents genres par des développements ou des métamorphoses graduelles.

Si l'état de la surface terrestre est stable du point de vue du climat, malgré les permutations des terres et des mers, il faut chercher ailleurs ce qui a changé. Ce sera dans le monde vivant lui-même. En effet :

> On ne peut concevoir l'existence d'une forme de vie sans une multitude d'autres formes qui la soutiennent ou la répriment, qui l'excitent en divers sens, qui entretiennent en un mot à son égard ce mouvement mutuel et universel qui fait la vie du monde, comme la circulation et les fonctions qui l'entretiennent font la vie des individus [1].

Cuvier en tire la conclusion dans un autre texte :

> Non seulement chaque être est un organisme, l'univers tout entier en est un, mais bien des millions de fois plus compliqué ; et ce que l'anatomiste fait pour un seul animal, pour le petit monde, comme disaient les philosophes mystiques du moyen âge, c'est au naturaliste à le faire pour le grand monde, pour l'animal universel, pour le jeu de cette effrayante agrégation d'organismes partiels [2].

Cette analogie mythique entre le Macrocosme et le Microcosme, dont l'origine se perd dans la nuit des temps, a véhiculé, au cours de la période moderne, l'idée d'une correspondance entre une Économie de la Nature et une Économie animale. L'Économie de la Nature provient de la conception stoïcienne d'un Monde administré comme une maison bien tenue par une Providence régulatrice ; le transfert de cette conception et du terme qui l'exprime au niveau du Microcosme, relève de la Médecine qui le diffuse à partir du XVIe siècle : il y désigne l'harmonie des fonctions dans le corps

1. G. Cuvier, *Recherches sur les ossements fossiles*, *op. cit.*, p. 541-542.

2. G. Cuvier, *Discours sur l'état de l'histoire naturelle et sur ses accroissements depuis le retour de la paix maritime*, dans *Histoire des progrès des sciences naturelles depuis 1789 jusqu'à nos jours*, *op. cit.*, t. 4, p. 350.

vivant, caractérisée par l'activité régulatrice de la circulation sanguine, à laquelle, précisément, Cuvier a fait allusion[1]. À première vue, il ne s'agit là, sans doute, pour Cuvier, que d'une métaphore. Or, cette métaphore est la raison pour laquelle il a besoin des « Révolutions subites », sous la forme de ces catastrophes « épouvantables » qui détruisent à chaque fois l'ensemble des espèces vivantes. Elles ne peuvent passer d'un monde à l'autre parce que chacun de ces ensembles forme un *Organisme* distinct, dont l'économie globale détermine celle de chaque espèce qui le compose du point de vue fonctionnel, et, par suite, anatomique. Ces « faits », qu'il considère comme scientifiquement établis, relèvent donc de la conjonction de deux mythes qui pèsent sur l'Histoire Naturelle et répondent à l'impossibilité de comprendre les processus par lesquels une espèce nouvelle pourrait dériver d'une espèce plus ancienne : le Déluge et la correspondance entre Microcosme et Macrocosme. En fin de compte, les « Révolutions », censées avoir été démontrées par la distinction des faunes et des flores dans les formations géologiques successives, et surtout le fait qu'elles doivent avoir été subites, relèvent uniquement des besoins de la Paléontologie stratigraphique, de l'explication d'une succession d'espèces qui ne dépendent plus de variations d'une surface terrestre et d'un climat devenus stables. Néanmoins, la tâche de les confirmer appartiendra à la Géologie.

Elie de Beaumont : les montagnes

Von Buch, que Cuvier avait mentionné en troisième position, après lui-même et Adolphe Brongniart, paléobotanicien de son école, semble avoir été le premier à distinguer des systèmes de montagnes en raison de leurs différences de direction, mais, s'il admet bien les soulèvements, il récuse les révolutions en Géologie, nous l'avons vu : le temps peut faire pas à pas ce que la force est censée réaliser en une seule fois[2]. On sait aussi que la théorie du Développement à laquelle il adhère, implique un devenir continu de la surface de la planète. C'est le seul Elie de Beaumont qui fournira à Cuvier l'appui géologique dont les Révolutions avaient besoin.

1. Sur ce point, voir B. Balan, « Premières recherches sur l'origine et la formation du concept d'économie animale », *Revue d'Histoire des Sciences* 1975, vol. 28, p. 289-326, et *L'ordre et le temps, op. cit.*, p. 69-104.

2. L. v. Buch, *Einige Bemerkungen über die Alpen in Baiern* (1828), dans *Gesammelte Schriften, op. cit.*, p. 26.

Les systèmes de montagnes

Contrairement à Cuvier, venu de l'Histoire Naturelle, enseignée à l'Académie Caroline de Stuttgart, Elie de Beaumont était passé par l'École Polytechnique, puis l'École des Mines[1]. C'est donc bien un géologue de stricte obédience, comme nous l'avons déjà vu[2]. Il est convaincu que la méthode d'analyse stratigraphique à partir des roches, des minéraux, et de leur disposition, mise au point par l'École de Werner, en complément d'une Géographie physique qui décrit la surface actuelle de la Terre, est suffisante pour explorer les phénomènes géologiques. Pour lui, les caractères paléontologiques ont une valeur simplement complémentaire : gagner du temps dans la reconnaissance des terrains par la simple découverte d'un fossile connu ou résoudre une difficulté dans l'application des principes de la stratigraphie. La conviction d'une supériorité absolue de la géognosie sur la paléontologie dans ce domaine, se justifie alors par l'idée que les espèces fossiles ne sont dépendantes que d'effets de surface, tandis que la disposition des masses rocheuses fait connaître les processus profonds de l'écorce terrestre. Nous ne sommes plus du temps de Werner qui ne voyait que dépôts et précipitations chimiques dans la formation des roches : Cordier, en 1827, a confirmé scientifiquement l'hypothèse de la nature ignée du centre de la Terre, à partir de mesures précises et contrôlées dans de nombreuses mines et excavations, qui démontraient une augmentation de la température en profondeur, proportionnelle à la distance parcourue depuis la surface du sol. La raison des dislocations qui provoquaient les reliefs, était donc à chercher dans les mouvements d'une écorce qui flottait sur ce noyau en fusion. De là, conclut-il, on pouvait tirer « la preuve la plus puissante du grand principe d'Instabilité universelle, qui a été annoncé ou entrevu depuis longtemps par Newton et par d'autres philosophes »[3]. Désormais, ce qui domine dans l'Univers, ce n'est plus le solide refroidi ou cristallisé au fond d'une eau-mère, c'est le liquide en fusion : la philosophie de l'époque, en ce qui concerne la Terre, passe de Parménide à Héraclite, du minéral au fluide. Mais cette mobilité ne sera que verticale jusqu'au début du siècle suivant.

1. Voir la courte notice biographique placée sous son portrait, in G. Gohau, *Naissance de la Géologie historique*, *op. cit.*, p. 88.

2. Voir ci-dessus, p. 112.

3. L. Cordier, *Essai sur la température de l'intérieur de la Terre*, lu à l'Académie des Sciences les 4 Juin, 9 et 23 Juillet 1827, 84 p.

Les « Révolutions subites » vont devoir se situer dans ce contexte, mais Cordier n'allait pas jusque là. Il savait que Fourier, autorité en matière de Physique, avait démontré que si, en surface, les échanges thermiques approchaient l'équilibre, l'intérieur de la Terre continuait de se refroidir, et donc, de se contracter. Le volcanisme s'expliquait par la pression due à la chute de l'écorce qui flottait sur la masse interne qui s'épanche en raison des dislocations consécutives à la contraction, et les tremblements de terre, par une certaine flexibilité de l'écorce. Ce ne sont que des accidents locaux : ils n'ont rien à voir avec une catastrophe générale. Elie de Beaumont, par contre, va utiliser ces forces internes, désormais reconnues, d'une manière si spéculative qu'elle n'est pas sans rappeler les pères de la théorie du refroidissement, Descartes, Leibniz, et même Buffon : il rend la contraction responsable de « l'écrasement transversal d'un fuseau de l'écorce terrestre », phénomène qu'il juge « d'une très courte durée et, pour ainsi dire, instantané ». Les matières internes crèvent alors les assises superficielles pour former des « intumescences allongées »[1]. La violence de la surrection des montagnes provoque un bouleversement général des eaux qui se traduit par une inondation universelle : « La croûte solide du globe n'a pu être ainsi disloquée sur une étendue considérable, sans qu'il y ait eu en même temps un mouvement violent et subit des mers et un renouvellement presque général dans l'état des choses à la surface de la terre »[2]. Le dernier en date de ces événements drastiques serait le Déluge de Moïse, déclenché par le soulèvement des Andes[3], qui reste donc le modèle historique des « Révolutions ». Dans la première version du texte, en 1829, il n'y en avait que quatre : la première, entre le calcaire jurassique et la craie, liée au redressement de l'Erzgebirge et du mont Pilat; la seconde, entre la craie et les terrains tertiaires, associée aux Pyrénées et aux Apennins; la troisième, entre les terrains tertiaires et ceux de transport et d'alluvion, avec le redressement de la partie occidentale des Alpes, et la dernière, au milieu de ces terrains d'atterrissement, de transport et d'alluvion, provoquée par un dernier système de montagnes comprenant la chaine principale des Alpes, le mont Ventoux, le Luberon et la Sainte Baume; le Déluge et les Andes ne sont mentionnés qu'en note. Dans le

1. L. Elie de Beaumont, *Notice sur les systèmes de montagnes*, Paris, 1852, t. 3, p. 1329 *sq.*

2. L. Elie de Beaumont, *Recherches sur quelques unes des révolutions de la surface du globe* (1829), dans *Annales des sciences naturelles*, 1829-1830, p. 63.

3. *Ibid.*, p. 305-306.

résumé de ce mémoire, transmis en 1833 au traducteur du *Manuel géologique* de H.T. de la Bèche, pour qu'il y figure, il en compte douze, non plus Révolutions, mais Systèmes de Montagnes, ce qui revient au même. En 1852, il y en aura vingt deux, à la veille de sa mort, en 1874, il y en aura cent cinquante neuf, d'après Sainte-Claire Deville, son disciple.

Soulèvements et stratigraphie

De La Bèche était membre de la Société géologique de Londres. Le succès de son *Manuel*, où figure ce résumé, a été immédiat et européen. Sa table des matières est particulièrement éclairante sur l'état de la Géologie au cours des années trente du XIXe siècle: elle débute par une notice succincte sur la figure de la Terre, sur ses propriétés physiques, où il est question surtout des températures, tant de la chaleur interne que de celles de la surface et de l'atmosphère, puis de quelques considérations sur les vallées et les changements de la surface du globe et elle se termine par un tableau comparatif de la classification des terrains. Ce tableau est repris dans la table des matières, dont les sections correspondent aux neuf groupes de terrains stratifiés fossilifères qu'il distingue. Ces sections occupent l'essentiel du livre. On passe enfin à deux sections terminales consacrées aux «terrains stratifiés inférieurs» non fossilifères, et aux roches non stratifiées. C'est dans la section XIII et dernière, que l'on trouve le texte «sur les soulèvements de montagnes» transmis par Elie de Beaumont, suivi des *Observations* de l'auteur.

Il est à noter que les phénomènes dynamiques, à savoir, l'érosion et le volcanisme, sont étudiés dans le cadre du «groupe moderne», formé de «détritus de différentes sortes, produits par des causes qui agissent encore aujourd'hui»: il y est question de ces causes. Le «groupe des blocs erratiques», le suivant dans l'ordre qui va du présent au passé le plus lointain, s'en distingue parce qu'il met en jeu «des forces plus puissantes que celles qui agissent maintenant»[1]. Les temps ne sont donc pas encore favorables à la reconnaissance d'une uniformité des causes géologique dans le passé et le présent de la Terre, malgré les *Principes de Géologie*, de Lyell, qui viennent d'être publiés. Mais ce qui est surtout à remarquer, c'est le rejet de la question du soulèvement des montagnes à la fin du livre: elle ne prend qu'une cinquantaine de pages pour un ouvrage qui en occupe plus de sept

1. H.T. De La Bèche, *Manuel géologique*, trad. fr. Paris, Levrault, 1833, p. 46-47 et Table des matières (non paginée).

cents. C'est la Stratigraphie qui occupe le devant de la scène. Les soulèvements ne sont que les causes des « Révolutions épouvantables » qui expliquent la discontinuité dans le contenu fossilifère des formations géologiques. C'est leur seul intérêt. Il se vérifie donc que l'apport fourni par Elie de Beaumont autrement dit, ce qu'on désignera plus tard comme « Tectonique », n'a pour fonction que de les justifier.

Pour en revenir à Elie de Beaumont, il détermine les soulèvements et leur âge en s'appuyant sur la discordance stratigraphique dont les géologues se servent depuis longtemps : le soulèvement se situe entre l'âge de la couche relevée, qui est la plus ancienne et celui de la couche horizontale, plus récente puisque posée en formant un angle avec la précédente, comme Sténon l'avait établi deux siècles plus tôt et il impose aux couches sédimentaires relevées sa propre direction. C'est pourquoi, « à chaque époque de soulèvement de roches cristallines, ou à chaque interruption que représente la série des dépôts stratifiés, correspond un Système de montagnes caractérisé par une direction particulière des couches redressées »[1]. Puisque la direction des strates est la même que celle des montagnes, nous entrons en possession d'un moyen décisif qui doit permettre d'individualiser un système de montagnes, de le reconnaître à travers toute la surface du globe, et de déterminer une série chronologique des soulèvements susceptible de correspondre à la série des formations superposées. La direction des montagnes s'observe nécessairement dans un territoire limité, c'est-à-dire sur un petit arc de cercle de la surface terrestre, mais, et c'est ici que Elie de Beaumont se met à déraper, ces petits arcs sont référés géométriquement à un grand cercle de la circonférence du globe. Il est alors possible de dégager sur toute la surface de la Terre les directions d'un même système, observé localement, et de les retrouver sur tous les continents. La moindre inflexion dans l'orientation d'une chaine tend à se prolonger dans un grand cercle et devient ainsi une partie d'un Système de montagnes distinct, dont la formation est due à une Révolution particulière. Les Systèmes de montagnes ont pu ainsi se multiplier, et avec eux, les Révolutions, mais cette multiplication va contribuer à leur faire perdre leur majesté et à faire douter de leur pouvoir dévastateur en un temps où la Paléogéographie prend conscience d'une diversité passée de la surface terrestre au cours d'une même époque, ce qui s'accommode mal avec les inondations universelles.

1. P.A. Dufrenoy et L. Elie de Beaumont, *Explication de la carte géologique de la France*, Paris, Savy, 1841, t. 1, p. 45-46.

Des doutes s'étaient élevés depuis longtemps, concernant le rapport entre anéantissement des faunes successives, attestant des catastrophes universelles, et lignes de discordance, dues aux soulèvements de montagnes : De La Bèche les signale avec timidité dans son *Manuel*. Certes, Elie de Beaumont justifie ce rapport par la violence et la brièveté de ces catastrophes destructrices, mais cela ne fait pas l'unanimité des géologues : l'universalité des révolutions et la brièveté des soulèvements font également problème. Une attitude accommodante a été proposée par Burmeister, auteur en 1843 d'une *Histoire de la Création*, ouvrage à succès dans lequel il reprend l'idée répandue d'une réduction progressive des forces de la nature, ce qui nous rappelle les conséquences du refroidissement de la Terre chez Buffon. On peut alors considérer les effets des Révolutions comme universels dans les périodes les plus anciennes : les discordances stratigraphiques y sont couplées avec la séparation des faunes. Avec le temps, ils deviennent de plus en plus faibles et locaux, jusqu'à ce qu'on en arrive aux catastrophes actuellement connues : tremblements de terre, éruptions volcaniques, inondations.

La brièveté catastrophique des soulèvements est également mise en question par Carl Vogt avec prudence en 1854, dans son *Manuel de Géologie*[1]. Que les renouvellements de la vie sur terre soient dues à des Révolutions associées aux soulèvements qui transforment les reliefs et déplacent les lignes de rivage, cela reste pour lui hautement vraisemblable, mais il y a des exceptions : en Russie, on sait qu'il n'y a pas de discordances entre les terrains carbonifère et permien. Il est donc possible qu'un tel rapport soit illusoire et que la coïncidence entre les deux phénomènes ne relève que du hasard. Qu'il y ait concordance ou séparation entre les changements de faunes et les Révolutions, Vogt, dans la Préface à cette seconde édition de son *Manuel*, déclare avoir voulu faire la part égale entre les deux thèses pour laisser le lecteur choisir à partir des faits, mais les faits penchent vers la disjonction. Quant aux soulèvements, qu'ils se produisent soudainement ou lentement, ce n'est pas encore décidé. Deux modèles sont en présence : celui, rapide, qui peut être inspiré du rapport établi entre le tremblement de terre de Lisbonne et l'éruption du volcan Jorullo qui l'a suivi, d'une part et d'autre part, celui du soulèvement lent de la Suède, reconnu depuis longtemps par von Buch.

1. C. Vogt, *Lehrbuch der Geologie und Petrefactenkunde*, 2e éd. Braunschweig, Vieweg, 1854, p. VI.

Les Créations successives

AGES GÉOLOGIQUES.		NOMBRE DES ESPÈCES	
TERRAINS.	ÉTAGES.	PAR ÉTAGES.	PAR TERRAINS.
TERTIAIRES.	27. Subapennin................	606	6,042
	22. Falunien. sup. ou Falunien.	2,754	
	22. Falunien. infér. ou Tongrien.	428	
	25. Parisien..................	1,576	
	24. Suessonien................	678	
CRÉTACÉS...	33. Danien....................	66	4,291
	22. Sénonien..................	1,579	
	21. Turonien..................	380	
	20. Cénomanien................	849	
	19. Albien....................	410	
	18. Aptien....................	156	
	17. Néocomien.................	851	
JURASSIQUES	16. Portlandien...............	60	3,846
	15. Kimméridgien..............	199	
	14. Corallien.................	655	
	13. Oxfordien.................	739	
	12. Callovien.................	281	
	11. Bathonien.................	546	
	10. Bajocien..................	603	
	9. Toarcien..................	288	
	8. Liasien...................	301	
	7. Sinémurien................	174	
TRIASIQUES.	6. Saliférien................	792	927
	5. Conchylien................	135	
PALÉOZOÏQUES	4 Permien...................	91	3,180
	3. Carboniférien.............	1,047	
	2. Devonien..................	1,198	
	1. Silurien.. supérieur.......	418	
	1. Silurien.. inférieur.......	426	
	Totaux.	18,286	18,286

Illustration 12
d'Orbigny, *Les vingt-sept étages*

Au milieu du siècle, les « Révolutions » vont retrouver leur terre natale dont nous paraissions nous être éloignés, la Paléontologie, avec l'approbation de Elie de Beaumont lui-même qui reconnaît que : « le globe terrestre était destiné aux êtres organisés qui ont peuplé sa surface » et que « l'ordonnance générale des phénomènes inorganiques dont il a été le théâtre, était étroitement lié au plan général de la nature organique » [1]. Mais ce sont les Invertébrés, et non plus les fossiles de quadrupèdes, qui passent au premier plan pour caractériser les couches de la Terre : il n'y a pas de raison, contrairement à ce que Cuvier semblait admettre, que « les races d'animaux marins aient pu être conservées dans quelques lieux plus paisibles » [2] et fassent exception à la portée universelle de ces sortes de « fins de monde ». Il faut se souvenir que ce sont les Invertébrés marins, les « coquilles », incomparablement plus nombreux dans les couches sédimentaires, qui, dès l'origine, ont fourni aux géologues les moyens d'identifier les terrains secondaires lorsque les aspects minéralogiques étaient défaillants. À partir du moment où nous retrouvons une optique qui avait été celle de Cuvier, si nous la radicalisons, c'est entre les faunes, à la fois terrestres et marines, que se produisent les coupures dues à ces « Révolutions », beaucoup plus qu'entre les terrains qui peuvent se trouver en superposition concordante et de composition minéralogique analogue, ou presque. Comme vingt ans plus tôt, la fonction de la Géologie structurale, toujours représentée par Elie de Beaumont, se réduit à justifier ce qui est présenté comme un « fait » paléontologique. Dans les trois volumes du *Cours élémentaire de Paléontologie et de Géologie stratigraphiques* publiés en 1849, 1850 et 1851, par Alcide d'Orbigny, il n'est question que de « faits ». Pas plus que Newton ou Cuvier, il ne forge d'hypothèses [3] ; c'est, du moins, ce qu'il prétend.

L'indépendance des créations

Les « Révolutions » sont des « faits » parce qu'il n'existe pas, d'après d'Orbigny, d'espèce qui soit commune à deux ou plusieurs étages géologiques distincts. Le concept d'étage, proposé par lui et retenu jusqu'à nos jours par la Stratigraphie, est défini comme représentant « une époque en tout identique à l'époque actuelle », c'est-à-dire, « un état de repos de la

1. L. Elie de Beaumont, *Note sur les émanations volcaniques et métallifères* (compte-rendu de leçons au Collège de France 1846-1847), dans Ch. Sainte-Claire Deville, *Coup d'œil historique sur la Géologie et sur les travaux d'Elie de Beaumont*, Paris, Masson, 1878, p. 482.

2. G. Cuvier, *Discours préliminaire*, *op. cit.*, p. 80.

3. A. d'Orbigny, *Cours élémentaire de Paléontologie et de Géologie stratigraphiques*, Paris, Masson, 1849, vol. 1, p. 71 (en bas de page).

nature passée », aussi complet que celui de la nature actuelle, avec des continents et des mers, des phénomènes géologiques partout identiques à ceux que nous connaissons, une faune et une flore aussi développées que de nos jours.

L'indépendance des faunes

La présence de la faune est pour lui décisive, car, précise-t-il, « nous ne pourrions admettre, comme étage, des couches même discordantes, quelle que soit leur puissance, si elles ne contiennent pas leur faune caractéristique »[1], avec une distribution des espèces qui lui soit comparable. Si, pour un étage donné, nous ne trouvons que peu d'espèces, c'est qu'elles sont inconnues, ou bien détruites, ou bien encore à découvrir. L'Histoire Naturelle des êtres vivants devient donc le moyen exclusif d'aborder l'étude de ce qu'il désigne comme une « histoire » de la Terre. Mais, si chaque époque doit être assimilable à la nôtre, on doit la traiter de la même manière et lui appliquer les mêmes idées. Or, nous avons vu que l'« Histoire Naturelle générale » qui aborde l'étude des êtres vivants du point de vue de « l'Économie du grand Tout », comme le voulait Linné, puis le jeune Cuvier, met au premier plan leur dépendance fonctionnelle les uns vis-à-vis des autres, au point que l'Univers peut être considéré comme un grand Animal, suivant la métaphore du Cuvier âgé. Puisque ce qui vaut pour l'âge présent vaut pour chacune des périodes du passé correspondant aux étages définis par leur contenu paléontologique, on devait y trouver la même dépendance fonctionnelle entre tous les êtres. Alcide d'Orbigny n'hésite pas à en tirer la conclusion qui s'impose : « Pour que l'harmonie de l'ensemble existât dans la nature, il fallait que tous les êtres fussent *créés* à la fois, car tous vivent aux dépens les uns des autres »[2]. C'est aussi la raison pour laquelle une espèce ne peut pas manquer à l'étage où elle a sa place en raison de sa coexistence avec les autres espèces de la même époque. Elle ne peut pas, non plus, passer dans un ou plusieurs autres étages, ni survivre dans un autre étage que celui qui correspond à sa nature, pas plus qu'un organisme ne peut se modifier sans provoquer sa désorganisation et sa destruction. Ce principe étant posé, il faut maintenant le vérifier.

Le problème zoologique de l'espèce

Tout le problème des « Révolutions » va donc reposer désormais sur la possibilité de traiter comme appartenant à la même espèce, ou non, des

1. A. d'Orbigny, *Cours élémentaire*, *op. cit.*, vol. 2, p. 256-257 (§ 1610).
2. *Ibid.*, vol. 2, p. 283-284 (§ 1667), je souligne le mot « créés ».

spécimens semblables en apparence, lorsqu'ils ont été découverts dans deux étages différents. Or, le concept d'espèce, très controversé en Histoire Naturelle, l'est encore plus en Paléontologie. Si nous prenons la définition qui en est donnée par Cuvier: «La collection de tous les corps organisés nés les uns des autres, ou de parents communs, et de tous ceux qui leur ressemblent autant qu'ils se ressemblent entre eux, est appelée une espèce» [1], nous constatons qu'elle regroupe deux sortes de rapports bien différents: les rapports de parenté ou d'interfécondité, qui sont physiologiques, et les rapports de ressemblance qui sont d'ordre morphologique. Ce sont les rapports physiologiques qui sont décisifs, car si les variétés de l'espèce Chien offrent d'innombrables différences, et si pour des raisons de taille, la fécondation d'une chienne molosse par un basset, et la réciproque, sont peu probables, on sait qu'il y a une chaine reproductive continue entre ces deux variétés extrêmes. Bien évidemment, en Paléontologie, ces rapports manquent et il faut se contenter des similitudes morphologiques dans l'appréciation desquelles les facteurs subjectifs peuvent entrer en jeu: autrefois, comme de nos jours, il y avait des diviseurs (*splitters*) et des rassembleurs (*lumpers*). C'est ainsi qu'Alcide d'Orbigny dénonce: «une fâcheuse école» qui «a, dans ce moment, pour système arrêté de réunir les êtres fossiles, dès que leurs formes extérieures les rapprochent quelque peu les uns des autres, et cela, sans songer que les caractères les mieux tranchés ont pu lui échapper», dénonciation d'autant plus virulente que cette École «efface arbitrairement les caractères distinctifs des étages et replonge ainsi dans un véritable chaos l'étude des couches qui composent l'écorce terrestre» [2]. C'est pourquoi, quant à lui, il divise les genres d'animaux avec minutie dans le but avoué de démontrer qu'aucune espèce ne peut passer d'un étage au suivant, tandis que les ressemblances génériques ne le dérangent pas: elles ne relèvent pas de la nature, mais de la seule méthode classificatrice.

La Paléontologie devient ici tributaire de la Zoologie, à laquelle, du reste, elle appartient. D'Orbigny prétend seulement se défendre contre «ces insinuations si souvent reproduites par quelques auteurs, que les zoologistes multiplient trop les espèces» [3]. C'est sur «la division naturelle des espèces» et «les règles zoologiques les plus sévères» qu'il déclare appuyer son travail, dont il souligne le sérieux, travail qui l'a conduit «à la

1. G. Cuvier, *Tableau élémentaire de l'histoire naturelle des animaux*, Paris, Baudoin, an VI (1798), § 5, p. 11.

2. A. d'Orbigny, *Cours élémentaire*, *op. cit.*, vol. 1, p. 4.

3. *Ibid.*, p. 5.

reconnaissance de l'âge des étages», contrairement aux conceptions opposées, qui, selon lui, en retarderaient «gratuitement» le progrès. Ces règles zoologiques ont leur source dans le principe de la subordination des caractères, établi en 1798 par Cuvier sur l'importance fonctionnelle des organes à partir desquels on doit établir l'ordre des catégories, mais comme le degré d'importance de chaque organe n'est pas encore bien établi, «on est souvent réduit, dans la formation des méthodes naturelles, à un simple tâtonnement»[1].

Cinquante ans plus tard, en 1844, puis en 1853, Pictet, paléontologue suisse, s'adressant aux débutants, leur signale que, dans l'étude des limites des espèces, «il est presque impossible de fixer à cet égard des règles générales. On y arrive, soit au moyen d'un tact naturel, soit surtout par l'étude d'un très grand nombre d'échantillons»[2], et c'est à la nature vivante qu'il faut se référer en dernier ressort. Pictet en tire cette conclusion :

> la recherche des causes de la succession des êtres organisés se lie d'une part avec les théories cosmogoniques et de l'autre avec les principes les plus délicats de la physiologie des animaux. Aussi la solution de cette question est-elle d'une haute importance et peut-elle être considérée comme le véritable but vers lequel doit tendre la paléontologie. Mais peut-être la science n'est-elle pas encore assez avancée pour fournir des bases suffisantes à une conviction éclairée[3].

Parmi ces bases, il y a ce concept d'espèce, encore trop fragile pour le poids qu'Alcide d'Orbigny voudrait lui faire supporter: si les espèces fossiles ont, pour la plupart, une existence géologique limitée, il n'est pas possible de démontrer qu'il n'y en a pas qui soient communes à plusieurs étages, au point de traiter comme un «fait» l'attribution de la particularité de chaque étage à une création spéciale, précédée de la «Révolution» correspondante. Mais cela d'Orbigny refuse de l'admettre.

L'effondrement de l'écorce

La nécessaire «harmonie de l'ensemble» qui doit régner dans la nature, c'est-à-dire le caractère organique de chaque époque correspondant à un étage défini, exige que tous les éléments qui lui appartiennent, soient produits ensemble. La porte est donc fermée à toute apparition d'une époque qui ne soit une «Création» globale, mers, continents, animaux, végétaux. Il est exclu que l'on y puisse concevoir un apport étranger et, en

1. G. Cuvier, *Tableau élémentaire*, *op. cit.*, vol. 1, § 6 et 7, p. 20-21.
2. F.J. Pictet, *Traité de Paléontologie*, Paris, Baillère, 1853, t. 1, p. 572.
3. *Ibid.*, p. 77.

particulier, un apport du passé, lequel introduirait une distorsion : il faut faire place vide. La « Révolution », ainsi présupposée, doit donc se traduire par un bouleversement complet de la face de la Terre, et par la destruction *totale* de tous ses habitants. De la « physiologie des animaux », il nous faut donc en revenir aux « théories cosmogoniques ». La notion de « Création », en elle-même inintelligible, nous renvoie à une théologie, totalement étrangère à tout ce qui peut se qualifier comme science. Par contre, celle de « Révolution » est censée se référer à des événements réels, survenus à la surface de la Terre, auxquels les théories cosmogoniques, ou plutôt géogéniques, essaient de trouver une explication. Pour Alcide d'Orbigny, la théorie qui s'impose est celle dont Elie de Beaumont est l'auteur. Il la reprend à son compte.

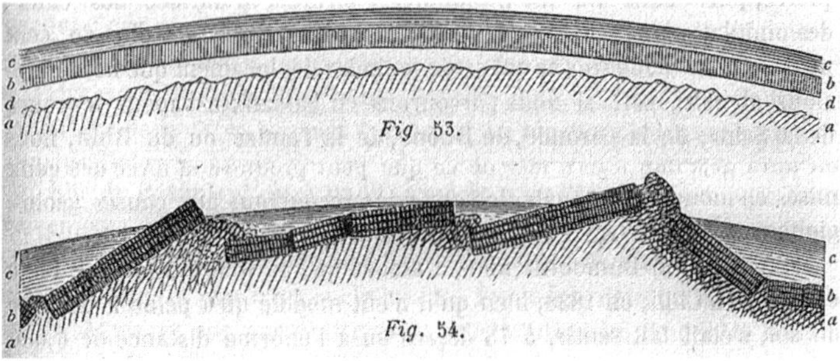

Illustration 13
d'Orbigny, *L'effondrement de l'écorce terrestre*

Une « Révolution » est donc comprise, conformément aux explications formulées par Elie de Beaumont, comme la conséquence d'un soulèvement de montagnes dont la « cause physique » serait la contraction due au traditionnel refroidissement de l'intérieur du globe sous une écorce en équilibre thermique (comme Fourier l'a récemment démontré) et qui ne bouge plus. Il s'ensuit que : « Cette croûte extérieure dure, n'étant plus soutenue dans toutes ses parties par la pâte intérieure, s'est affaissée sur elle-même, en se disloquant de toutes les manières, et a produit les reliefs et les cavités de la surface de notre globe »[1]. Cette dislocation se présente comme un système de cassures dont Alcide d'Orbigny donne un schéma qui ne va pas sans évoquer le schéma correspondant donné par Descartes

1. A. d'Orbigny, *Cours élémentaire*, *op. cit.*, vol. 1, p. 126.

dans ses *Principes de la Philosophie*[1]. Ces cassures provoquent des vagues, analogues à celles des « bateaux à vapeur », ce qui, « sans sortir des causes naturelles », nous donne « une légère idée de ce que peut produire la force des eaux mises en mouvement »[2]. Ces « épouvantables » déluges sont le trait caractéristique des « Révolutions ». Il va de soi que ces cassures ne se produisent pas en une seule fois, mais s'échelonnent au cours du temps pour donner la succession des étages. En 1848, Elie de Beaumont ne connaît encore que dix-sept « systèmes de montagnes », donc de « Révolutions », alors qu'il en faut vingt-sept pour le nombre d'étages définis par Alcide d'Orbigny. Qu'à cela ne tienne, comme nous l'avons vu, il les aura bientôt trouvées, et même en surnombre. Ces cassures expliquent bien le redressement des couches, qui peut aller jusqu'à la verticale, et les failles, qui sont des ruptures transversales à la disposition parallèle de ces mêmes couches. Mais d'Orbigny, comme Elie de Beaumont, a observé des plissements qu'il décrit, et même dessine, en les attribuant à une pression latérale déterminée soit par deux axes de soulèvement, soit par des effondrements inégaux du sol sous-jacent, donc supposée secondaire par rapport à des mouvements verticaux. C'est un problème qu'il refuse, néanmoins, d'aborder : « Quoi qu'il en soit, il n'entre pas dans notre cadre de discuter les causes ». On peut constater, par contre, que les failles, beaucoup plus fréquentes qu'elles n'apparaissent, méritent « une attention toute particulière » parce qu'elles perturbent l'ordre des couches, et peuvent mettre sur le même plan horizontal des niveaux fossilifères très distincts, en provoquant chez l'observateur l'impression d'une confusion des étages[3].

Développement progressif et pensée créatrice : Louis Agassiz

Le développement progressif : son succès

Au milieu du siècle, les « Révolutions » suscitent de plus en plus de réticences dans le public informé, qui se tourne alors vers l'idée concurrente de développement progressif. Nous en avons un témoignage avec le succès de librairie obtenu en 1844, en Angleterre par la publication anonyme des *Vestiges of the natural History of Creation* (quatre éditions en six mois, et dix éditions en dix ans), dont l'auteur, Robert Chambers, était un autodidacte très averti, et ceci, au grand scandale des savants comme Thomas Henry Huxley, l'ami et le défenseur de Darwin, qui, en 1854, a

1. Voir *supra*, chap. I.
2. A. d'Orbigny, *Cours élémentaire*, *op. cit.*, vol. 1, p. 128.
3. *Ibid.*, p. 137-142.

incendié ce livre. On y trouve une cosmogonie qui s'appuie sur l'hypothèse de la nébuleuse primitive, pour faire de la Terre un astre refroidi, mais qui ne se refroidit plus parce que son écorce est devenue imperméable à la chaleur, et une histoire de la Terre qui est marquée par le développement progressif du monde vivant, assimilable au progrès du cerveau humain embryonnaire[1], réminiscence du vieux parallélisme cher à la biologie romantique, entre la série animale et la série des stades dans le développement embryonnaire.

Or, si Chambers était autodidacte, Pictet, qui était un bon savant, énonce sous la forme d'une loi que : « l'ordre d'apparition des divers types d'animaux sur la surface de la Terre rappelle souvent les phases du développement embryonnaire »[2], tout en refusant d'admettre une loi générale du perfectionnement graduel des faunes, dans laquelle il voit, à juste titre, un renouveau de l'Échelle des Êtres et un appel à « la théorie de la transformation des espèces »[3]. Mais, si Pictet, comme d'Orbigny, jugeait inadmissible l'idée du passage des espèces les unes dans les autres et restait convaincu que « les animaux des diverses faunes géologiques ne proviennent pas par voie de génération directe des espèces qui les ont précédées »[4], l'idée de « créations successives » lui fait problème : il ne veut pas exclure « par exemple, la possibilité que les êtres de chaque faune successive provinssent de ceux qui les ont précédés par l'effet de quelque loi inconnue, autre que la génération normale, dont les générations alternantes peuvent donner peut-être une idée approximative »[5]. On venait de découvrir, en effet, qu'un polype donne des méduses, qui donnent à leur tour des polypes. Dans l'histoire des idées en Géologie, nous en sommes à un tournant.

Le développement idéal

Ce tournant, Louis Agassiz, connu pour ses travaux sur les poissons fossiles et sur l'origine glaciaire des blocs erratiques, ne le prendra jamais. Ancien élève de Cuvier, il en tiendra jusqu'à la fin de ses jours pour la doctrine des « Créations » successives, et, par conséquent, des « Révolutions » dont la multiplication par Elie de Beaumont, auquel il se réfère, ne le

1. R. Chambers, *Vestiges of the Natural History of Creation* (1844), Leicester, Leicester UP, 1969, p. 226-227.

2. F.J. Pictet, *Traité de Paléontologie*, *op. cit.*, t. 1 p. 69.

3. *Ibid.*, t. 1, p. 62-65 et 82-83.

4. *Ibid.*, t. 1, p. 88.

5. *Ibid.*, t. 1, p. 87.

gêne pas le moins du monde[1]. Mais, s'il n'admet pas de rapports généalogiques entre les espèces qui appartiennent à des époques différentes, contrairement à d'Orbigny, il reconnaît dans la succession des « règnes » d'animaux vertébrés qui ont marqué successivement les grandes époques géologiques, poissons, reptiles, mammifères et homme, une « gradation progressive d'organisation »[2], qui répond, par ailleurs, à la série des états embryonnaires[3] chez les animaux qui sont, à la fois, supérieurs et les plus récents. Cela ne signifie pourtant pas qu'il en soit revenu, comme l'auteur des *Vestiges*, à l'idée d'une progression unique dans toute la série animale, substituée à l'Échelle des Êtres. En bon élève de Cuvier, il considère (en 1859) la division du Règne animal en quatre embranchements, Vertébrés, Mollusques, Articulés et Radiaires, comme acquise depuis trente ans, que ces embranchements correspondent à quatre Types structuraux qui commandent quatre développements par divergence à partir d'une forme géométrique originaire conformément au modèle publié en 1828 par von Baer, le fondateur de l'Embryologie comparée, et, enfin, que ces Types sont représentés, tous les quatre, au cours des périodes géologiques les plus anciennes[4], même s'il existe un peu de retard pour les Vertébrés. Cette divergence dans chaque branche à partir du Type primordial, qui sous-tend les catégories classificatrices, classes, ordres, familles, genres, espèces, s'accompagne d'une gradation dans la différenciation et la complication de l'organisation, qui répond à l'ordre de leur succession. Elle ne se transforme en production de types de plus en plus élevés au cours des périodes géologiques que chez les seuls Vertébrés, pour la simple raison que l'Homme vient en couronner la série. Toute gradation n'est donc pas un perfectionnement.

La vision en Dieu des espèces vivantes

Puisqu'il ne peut pas y avoir de transformation des espèces par voie matérielle pour Agassiz, tout cela ne peut passer que par la voie idéale, au même titre que c'est l'idée du type spécifique qui dirige, d'après les théories embryologiques courantes, le développement des individus. À la

1. L. Agassiz, *Essay on Classification* (1859), Cambridge (Mass.), Belknap, 1962, p. 101-104 ; trad. fr. revue et augmentée par l'auteur, Paris, Baillère, 1869, p. 162-166.

2. L. Agassiz, *De la succession et du développement des êtres organisés à la surface du globe terrestre*, Discours du 18 novembre 1841 pour l'inauguration de l'Académie de Neuchâtel.

3. L. Agassiz, *Twelve Lectures on Comparative Embryology*, Boston, Redding, 1849, Lecture IV, p. 26.

4. L. Agassiz, *Essay on classification*, *op. cit.*, p. 26-29.

place d'une filiation réelle, nous avons la réalisation d'un plan dont l'unité représente la cohérence de la pensée de Dieu [1]. La logique de Dieu est ainsi la garantie de la valeur chronologique des modifications de forme qui se traduisent dans les détails de la structure interne des animaux et, par conséquent, de leur portée pour la détermination de l'âge des formations géologiques, puisque tout animal est aussi en rapport avec le monde qui l'entoure. Dans cette perspective : « L'Histoire Naturelle deviendra, un jour, l'analyse des pensées du Créateur de l'Univers, manifestées dans le règne animal et le règne végétal, aussi bien que dans le monde inorganique » [2].

Le développement dans le temps du projet divin justifie la distinction de quatre types structuraux par leurs positions respectives : embryonnaire, prophétique, synthétique et progressif. Sont embryonnaires les types « qui figurent, dans l'ensemble de leur organisation, les degrés primitifs du développement chez les représentants plus élevés du même type » [3]. Les types prophétiques sont « la représentation anticipée de combinaisons structurales qui, plus tard, s'observeront dans deux ou plusieurs types distincts » [4] ; les Ptérodactyles, par exemple, prophétisent les oiseaux, et les Singes annoncent l'Homme. Les types synthétiques regroupent « les traits de plusieurs types qui n'auront que plus tard une existence distincte » [5]. Quant aux types progressifs, ils se caractérisent par une simple gradation dans le temps comme les « Céphalopodes à coquille » dont les formes se compliquent. Par leur référence à Dieu et à l'embryologie, ces quatre types révèlent parfaitement ce qui constitue, pour Agassiz, le fond de sa pensée : le temps est une image mobile de l'éternité, et ce temps est fini, puisque compris entre l'œuf originaire et l'Homme.

Certes, les « Révolutions » gardent leur fonction séparatrice entre les périodes géologiques et les faunes, mais elles ne sont plus au centre des préoccupations du paléontologue. De toutes manières, note-t-il, « les observations ne sont pas toujours suffisamment complètes pour démontrer que partout, la rénovation du monde organique ait coïncidé avec les grandes révolutions physiques qui ont altéré l'aspect général du globe » [6]. On peut donc les relativiser. Dans une Histoire Naturelle comprise comme une Histoire Sainte, ce qui compte, c'est l'unité transcendante du plan de la

1. L. Agassiz, « On animal Morphology », *Proceedings of the American association for the advancement of Science* II-1849, p. 421-422.

2. L. Agassiz, *Essay on classification*, *op. cit.*, § 31, p. 137.

3. L. Agassiz, *De l'espèce et de la classification en zoologie*, trad. cit., p. 181.

4. *Ibid.*, p. 184.

5. *Ibid.*, p. 184.

6. *Ibid.*, p. 165.

nature au nom duquel il déclare, dans une note ajoutée à la traduction française de son livre, lutter contre « les doctrines physicistes qui prévalent plus ou moins, actuellement, sur l'origine et l'existence des êtres organisés », tout en dénonçant « la bigoterie de certaines sectes qui voudraient imposer à la science des doctrines ne découlant point immédiatement de prémisses scientifiques »[1].

L'« odium theologicum »

En 1867, la « doctrine physiciste » à l'ordre du jour, était la théorie darwinienne de l'évolution. Il reproche d'abord à cette doctrine, qualifiée péjorativement de « Darwinisme », d'être contraire aux « vraies méthodes » dont l'Histoire Naturelle doit s'inspirer. Surtout, il ajoute un peu plus loin :

> Ce que Darwin a présenté comme la théorie de l'origine des espèces, ce n'est pas le résultat de recherches pénibles, s'appliquant à la solution de quelque point de détail pour s'élever ensuite à une synthèse générale et compréhensive ; non, c'est une doctrine qui de la conception descend aux faits et cherche des faits pour soutenir une idée[2].

Et ce n'est pas tout : il compare ensuite le « Darwinisme » à la Philosophie de la Nature, issue de Schelling, qu'il qualifie de secte, et insinue ensuite que, si la Philosophie de la Nature a, quand même, contribué au progrès de la science, « le Darwinisme exclut, lui, presque toute la masse des connaissances acquises, pour s'assimiler et faire ressortir exclusivement ce qui peut servir à la doctrine »[3], ce qui, bien entendu, est grossièrement faux.

De la part d'un naturaliste qui fait de l'Histoire Naturelle l'« analyse des pensées du Créateur de l'Univers », ces reproches font penser à la parabole de la paille et de la poutre. Or, Agassiz est indiscutablement un savant de premier ordre, comme Cuvier et d'Orbigny, et il est convaincu que les spéculations théologiques auxquelles il subordonne toute l'Histoire Naturelle sont la conséquence évidente d'une approche intégralement scientifique, dont il pense fournir le modèle exemplaire. C'est pourquoi la lutte qu'il prétend mener contre les « doctrines physicistes » et son incompréhension manifeste du travail de Darwin, attestent que ce que l'on désigne à l'époque comme science est en train de changer de sens. Dans la

1. L. Agassiz, *De l'espèce et de la classification en zoologie*, trad. cit., p. 94, note 2.
2. *Ibid.*, p. 375-376.
3. *Ibid.*, p 377.

science telle qu'elle est comprise par Agassiz, les « Révolutions » subites et universelles du globe, qui ont été à invoquées pour rendre compte de la séparation des formations géologiques et de la particularité des faunes qu'elles contenaient, ont impliqué nécessairement les Créations successives des espèces propres à chacun des étages géologiques distincts. Leur réalité passe ainsi pour établie. Mais une autre approche des observations accumulées par plusieurs générations de géologues-voyageurs, présente dès le départ, est en train de monter en puissance.

De la question géologique des « Révolutions », l'accent est passé à celle, zoologique, de l'espèce dont les Créations garantissaient le caractère naturel, c'est-à-dire, essentiel. Agassiz met en doute le critère d'interfécondité pour reconnaître les limites entre espèces, et il en donne la raison :

> Après la création, les animaux de la même espèce se sont réunis par couples, parce qu'ils étaient faits l'un pour l'autre ; ils ne se sont pas recherchés dans le but de fonder leur espèce, car celle-ci existait pleinement *avant que le premier individu provenant de leur union fût venu au monde*[1].

Leibniz ou Malebranche auraient pu écrire cette phrase. Mais, elle traduit une forme de rationalité qui n'est plus reconnue au milieu du XIXe siècle comme scientifique, parce qu'elle implique une transcendance dont on sait, depuis Kant, que la réalité en est indémontrable. L'évocation de Leibniz et de Malebranche peut se justifier dans la mesure où le raisonnement déductif, qui conduit à ce type de conclusions, relève de la même logique imperturbable que ces systèmes philosophiques, dont Bertrand Russell disait que « seuls des philosophes ayant un long entrainement dans l'absurdité pouvaient réussir à y croire »[2]. Comme Malebranche, Agassiz voit la Nature en Dieu et reste convaincu qu'il s'agit de science, parce qu'il déduit cette vision de l'impossibilité de trouver dans les espèces d'anciennes variétés qui ont réussi. Sa « synthèse générale et compréhensive » ne relève cependant pas d'une induction vérifiable, en un temps où la certitude scientifique ne se satisfait plus de « la solution de quelques points de détail » pour en déduire une thèse, mais exige que cette thèse puisse être ensuite confirmée, jusqu'à ce qu'elle soit infirmée par la découverte de la première exception. Mais, puisque cette exigence, à l'époque, est tout de même devenue irrécusable, il s'évertue à éliminer les cas qui pourraient lui être objectés, en renonçant, par exemple, à ce critère traditionnel d'interfécondité dans la définition zoologique des espèces parce

1. L. Agassiz, *De l'espèce et de la classification en zoologie*, trad. cit., p. 265, je souligne.
2. B. Russell, *Signification et vérité* (1940), trad. fr. Paris, Flammarion, 1969, p. 132.

que les physiologistes lui ont trouvé des exceptions, sous la forme de « bonnes » espèces, dûment reconnues, capables d'avoir, entre elles, une progéniture féconde.

L'exténuation des révolutions

Elie de Beaumont est mort en 1874, mais les « Révolutions subites » lui survivront. On ne peut pas s'étonner, de les retrouver l'année suivante, professées au Collège de France, par son élève, assistant, successeur et thuriféraire, Charles Sainte-Claire Deville, avec toute leur fraicheur originelle : il voit dans la dernière d'entre elles « au moins une immense conflagration suivie d'un cataclysme », ce qui nous évoque, sinon la Pralaya hindoue, du moins les fins du monde stoïciennes, ici confondues. C'est encore le « Déluge universel de la Bible » qui fournit la « preuve » de la réalité de tels événements, estimés « comme un moyen providentiel de renouveler et de varier de plus en plus les créations successives d'êtres organisés ». Et tout cela est censé représenter « la véritable voie scientifique » de la part de quelqu'un qui juge absurde l'idée de soulèvements lents, préconisée par Charles Lyell[1]. Par contre, on peut être surpris de trouver des idées apparentées, la naïveté en moins, en 1905, chez Louis de Launay, pour lequel le devenir de la Terre reste déterminé par la contraction du noyau interne due à son refroidissement, ce qui se traduit par la surrection de chaines de montagnes, accompagnées de cataclysmes, sous la forme de raz de marée[2]. Mais il n'est plus question de destruction universelle du monde vivant, ou presque, ni de créations successives, dont l'idée même choque « notre conception instinctive de l'Univers »[3].

Il faut tenir compte du fait que, vingt ans auparavant, Albert de Lapparent, pourtant resté attaché à l'héritage de Elie de Beaumont, admettait bien que le « phénomène orogénique » soit une *catastrophe*, mais à condition de ne pas le considérer comme instantané[4], et que le mot de « Révolution » soit entendu en un sens restreint, car « ce n'est jamais que sur une fraction de la surface terrestre que la perturbation qui en résulte manifeste ses effets »[5]. Il est donc arrivé aux « Révolutions » ce qui s'est produit, bien des décennies plus tôt, pour le Déluge : d'universel, on en

1. Ch. Sainte-Claire-Deville, *Coup d'œil historique sur la Géologie*, *op. cit.*, p. 260, 255, 263, et 221, 257-258.

2. L. de Launay, *La science géologique*, *op. cit.*, p. 446-447 et 483.

3. *Ibid.*, p. 667.

4. A. de Lapparent, *Traité de Géologie*, Paris, Savy, 1885, p. 1439.

5. *Ibid.*, p. 1443.

a fait une catastrophe partielle, réduite à la partie limitée du globe qui constituait le monde pour les anciens Hébreux. Mais sa réalité n'en est pas récusée pour autant : d'Orbigny, par exemple, en avait déjà fait le résultat d'oscillations du sol[1], géologiquement inconcevables, même à l'époque, en raison de leur brièveté (car les mouvements observés en Suède n'étaient que de quelques centimètres par an) et, par conséquent miraculeuses. Comme le Déluge, les « Révolutions se sont rétrécies, mais survivent ».

Les « Révolutions » attestent donc de la prégnance et de la ténacité du monde mythique dans le fonctionnement du psychisme humain, y compris chez les esprits les plus à même de le tenir à l'écart, en face des problèmes posés par l'Histoire Naturelle de la Terre. Une fois comprises la formation des strates par sédimentation et la diversification de leurs dispositions par soulèvement, il fallait les identifier, et après avoir reconnu l'insuffisance du critère minéralogique, pouvoir justifier la pertinence du critère paléontologique. Grâce aux « Révolutions subites », notion issue d'un Déluge qui a semblé d'abord séparer la période historique et la période géologique du devenir terrestre, on disposait d'un moyen facile, trop facile, de distinguer les formations géologiques successives par les faunes qui y étaient découvertes, puisque, à chaque fois la faune précédente était détruite, et la suivante, créée. Trouver l'explication des catastrophes responsables n'était pas insurmontable. Les soulèvements de montagnes pouvaient être considérés comme lents ou rapides : il suffisait de les traiter comme rapides, donc violents, pour disposer des cataclysmes dont on avait besoin sous la forme de ces raz de marée dus à la secousse orogénique. Mais si les géologues pouvaient trouver avec la contraction du noyau de la Terre une explication « physique » des soulèvements, les « Créations » ne pouvaient relever que de moyens surnaturels.

On a pu penser que cette référence à la surnature, qu'il s'agisse du Déluge, comme nous l'avons vu au précédent chapitre, ou des « Révolutions » qui en ont pris la suite, a débarrassé les géologues d'un problème théorique non résolu : ils ont pu, par ce moyen, se consacrer à la question, jugée majeure, de ce XIXe siècle, celui de la détermination des époques qui s'étaient succédées à la surface de la Terre. Néanmoins, il y a eu des stratigraphes, soit issus de l'École de Freiberg, soit influencés par les enseignements de Hutton, qui ont fait l'économie de ces « Révolutions ». Il n'était donc pas absolument nécessaire d'en passer par elles et par conséquent par un créationnisme qui s'est révélé une plaie lorsqu'il s'est agi de comprendre les rapports entre les faunes des couches successives dont il fallait

1. A. d'Orbigny, *Cours élémentaire de Paléontologie*, *op. cit.*, t. 2, 2e partie, p. 834-835.

admettre qu'elles se ressemblaient. Dans le domaine des connaissances, les mythologies semblent donc avoir été plutôt des obstacles épistémologiques et par conséquent, des facteurs de retard, sinon pour les investigations de terrain, du moins pour leur interprétation théorique. C'était déjà l'avis de Poulett Scrope en 1825 :

> Comme l'idée impliquée par les termes Cataclysme, Catastrophe ou Révolution est extrêmement vague et peut comprendre tout ce que vous voudriez imaginer, pour le coup, elle remplit très bien la fonction d'une explication : elle arrête la recherche. Mais elle a aussi le défaut d'arrêter effectivement le progrès de la science, en la plongeant dans l'obscurité et la confusion [1].

Il est difficile de ne pas souscrire à une telle remarque, en y ajoutant les Créations, et pourtant, il faudra encore un siècle, jusqu'à ce qu'on renonce à expliquer la séparation entre l'Europe et l'Amérique par l'effondrement « historique » de l'Atlantide, pour que ces termes disparaissent définitivement du vocabulaire officiel de la Géologie.

1. G. Poulett Scrope, *Consideration on Volcanoes*, Londres, 1825, Préface, p. IV.

Illustration 14
Charles Lyell (1797-1875)

CHAPITRE IV

LES STRATES

« *Strata*, dans *l'Histoire Naturelle*, sont plusieurs lits ou couches de différentes matières dont le corps de la terre est composé », définition succincte à laquelle l'auteur de l'article dont elle provient, tiré de l'*Encyclopédie*, ajoute ceci : « C'est sans doute dans le temps de la création que ces différents lits ont été arrangés; à moins qu'on ne suppose avec quelques grands naturalistes, comme Sténon, le Docteur Woodward, etc. que le globe de la terre a été dissous par les eaux du Déluge »[1]. Cette dimension, doublement mythique, qui attribue aux strates une origine primordiale ou miraculeuse dans les eaux, est corrigée à l'article « Terre, *couches de la* – » par le Baron d'Holbach qui juge chimérique le rôle attribué au Déluge et attribue la formation des couches de la terre à des allées et venues périodiques des mers liées à des variations supposées de l'inclinaison de l'axe du globe. Mais il existe aussi des couches dues aux rivières, aux cendres des volcans, etc.[2]. Elles ne peuvent donc appartenir qu'aux montagnes secondaires, et ne recouvrent les montagnes primitives que comme une sorte d'écorce[3]. Buffon aussi était de cet avis.

LES TERRAINS ET LES FORMATIONS

Variations terminologiques

Sans oublier Sténon, responsable du principe de superposition des couches qui permettait d'en établir l'âge relatif, puisque la couche supérieure est nécessairement plus récente que celle sur laquelle elle s'est déposée, et du principe de discordance d'après lequel un dépôt horizontal a

1. *Encyclopédie*, *op. cit.*, t. 15, p. 540.
2. D'Holbach, « Terre, couches de la – », *ibid.*, t. 16, p. 169-171.
3. D'Holbach, « Montagne », *ibid.*, t. 10, p. 672-676.

toujours succédé à la strate oblique avec laquelle il forme un angle, ce n'est cependant pas avant Werner et l'École de Freiberg, que l'étude des strates est devenue systématique, à partir de l'identification minéralogique des couches. Reprenons pour plus de clarté les principales définitions fournies par cette École[1] : une *Roche* est une masse minérale d'un grand volume considérée comme une masse essentielle dans l'édifice du globe ; une *Couche* est une masse minérale étendue mais peu épaisse, qui forme une des assises d'une montagne ou d'une portion du globe ; une *Formation* désigne la manière dont une roche a été produite, mais aussi un assemblage de couches liées entre elles pour former un système ; un *Terrain* comprend « toutes les formations dans lesquelles la même roche domine, et qui ont eu lieu dans la même des grandes époques ou classes des productions minérales »[2]. Ainsi, la catégorisation des Terrains est double : il y a le Terrain granitique, le Terrain houiller, etc., mais ils sont définis aussi par leurs époques de formation, dans lesquelles nous retrouvons les Terrains primitifs, secondaires, etc. Comme nous l'avons déjà vu[3], c'est par la catégorie la plus englobante de terrain que la dimension temporelle s'est introduite en Géologie, puisque la nature de la roche et sa place dans le temps, étaient liées au moment où elle était censée s'être déposée. Mais ce sont les formations qui sont considérées comme les vraies unités de la constitution minérale du globe et qui seront l'objet principal de la recherche géognostique, car la notion de terrain, déjà ambigüe, prise dans son second sens, doit être comprise comme conventionnelle. Les limites entre terrains, en effet, sont souvent floues, que ce soit entre les terrains primitifs et les terrains secondaires ou entre ces derniers et les terrains tertiaires, qui se mélangent quelquefois avec les terrains de transport[4].

Strates et couches sont termes synonymes. La stratification est définie par d'Aubuisson, représentant ici l'École de Freiberg, comme « la division d'une masse ou couche minérale, en lits ou couches d'un ordre inférieur, par des fissures parallèles, étendues, peu distantes, et qui sont une suite du mode de formation »[5]. Ainsi comprise, elle se manifeste dans le parallélisme des couches de différentes espèces de roches qui peuvent composer des terrains, mais elle se présente aussi à l'intérieur des gneiss et des schistes, dont la direction des feuillets correspond à celle des couches. Dans les deux cas, il s'agit de sédiments ou de précipités dans un fluide aqueux. Le granite

1. Voir *supra*, chap. II, p. 65.
2. J.F. d'Aubuisson de Voisins, *Traité de Géognosie*, *op. cit.*, t. 1, § 97, p. 271-273.
3. Voir *supra*, chap. II, p. 65.
4. J.F. d'Aubuisson de Voisins, *Traité de Géognosie*, *op. cit.*, t. 1, p. 367.
5. *Ibid.*, t. 1, § 110, p. 288.

lui-même a beau être massif, il a la même origine, car il alterne par couches avec d'autres roches, et s'il n'est pas feuilleté comme le gneiss qui est de même composition (quartz, mica, feldspath), c'est une question de circonstances de cristallisation. Les formations sont constituées de couches en nombre variable. Si elles ne comptent qu'une espèce de roche, elles se confondent avec les terrains : c'est ce qui se passe en l'absence de stratification, avec les terrains de porphyre, par exemple. Par contre, la caractéristique des multiples couches d'une même formation est leur parallélisme, quelles que soient leurs inflexions et sinuosités, raison pour laquelle la séparation entre deux formations marquée par une discordance est directement apparente, mais beaucoup plus difficile à distinguer si elles sont concordantes.

Terrains secondaires et tertiaires : les débuts de la stratigraphie paléontologique

Les terrains primitifs se définissent, on le sait, comme antérieurs à l'existence des êtres organisés : on n'y trouve pas de fossiles. Ils se caractérisent surtout par la nature cristalline et l'homogénéité des roches qui les désignent, qu'elles soient massives ou feuilletées. Il n'y a donc pas à y distinguer de formations. Werner parle tout de même de « suite des formations », seulement pour indiquer la superposition et la succession de roches différentes et apparentées, par exemple celle qui va du granite au gneiss et aux variétés de schistes. Il s'ensuit qu'à propos des terrains primitifs et intermédiaires ou de transition, qui vont jusqu'au terrain houiller, jugé secondaire mais dont la position reste débattue, d'Aubuisson préfère parler de « terrains » plutôt que de « formations ». Il en va de même des terrains volcaniques et pour la même raison. Par contre, lorsqu'il s'agit des terrains secondaires, tertiaires et de transport, la notion de formation devient prépondérante, parce que, si les strates appartiennent à un même terrain, désigné par la roche prédominante, il est désormais possible d'y trouver « quelque différence, soit dans la nature ou la texture des masses qui les composent, soit dans leur disposition réciproque, soit dans les circonstances de leur superposition » qui permet de les distinguer et qui indique leur différence d'époque [1].

Contrairement à l'impression de chaos que donnaient terrains primitifs et de transition, où se mêlaient les précipitations, les cristallisations et les dépôts fossilifères, nous avons, le plus souvent, avec les terrains secondaires et tertiaires, une simple sédimentation, au moins en plaine. Les formations avec les couches qui les composent, leur superposition et leur âge relatif, sont donc plus faciles à déterminer, et surtout, « ayant toujours

1. J.F. d'Aubuisson de Voisins, *Traité de Géognosie*, *op. cit.*, t. 1, § 121, p. 322.

quelque fossile qui leur est propre et qui met en état de les reconnaître »[1], on pourra les identifier même lorsque les rapports de gisement sont méconnaissables. C'est ce qui a été fait pour les terrains secondaires par William Smith et pour les terrains tertiaires, au moins partiellement, par Cuvier et Brongniart. Cependant, d'Aubuisson, qui présente les formations secondaires en les classant par catégories minéralogiques (grès, calcaires et gypse) montre les limites d'une méthode wernérienne qui juxtapose des formations éloignées (le grès houiller et le grès bigarré) et place le calcaire coquillier (muschelkalk de Werner) entre le calcaire jurassique et la « formation crayeuse ». Malgré nombre de résistances, le critère paléontologique, c'est-à-dire fondé sur la présence d'un contenu fossilifère, marqué par la présence d'espèces caractéristiques, a bien fini par s'imposer.

Un promoteur : William Smith

Order of the STRATA *and their imbedded* ORGANIC REMAINS, *in the Vicinity of* BATH ; *examined and proved prior to 1799.*				
Strata	Thickness	Springs	Fossils, Petrifactions, &c. &c.	Descriptive Characters and Situations
1. Chalk	300	Intermitting on the Downs	Echinites, Pyrites, Mytilites, Dentalia, funnel-shaped Corals, and Madrepores, Nautilites, Strombites, Cochliæ, Ostreæ, Serpulæ	Strata of Silex, imbedded.
2. Sand	70			The fertile vales intersecting Salisbury Plain and the Downs.
3. Clay	30	Between the Black Dog and Berkley.		
4. Sand and Stone	30	Hinton, Norton, Woolverton, Bradford Leigh.		Imbedded is a thin stratum of calcareous Grit. The stones flat, smooth, and rounded at the edges.
5. Clay	15			
6. Forest Marble	10		A mass of Anomiæ and high-waved Cockles, with calcareous Cement	The cover of the upper bed of Freestone, or Oolyte.
7. Freestone	60		Scarcely any Fossils besides the Coral	Oolyte, resting on a thin bed of Coral. — Prior Park, Southstoke, Twinny, Winsley, Farley Castle, Westwood, Berfield, Conkwell, Monkton Farley, Coldhorn, Marshfield, Coldashton.
8. Blue Clay	6	Above Bath.		
9. Yellow Clay	8			
10. Fuller's Earth	6			Visible at a distance, by the slips on the declivities of the hills round Bath.
11. Bastard ditto, and Sundries	80		Striated Cardia, Mytilites, Anomiæ, Pundibs, and Duckmuscles.	
12. Freestone	30		Top-covering Anomiæ with calcareous Cement, Strombites, Ammonites Nautilites, Cochliæ Hippocephaloides, fibrous Shell resembling Amianth, Cardia, prickly Cokle Mytilites, lower Stratum of Coral, large Scollop, Nidus of the Muscle with its Cables	Lincombe, Devonshire Buildings, Englishcombe, Englishbatch, Wilmerton, Dunkerton, Coombay, Monkton Combe, Wellow, Mitford, Stoke, Freshford, Claverton, Bathford, Batheaston, and Hampton, Charlcombe, Swainswick, Tadwick, Langridge.
Strata	Thickness	Springs	Fossils, Petrifactions, &c. &c.	Descriptive Characters and Situations
13. Sand	30		Ammonites, Belemnites	Sand Burs
14. Marl Blue	40	Round Bath	Pectenites, Belemnites, Gryphites, high-waved Cockles	Ochre Balls. — Mineral springs of Lincombe, Middle Hill, Cheltenham.
15. Liss Blue 16. Ditto White	25 15		Same as the Marl with Nautilites, Ammonites, Dentalia, and Fragments of the Enchrinni	The fertile Marl lands of Sommersetshire. Twerton, Newton, Preston, Clutton, Stanton Prior, Timsbury, Paulton, Marksbury, Farmborough, Corston, Hunstreet, Burnet, Keynsham, Whitchurch, Salford, Kelston, Weston, Pucklechurch, Queencharlton, Norton-malreward, Knowle, Charlton, Kilmersdon, Babington.
17. Marl Stone Indigo and Black Marl	15		Pyrites and Ochre	A rich manure.
18. Red-ground 19. Milstone	180		No Fossil known	Pits of Ruddle. Beneath this bed no fossil, shells, or animal remains are found : above it no vegetable impressions. The waters of this stratum petrify in the trunks in which they are conveyed, so as to fill them, in about fifteen years, with red Watricle, which takes a fine polish. — Highlittleton.
20. Pennant Stone			Impressions of unknown Plants resembling Equisetum.	
21. Grays				Fragments of Coal and Iron Nodules. — Hanham, Brislington, Mongotsfield, Downend, Winterbourn, Forest of Dean, Pensford, Publow, Chelwood, Cumptondando, Hallatrow near Stratford on Avon, Stonebench on the Severn, four miles from Gloucester.
22. Cliff 23. Coal			Impressions of Ferns, Olive, stellate Plants, Threnax-parviflora, or Dwarf Fan Palm of Jamaica	Stourbridge, or Fire-clay.

Illustration 15
Smith, *Tableau des strates*

1. J.F. d'Aubuisson de Voisins, *Traité de Géognosie*, *op. cit.*, t. 2, § 253, p. 250.

William Smith, comme nous l'avons vu, a publié en 1815 un tableau de l'ordre des strates, qu'il avait mis au point avant 1799. Il provenait de ses observations dans les mines de charbon puis, à l'occasion de son travail en tant qu'inspecteur, lors du creusement d'un canal destiné au transport du charbon depuis les mines du Somerset vers le Bassin de Londres, sur les affleurements successifs des couches aux bords de la tranchée. Ce canal avait le mérite de traverser l'ensemble des terrains secondaires (d'après la nomenclature de Werner), qui se succédaient horizontalement depuis le terrain houiller du Pays de Galles jusqu'aux Downs (terrain crétacé)[1] conformément à leur superposition. Dans ce tableau, il énumère vingt-trois couches de haut en bas qui vont en remontant de la craie des Downs au charbon. Elles sont caractérisées dans une première colonne, par leur contenu minéralogique, puis, dans une quatrième colonne, par les fossiles qu'il a pu recueillir au niveau de chaque strate. Une cinquième colonne décrit les sites correspondants.

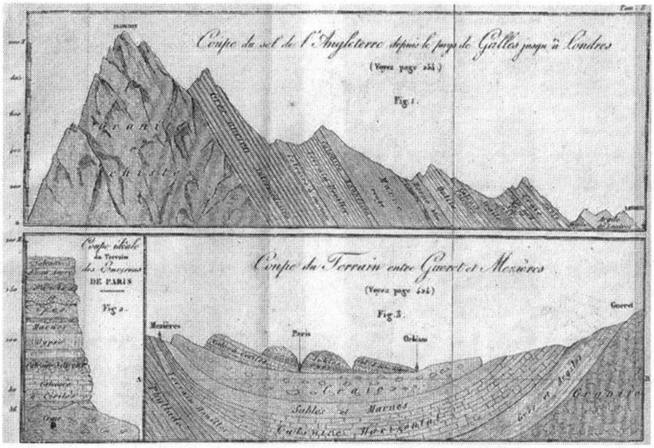

Illustration 16
d'Aubuisson, *Les strates : Angleterre et France, superposition comparée*

Contrairement à d'Aubuisson qui ne donne d'une autre version du tableau de Smith que les caractères minéralogiques des couches, comme on peut le voir sur la coupe qu'il nous offre de l'Angleterre ci jointe, Smith insiste dans ses publications sur la valeur déterminante des fossiles qui n'ont d'intérêt selon lui que dans leurs rapports aux strates où ils ont été trouvés, valeur supérieure à la régularité dans la direction et le pendage des couches[2]. Chaque strate est comprise par lui comme une création séparée

1. M. Rudwick, *Bursting the Limits of Time*, *op. cit.*, p. 434-445.
2. W. Smith, *Strata Identified by Organized Fossils*, Londres, 1816, p. 2.

qui doit avoir sa raison providentielle, sur une terre où elles sont disposées comme les anneaux de croissance des arbres, tandis que les fossiles traduisent un progrès croissant vers la perfection[1], en conformité avec la théologie naturelle populaire.

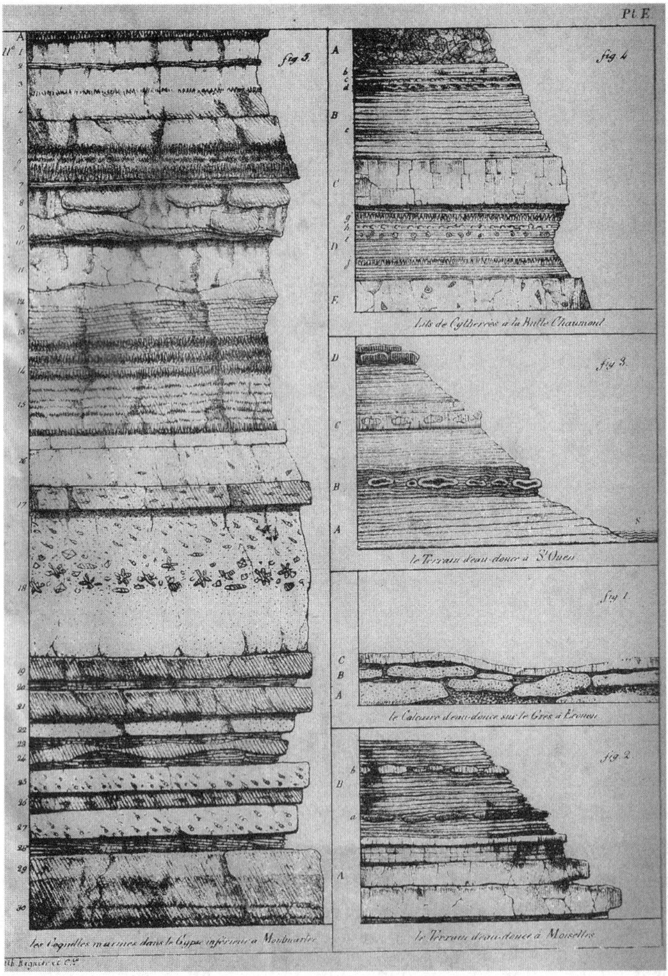

Illustration 17
Cuvier, *Coquilles dans le gypse de Montmartre*

1. W. Smith, *Stratigraphical System of Organized Fossils*, Londres, 1817, p. VII-XI.

Les formations tertiaires du Bassin Parisien

Le travail de Cuvier et de Brongniart, consigné dans l'*Essai sur la géographie minéralogique des environs de Paris*, lu à l'Institut en 1808, publié en 1810, s'est effectué dans de tout autres conditions. Il ne s'agit plus d'une coupe à peu près continue des terrains secondaires allant des plus anciens aux plus récents, dont le parcours permet d'énumérer les terrains à mesure que l'on avance, mais de l'investigation systématique d'un bassin presque fermé, « d'un golfe dans la craie », dont les strates ne représentent qu'une partie inférieure des terrains tertiaires, ce que l'on ne découvrira qu'un peu plus tard. Dans ce bassin verdoyant et cultivé, où les couches se montrent rarement de manière directe, il va falloir explorer les affleurements accessibles, offrant des aperçus partiels, à partir desquels on pourra tenter d'identifier les formations, de reconstituer l'ordre de leur superposition et de déterminer leur position géographique dans le Bassin Parisien. Brongniart se chargera ensuite d'additions dans lesquelles il indique les lieux où les mêmes terrains ont été observés dans le reste du monde. Il faut, pour cela, disposer d'abord de critères de reconnaissance. L'École de Freiberg, nous le savons, préconisait le critère minéralogique en vue de la reconnaissance géognostique des terrains. Or, contrairement à Cuvier, naturaliste de formation, spécialisé dans l'anatomie comparée et la paléontologie des Vertébrés, et, de ce fait, assez éloigné de la géologie (ce qui lui a été reproché par Ami Boué, on l'a vu), Brongniart était un minéralogiste proche de Haüy. Grâce à lui, la supériorité, voire l'exclusivité du seul critère paléontologique pour identifier les formations fossilifères, ne s'établit donc plus seulement par l'observation directe, comme cela avait été le cas, semble-t-il, pour William Smith, qui avait vu d'emblée la valeur des fossiles comme marqueurs de couches, mais se trouve rationnellement justifiée à partir de l'insuffisance du critère minéralogique, démontrée par un expert.

Le résultat le plus important auquel sont parvenus les deux auteurs est, pour eux, la mise en évidence de couches épaisses de gypse, « pierre formée dans l'eau douce » (ce qui n'est pas toujours le cas, comme Constant Prévost l'avait déjà remarqué), reconnaissable aux coquilles qui y fourmillaient, et « qui était presque oubliée ou inconnue des géologistes »[1]. Mais avant d'aborder la question du gypse, ils avaient observé aussi une couche d'argile plastique qui était directement en contact avec la craie qui forme le fond du bassin, et qui était elle-même recouverte d'un

1. G. Cuvier et A. Brongniart, *Essai sur la géographie minéralogique des environs de Paris*, dans G. Cuvier, *Recherches sur les ossements fossiles*, *op. cit.*, p. 8.

banc contenant du bois fossile. Ces deux terrains se distinguaient de la craie inférieure et du calcaire grossier qui les recouvrait « par la nature chimique, par le genre de stratification, et surtout par les fossiles qu'on y rencontre » [1] et qui se sont révélés comme étant d'eau douce. Ils étaient donc d'origine terrestre alors que la craie sous-jacente et le calcaire grossier supérieur avaient une origine marine. Par conséquent ce sont les fossiles qui permettent de déterminer la nature d'une formation et ce sont encore les fossiles qui permettent de l'identifier partout où elle se rencontre quelle que soit la distance du point initial. Il existe, en effet, des lieux dans lesquels « les caractères minéralogiques disparaissent entièrement, la position géognostique est obscure, il ne reste plus que les caractères zoologiques » [2]. Des roches très différentes peuvent avoir été formées à la même époque en différents endroits, mais aussi dans les mêmes régions et réciproquement, des roches semblables peuvent appartenir à des époques très éloignées. Néanmoins, pour les cas les plus courants, c'est un ensemble de caractères convergents, minéralogiques, stratigraphiques et paléontologiques qui fournit les meilleures garanties d'une identification correcte des formations [3].

Terrains et formations peuvent être assimilés, et ce sera souvent le cas dans la littérature géologique, mais le mot « Formation » est souligné par les deux auteurs [4]. Le meilleur exemple de formation est fourni par le terrain de gypse qu'ils ont découvert : « On va y voir des couches très différentes les une des autres par leur nature chimique, mais évidemment formées ensemble » [5]. La butte Montmartre est le lieu où l'ensemble des couches paraît le plus complet. Ils en donnent une description aussi minutieuse que celle, autrefois, de Buffon à Marly la Ville [6], et distinguent, de haut en bas, outre des marnes supérieures, trois masses de bancs de gypse, dont la troisième est figurée planche E, fig. 5. Cette masse est jugée remarquable par les coquilles marines qui remplissent les 18e et 27e couches sur un total de trente et une, alors que les niveaux supérieurs sont lacustres [7]. Les auteurs reconnaissent alors avoir été tentés de distinguer entre une formation d'eau douce et une formation marine, mais « les couches sont tellement semblables les unes aux autres, elles s'accompagnent si constamment que nous avons cru devoir nous contenter d'indiquer cette divi-

1. G. Cuvier et A. Brongniart, *Essai sur la géographie minéralogique*, *op. cit.*, p. 59.
2. *Ibid.*, p. 162.
3. *Ibid.*, p. 157 et 311.
4. *Ibid.*, p. 26.
5. *Ibid.*, p. 79-80.
6. Chap. I, p. 45.
7. G. Cuvier, *Essai sur la géographie minéralogique...*, *op. cit.*, p. 394-414.

sion »[1], finissent-ils par admettre. Si une alternance fluvio-marine peut être rapportée à la même formation, on ne peut donc plus voir en celle-ci que l'unité d'une époque. Le temps minéralogique continu des dépôts va désormais faire place à un temps événementiel entrecoupé. Mais la conversion que cela implique de la part des géognostes ne va pas de soi. Les débats tournent autour de deux points principaux : en premier lieu, dans le devenir de la Terre comme dans l'histoire de la vie, y a-t-il processus continus ou « Révolutions » entre les diverses époques ? Ce premier point relève de la Géogénie et non plus de la Géognosie. En second lieu, comment peut-on concevoir les « Tableaux des terrains » qui représentent le point culminant d'une Géologie qui se définit toujours comme une Histoire Naturelle de la surface de la Terre ? C'est la méthode stratigraphique qui est ici en question.

Concernant le premier point, nous avons vu que les « Révolutions » appartenaient à l'héritage de Cuvier. Mais, les événements pris ici en considération seront moins les vicissitudes de la surface terrestre, en particulier les alternances fluvio-marines, que les époques définies par des faunes distinctes. Chez les êtres vivants, les espèces meurent, mais pour qu'une faune disparaisse d'un seul coup, que d'innombrables espèces meurent ensemble, il faut qu'il se soit passé quelque chose de dramatique, surtout si une autre faune prend sa place dans la formation suivante. C'est bien ce que pensent Cuvier et ceux qui le suivent. Le problème est ainsi moins affaire de Géologie que de Paléontologie[2], on l'a vu. Par contre, pour les géognostes qui en étaient restés aux doctrines de l'École de Freiberg, la continuité dans la succession des couches minérales allait de soi. C'est ce que souligne de Bonnard en 1819 : « pour les différences qui, au premier aperçu, paraissaient les plus tranchées, une observation attentive fait bientôt reconnaître des nuances intermédiaires qui comblent les distances qu'on avait cru apercevoir »[3]. C'est alors l'ensemble des catégories classificatrices en Géologie qui peut être considéré comme conventionnel[4]. Brongniart le sait, au point d'écrire et de faire contresigner par Cuvier, que « la séparation brusque qui existe aux environs de Paris entre la craie et le calcaire grossier est plutôt une singularité et une exception aux règles ordinaires »[5]. Les « Révolutions », qui s'étaient imposées comme une explication facile dans le cadre d'une mentalité, sinon religieuse, du moins accessible aux charmes des événements mythiques, n'étaient donc pas

1. G. Cuvier et A. Brongniart, *Essai sur la géographie minéralogique*, *op. cit.*, p. 90.
2. Voir le précédent chapitre.
3. A.H. de Bonnard, *Aperçu géognostique des terrains*, Paris, Déterville, 1819, p. 16.
4. *Ibid.*, p. 24.
5. Brongniart, dans G. Cuvier, *Recherches sur les ossements fossiles*, *op. cit.*, t. 4, p. 445.

évidentes pour tout le monde, et pas seulement pour les tenants d'une théorie du développement. Nous en avons un témoignage éclatant, en 1822, avec von Hoff qui soutient catégoriquement l'identité et l'uniformité des processus géologiques passés et présents. Si, actuellement, un siècle ne suffit pas à donner un pied de sédiment [1], il suffit de leur en donner le temps pour qu'ils puissent rendre compte des phénomènes les plus grandioses: les tremblements de terre et l'érosion peuvent ainsi expliquer la surrection des montagnes et le creusement des vallées sans exiger l'intervention de catastrophes mondiales, même lorsque la contraction supposée de la Terre les affublait d'une plausibilité «physique». C'est ainsi qu'il met en question le mythe de l'Atlantide [2] et celui du Déluge [3], à propos duquel il critique, non pas les observations de Buckland dans les cavernes à ossements, mais leur interprétation par une inondation brutale que la présence de boues fines au fond des grottes, selon lui, contredit.

Les tableaux géognostiques

Pour Alexandre de Humboldt, ancien élève de Werner comme son ami von Buch, il y a, entre les formations, des passages insensibles qui se font par «développement intérieur», compris comme «changement très lent dans les proportions des éléments de la masse» qui se produisent d'une roche à une roche voisine, et ce phénomène, dûment constaté, a été jugé «un des plus incompréhensibles de tous ceux qui peuvent nous frapper dans l'étude de la géognosie» [4]. Il s'ensuit que leur indépendance, lorsqu'elle est constatée, ne relève pas de leur contenu minéralogique, mais de la place définie qu'elles occupent dans «la série générale des terrains». Or, ces questions de continuité et de discontinuité relèvent de la constitution minérale du globe, c'est-à-dire de «la théorie de la terre», ou Géogénie qui «embrasse aussi l'histoire première des catastrophes de notre planète». Elle s'appuie sur la Géognosie, qui, de son côté, se veut positive, et «réfléchit plus de lumière sur cette science qu'elle n'en reçoit d'elle à son tour» [5]. Cette dernière se veut «science d'enchainements et de rapports» dont la synthèse est un «tableau géognostique» [6] qui permet de déter-

1. K.E.A. von Hoff, *Geschichte der durch Ueberlieferung nachgewiesenen natürlichen Veränderungen des Erdoberfläche*, Gotha, 1822, t. 1, p. 4.

2. *Ibid.*, p. 165-206.

3. *Ibid.*, t. 2, p. 163-185.

4. A. de Humboldt, *Essai géognostique sur le gisement des roches*, *op. cit.*, Préface, p. VI, p. 10, p. 108.

5. *Ibid.*, p. 51.

6. *Ibid.*, p. 173.

miner aussi l'âge relatif des terrains. Dans cette même perspective d'une géognosie positive, la place centrale donnée par Humboldt à la notion de Formation, son contemporain Beudant la donne à celle de Terrain.

Par Terrain, il faudrait d'abord comprendre le résultat d'un mode de formation au cours d'une époque déterminée. En ce sens, il y aurait autant de terrains qu'il y a de couches formées de roches différentes, qui correspondraient à une époque caractérisée par un mode de formation particulier. Mais, comme il existe des alternances entre couches de composition rocheuse distincte qui se répètent sur une certaine hauteur et des associations au même niveau entre roches de formation différente, on peut penser qu'elles sont dues aux mêmes circonstances, qui se sont produites simultanément pendant un certain temps dans des régions géographiquement distinctes. Un Terrain, qui doit sa formation à cet ensemble de circonstances, regroupe donc couches et roches dans le cadre d'une même époque[1]. Une seconde question se greffe sur la première : les « Tableaux géognostiques des terrains » sont d'abord des tableaux chronologiques. Ils l'étaient depuis Werner qui prenait la notion de Terrain au sens de grande époque, mais cette notion s'emploie à présent au sens premier de ce mot : « système de couches » devenu représentatif d'une époque. C'est donc une partie du sens du terme de « Formation » qui est absorbé par celui de « Terrain », si bien qu'il ne désigne plus que le résultat d'un mode de formation, comme formations ignées, marines, lacustres, détritiques, etc., caractérisé par un type de roches. Les fossiles ne prennent ainsi une place majeure dans l'identification des couches qu'à partir du moment où cette place leur a été préparée par un travail géognostique complexe qui voit, dans les terrains où on les trouve, autant d'époques successives dans le devenir terrestre. Ces époques s'inscrivent dans les « Tableaux des Terrains » qui se présentent sous la forme d'une échelle stratigraphique où elles sont classées dans l'ordre de leur superposition, dont dépend l'ordre de leur succession. Ils sont donc à lire, en principe, de bas en haut. C'était l'ordre adopté par l'École de Freiberg, mais beaucoup préfèreront ensuite l'analyse des terrains à partir de la période actuelle, plus accessible, et en remontant vers les niveaux les plus anciens, dont on découvre qu'ils sont beaucoup plus compliqués que Werner ne le pensait en raison des connaissances insuffisantes dont il disposait. Tout au long du XIXe siècle et une bonne moitié du XXe, ces tableaux occupent le devant de la scène dans les Traités de Géologie.

1. F.S. Beudant, *Voyage minéralogique et géologique en Hongrie pendant l'année 1818*, Paris, 1822, t. 3, p. 7-9.

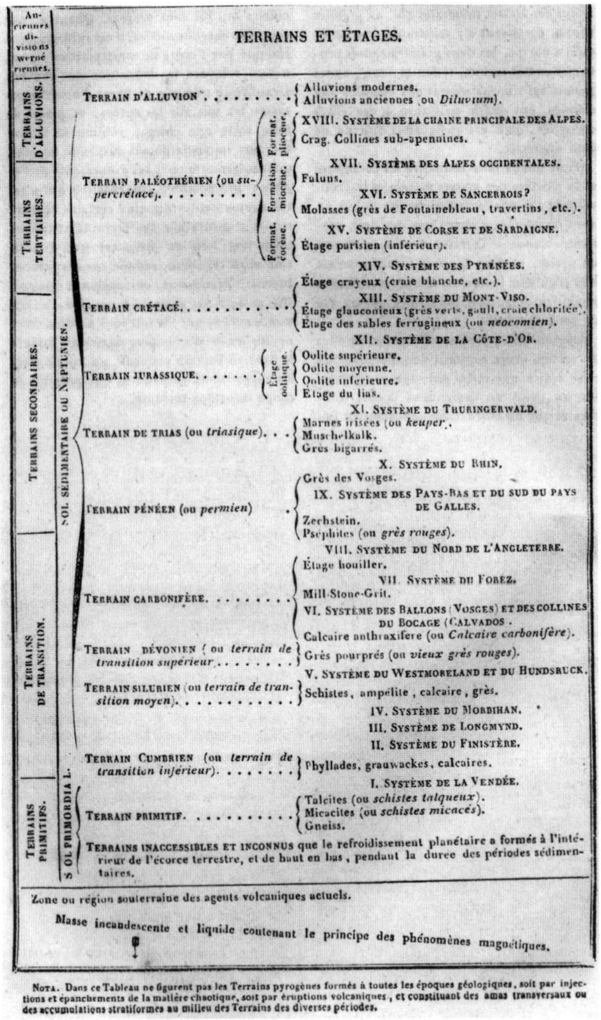

Anciennes divisions werné riennes.

TERRAINS ET ÉTAGES.

TERRAINS D'ALLUVIONS.

TERRAIN D'ALLUVION . . . .
Alluvions modernes.
Alluvions anciennes (ou *Diluvium*).

TERRAINS TERTIAIRES.

SOL SÉDIMENTAIRE OU NEPTUNIEN.

TERRAIN PALÉOTHÉRIEN (ou *supercrétacé*). . . . .

Format. pliocène.
XVIII. SYSTÈME DE LA CHAINE PRINCIPALE DES ALPES.
Crag. Collines sub-apennines.

Formation miocène.
XVII. SYSTÈME DES ALPES OCCIDENTALES.
Faluns.
XVI. SYSTÈME DE SANCERROIS?
Molasses (grès de Fontainebleau, travertins, etc.).

Format. éocène.
XV. SYSTÈME DE CORSE ET DE SARDAIGNE.
Étage parisien (inférieur).

XIV. SYSTÈME DES PYRÉNÉES.

TERRAINS SECONDAIRES.

TERRAIN CRÉTACÉ. . . . .
Étage crayeux (craie blanche, etc.).
XIII. SYSTÈME DU MONT-VISO.
Étage glauconieux (grès verts, gault, craie chloritée).
Étage des sables ferrugineux (ou *néocomien*).

XII. SYSTÈME DE LA CÔTE-D'OR.

TERRAIN JURASSIQUE. . . . . . .
Étage oolitique.
Oolite supérieure.
Oolite moyenne.
Oolite inférieure.
Étage du lias.

XI. SYSTÈME DU THURINGERWALD.

TERRAIN DE TRIAS (ou *triasique*). . .
Marnes irisées (ou *keuper*).
Muschelkalk.
Grès bigarrés.

X. SYSTÈME DU RHIN.

TERRAIN PÉNÉEN (ou *permien*) .
Grès des Vosges.
IX. SYSTÈME DES PAYS-BAS ET DU SUD DU PAYS DE GALLES.
Zechstein.
Pséphites (ou *grès rouges*).

VIII. SYSTÈME DU NORD DE L'ANGLETERRE.

TERRAINS DE TRANSITION.

TERRAIN CARBONIFÈRE. . . . .
Étage houiller.
VII. SYSTÈME DU FOREZ.
Mill-Stone-Grit.
VI. SYSTÈME DES BALLONS (VOSGES) ET DES COLLINES DU BOCAGE (CALVADOS).
Calcaire anthraxifère (ou *Calcaire carbonifère*).

TERRAIN DÉVONIEN (ou *terrain de transition supérieur*). . . . .
Grès pourprés (ou *vieux grès rouges*).

V. SYSTÈME DU WESTMORELAND ET DU HUNDSRUCK.

TERRAIN SILURIEN (ou *terrain de transition moyen*). . . . .
Schistes, ampélite, calcaire, grès.

IV. SYSTÈME DU MORBIHAN.
III. SYSTÈME DE LONGMYND.
II. SYSTÈME DU FINISTÈRE.

TERRAIN CUMBRIEN (ou *terrain de transition inférieur*). . . . .
Phyllades, grauwackes, calcaires.

I. SYSTÈME DE LA VENDÉE.

TERRAINS PRIMITIFS.

SOL PRIMORDIAL.

TERRAIN PRIMITIF. . . . .
Talcites (ou *schistes talqueux*).
Micacites (ou *schistes micacés*).
Gneiss.

TERRAINS INACCESSIBLES ET INCONNUS que le refroidissement planétaire a formés à l'intérieur de l'écorce terrestre, et de haut en bas, pendant la durée des périodes sédimentaires.

Zone ou région souterraine des agents volcaniques actuels.

Masse incandescente et liquide contenant le principe des phénomènes magnétiques.

NOTA. Dans ce Tableau ne figurent pas les Terrains pyrogènes formés à toutes les époques géologiques, soit par injections et épanchements de la matière chaotique, soit par éruptions volcaniques, et constituant des amas transversaux ou des accumulations stratiformes au milieu des Terrains des diverses périodes.

Illustration 18
Ch. d'Orbigny, *Les terrains* [1]

Mais, déplacement significatif, depuis la naissance de la tectonique des plaques, ils seront relégués dans un dernier chapitre consacré à la stratigraphie, et qui semble presque superflu. C'est que, auparavant, la Géologie

1. Ch. d'Orbigny, « Terrains », dans *Dictionnaire universel d'Histoire Naturelle*, Paris, Renard, Martinet et Co, 1848, t. 12, p. 488.

ne pouvait toujours prétendre à un minimum de dignité scientifique qu'à la condition de rester dans la lignée descriptive et classificatrice de la Géognosie positive, c'est-à-dire, d'une Histoire Naturelle de la Terre, et ceci tant qu'une authentique Physique du globe ne se sera pas constituée, ce qui n'est plus le cas. Ainsi, les roches, comme le voulait Beudant, sont les espèces de la Géologie, comme les terrains en sont les familles[1], et les espèces minérales peuvent être traitées comme les espèces zoologiques, tout spécialement celles des fossiles[2]. Les géologues devaient bien chercher aussi à expliquer en termes mathématiques et physiques ce qu'ils observaient, mais cela renvoyait au domaine des inductions et des conjectures plus ou moins bien fondées. Les cent cinquante neuf cercles, correspondants à autant de soulèvements de montagnes de direction différente, qui formaient à la surface la Terre un réseau pentagonal pour Elie de Beaumont juste avant sa mort, en 1873[3], étaient là pour les inviter à la prudence vis-à-vis des spéculations géométriques inconsidérées sur le devenir du globe terrestre.

L'ORDRE DU TEMPS

Donc, la Stratigraphie, qui représente cette Histoire Naturelle de la Terre, occupe encore dans les Traités de Géologie, les deux tiers, sinon les trois quarts du texte. Ce sont les problèmes rencontrés pour l'édification de ces Tableaux qui montrent à quel point il a été difficile aux géognostes de passer de classifications qui partaient de la définition des terrains par les roches qui les composaient à une définition de ces mêmes terrains par les époques qu'ils représentaient par leur contenu fossilifère. Quoiqu'inséré dans le *Discours sur les révolutions de la surface du globe*, à la demande de Cuvier, le *Tableau des formations géologiques dans l'ordre de leur superposition*, de Humboldt, reste dans la mouvance de l'École de Freiberg : les formations, classées dans l'ordre de leur superposition, sont définies par leur contenu minéralogique d'abord, et plusieurs formations différentes peuvent être de même niveau, ce qui permet de conclure à leur appartenance à une même époque. Mais, pour Omalius d'Halloy, il y a antagonisme entre les Terrains ou Formations, définis par les roches qui s'y sont

1. Ch. d'Orbigny, « Terrains », dans *Dictionnaire universel d'Histoire Naturelle*, *op. cit.*, t. 12, p. 11.
2. *Ibid.*, p. 81-82.
3. Ch. Sainte-Claire Deville, *Coup d'œil historique sur la Géologie et sur les travaux d'Elie de Beaumont*, *op. cit.*, p. 546.

formées, avec leur mode de formation, et leur succession chronologique : des terrains semblables ont pu se former au cours d'époques très éloignées l'une de l'autre, pourvu qu'ils aient trouvé les mêmes matériaux et les mêmes conditions de formation. C'est en particulier le cas des terrains volcaniques et apparentés : ils sont hors chronologie, puisque les basaltes et les roches apparentées se retrouvent tout du long de l'échelle stratigraphique. À partir de cette constatation, il s'est efforcé de construire un « Tableau synoptique des terrains » [1] pour le moins confus, qui prétend donner la prééminence au mode de formation, sans pouvoir ignorer la distribution des étages, définis par leur superposition, et, par conséquent, par leur succession dans le temps. Ce « Tableau » est disposé verticalement et rappelle ceux de l'École de Freiberg, mais, en substituant aux termes de « primitif », « transition », « secondaire », « tertiaire », ceux, barbares, de « agalysiens », « hémilysiens », c'est-à-dire, dissous et à moitié dissous, puis « ammonéens » et « tériaires », en raison de leur contenu en ammonites, puis en gros mammifères, l'auteur a fait, pour ainsi dire, en sorte qu'une lecture de gauche à droite soit également possible, qui tienne compte de la formation et de la nature des fossiles les plus remarquables, indépendamment du temps [2]. Aux mêmes dates, plus simplement et plus justement, De La Beche met à part les terrains non stratifiés, granites, porphyres, etc., en bas de son tableau puisqu'ils sont le plus souvent sous jacents aux terrains stratifiés, et distribue les formations stratifiées en « groupes » provisoires, combinés de telle sorte que « par la prétention d'en savoir plus que nous n'en savons réellement, elles ne viennent pas mettre obstacle aux progrès de la géologie » [3]. Ces progrès se poursuivront.

Lyell : le tertiaire

La place des fossiles dans l'identification des terrains a été reconnue progressivement comme exclusive par la communauté géologique à partir de la division de l'époque tertiaire en trois périodes, proposée par Charles Lyell dans le troisième volume de ses *Principles of Geology*, de 1833 [4]. L'idée de classer les formations géologiques à partir de la proportion relative des espèces fossiles actuelles et inconnues n'est pas neuve : l'abbé Giraud-Soulavie, par exemple, avait observé en 1780 qu'on pouvait

1. J.J. d'Omalius d'Halloy, *Éléments de Géologie*, Bruxelles, Société belge de librairie, 1838, 2e partie, p. 104-105.
2. Voir *Considérations à l'appui de cette division*, *ibid.*, p. 107-115.
3. H.T. De La Beche, *Manuel géologique*, *op. cit.*, p. 42.
4. Ch. Lyell, *Principles of Geology*, Londres, Murray, 1833, t. 3, chap. 5, p. 45-61.

distinguer cinq âges successifs de la Terre en déterminant le rapport entre les espèces disparues et les espèces nouvelles de plus en plus proches des espèces vivantes dans les diverses « carrières » superposées[1]. Pour développer systématiquement cette idée, il fallait trouver un terrain propice : c'est le Tertiaire qui va le fournir. Pour l'École de Freiberg, les formations tertiaires étaient « restreintes à des contrées d'une étendue peu considérable », réparties par bassins, contrairement aux formations sous-jacentes qui étaient jugées universelles. Or, Brongniart, en 1829, s'est chargé de récuser la notion de formation universelle, de montrer qu'il n'y a « aucune roche, pas même le granite, que l'on puisse regarder avec certitude comme enveloppant sans interruption toute la surface du globe »[2]. D'après la nouvelle « géographie géognostique », alias paléogéographie, il s'ensuit que ce qui vaut pour le tertiaire vaut aussi pour l'ensemble des terrains accessibles.

La statistique dont Lyell avait besoin pour déterminer ses périodes lui a été fournie par Deshayes, un éminent conchyliologiste qu'il avait pris pour collaborateur, avec lequel il a dressé des tableaux de répartition des espèces fossiles en fonction de leur distance morphologique par rapport aux espèces actuelles, en relation avec les lieux dont elles provenaient. De ce travail, il est résulté une division nette entre les terrains secondaires dans lesquels les espèces fossiles n'avaient plus aucun analogue vivant, et les terrains tertiaires où s'annonce « une zoologie nouvelle » qui va jusqu'à nos jours. De plus, alors que les bassins tertiaires étaient estimés d'une seule époque par la plupart des géologues, ces tableaux ont montré que pour les bassins de Paris et de Londres, le pourcentage des espèces analogues aux vivantes était aux environs de 5%, pour la Touraine, l'Aquitaine, etc., de 20%, pour les terrains subapennins, le Crag anglais, etc., de 50%. On pouvait donc en déduire que ces bassins étaient d'âge différent. Il reste à dénommer les terrains correspondants : ce seront l'Éocène, le Miocène et le Pliocène, c'est-à-dire, d'après l'étymologie grecque, l'aurore, le centre, la plus proche des périodes récentes.

Questions en suspens

Ainsi, les grandes lignes du Tertiaire viennent d'être définitivement débrouillées grâce à une méthode dont l'efficacité paraît évidente, quelles

1. J.L. Giraud-Soulavie, *Histoire Naturelle de la France méridionale*, Nîmes, Belle, 1780, t. 1, chap. 8, p. 317-347.

2. A. Brongniart, *Tableau des terrains qui composent l'écorce du globe*, Paris, 1829, p. 184-205.

qu'aient été les réticences qu'elle a pu rencontrer. Peu de temps avant la publication par Lyell de la première édition de ses *Principes* (1830-1833), les dépôts superficiels anté- et postdiluviens, largement explorés au cours des décennies précédentes, ont été regroupés sous le nom de « Quaternaire » (Desnoyers, 1829[1]). On a vu que William Smith, a identifié les terrains secondaires (au sens de l'École de Freiberg) situés entre le Pays de Galles et le bassin de Londres au début du siècle. Humboldt et von Buch, à partir de 1795, ont distingué aussi un « Calcaire du Jura » regroupant trois étages de bas en haut, noir, brun, et blanc. Omalius d'Halloy, a désigné du nom de « Crétacé » en 1822 un ensemble de trois étages : la craie blanche, supérieur ; le Gault, intermédiaire ; l'argile du Weald, inférieur. Enfin, il y avait sous le Jurassique des étages qui semblaient former une série naturelle composée de terrains désignés en raison de leur apparence comme marnes irisées, calcaire coquillier et grès bigarré : en 1834, un géologue allemand, Alberti, les a associés sous le nom de « Trias »[2], pour former un groupe équivalent, soit au « Lias », dernier étage jurassique (Noir, de von Buch), soit au Jurassique dans son ensemble. C'est ce dernier avis qui a prévalu. De ce fait, les lignes principales de l'époque connue actuellement sous le nom de Secondaire se trouvaient définies.

Cependant, pour en terminer avec les terrains secondaires tels que l'École de Freiberg les comprenait, il fallait aller jusqu'au terrain houiller qui en marquait la limite. Or, on ne parvenait pas à s'entendre sur les formations intermédiaires (grès rouge, calcaires bitumineux ou magnésiens, schistes cuivreux, conglomérats stériles superposés aux couches de houille (baptisés « todtliegende » par les mineurs allemands), que l'on rattachait soit au Trias, soit au Carbonifère, et qui, pour finir, ont été considérées par Omalius d'Halloy comme un ensemble, qualifié par lui de « Pénéen », c'est-à-dire, pauvre, par extension de la stérilité du « todtliegende » des mineurs. On commençait aussi à se demander si le terrain houiller, encore rattaché aux terrains « ammonéens », c'est-à-dire secondaires dans le vocabulaire utilisé par Omalius d'Halloy, comme le précédent, ne devait pas être transféré aux terrains « hémilysiens », c'est-à-dire de transition dans le même langage, parce que « nous ne voyons notamment dans aucune autre partie de la série des terrains un changement aussi complet et aussi brusque de la nature organique que celui que l'on remarque entre les

1. W.B.N. Berry, *Growth of a prehistoric time scale*, San Francisco-Londres, Freeman, 1968, p. 76-78.

2. *Ibid.*, p. 78-80.

fossiles du terrain houiller et ceux du terrain triasique »[1]. Quant aux terrains inférieurs au « Groupe carbonifère » de De La Beche qui comprenait, avec le terrain houiller, le calcaire de montagne et surtout le Vieux Grès Rouge, à savoir le « Groupe de la Grauwacke » (dont le Vieux Grès Rouge n'était, peut-être que la partie supérieure) et un « Groupe fossilifère inférieur » qui serait établi pour des motifs de convenance, le peu de pages qui leur sont consacrées atteste qu'on ne les connaît que très mal. Pour De La Beche, on ne peut même pas dire que l'on ait atteint le niveau fossilifère de base, car « des animaux entièrement charnus peuvent avoir existé par millions, sans qu'il nous en soit parvenu la moindre trace »[2] (ce qui est exact : on en trouvera des vestiges au XXᵉ siècle). Le travail des troisième et quatrième décennies du siècle allait consister à éclaircir la stratigraphie de ce qui est, pour nous, l'Ere Primaire et d'en préciser les étages.

Murchison

Le Silurien

En réalité, ce travail avait déjà débuté au cours des années vingt : Adam Sedgwick, professeur à Cambridge, avait abordé l'étude des Monts Cambriens, dans le Pays de Galles, dont la région centrale lui paraît antérieure au Vieux Grès Rouge. Il y cherche les traces de soulèvements successifs en leur appliquant la méthode d'Elie de Beaumont et en 1833, il pense avoir observé une ligne dans la série descendante des formations au-delà de laquelle les fossiles disparaissent entièrement sans qu'il y ait altération métamorphique des dépôts sédimentaires. Il existerait donc une origine du monde vivant géologiquement déterminable, précédée par un ensemble puissant de formations sédimentaires dont l'étude n'est possible qu'à partir de leur seule identification minéralogique et en leur appliquant la règle de superposition. Cette découverte d'un niveau de base exclusivement paléontologique rendait définitivement caduque la séparation entre terrains de transition et terrains primitifs, géognostiquement de même nature. Sedgwick y voit, cependant, une raison de plus en faveur de la prépondérance du critère minéralogique sur le critère paléontologique, contrairement à son ami et collaborateur Murchison, gentleman spécialiste de la chasse au renard et devenu géologue (sous l'influence, semble-t-il, de sa femme qui avait épongé ses dettes) pour lequel l'identification des

1. J.J. d'Omalius d'Halloy, *Éléments de Géologie*, *op. cit.*, 2ᵉ partie, p. 354.
2. H.T. De La Beche, *Manuel géologique*, *op. cit.*, p. 568.

strates à partir de leur contenu fossilifère était déterminante. Cette conviction avait d'abord été confirmée par une étude qu'ils avaient faite ensemble en 1828 sur les mines de charbon de Brora (au Nord de l'Écosse): ils avaient observé qu'une faune pouvait être continue dans la durée, malgré les dislocations les plus considérables et changer entièrement de caractère à travers une série de terrains superposés de manière parfaitement concordante, sans la moindre interruption.

Entre 1831 et 1834, Murchison est passé à l'étude de la série de couches fossilifères formant le « Groupe de la Grauwacke », en suivant l'ordre descendant à partir du « Vieux Grès Rouge » au Pays de Galles, sur le territoire de l'ancienne tribu des Silures qui avait résisté glorieusement à l'envahisseur romain. Le point essentiel en est la description d'une série de quatre formations, reconnaissables par l'individualité de leur faune de Trilobites, leur structure pétrographique et leurs limites géographiques, qu'il désigne, d'après le nom des lieux où elles ont été identifiées, successivement de haut en bas comme Ludlow, Wenlock, Caradoc et Llandeilo. Elles forment ensemble le « Système Silurien », adopté très rapidement à travers toute l'Europe. Ces quatre formations ont été ensuite reconnues en Europe, en Amérique du Nord et aux îles Falkland (sur des roches rapportées par Darwin). La méthode adoptée se trouvait donc validée : « le contenu zoologique des roches, couplé avec leur ordre de superposition, forment les seuls critères valables de leur âge »[1]. Sedgwick, de son côté, avait poursuivi ses recherches dans les Monts Cambriens et, sans se soucier du contenu fossilifère, avait déterminé, d'après l'aspect des roches et la disposition tourmentée des strates, un dernier étage inférieur au Silurien, qu'il dénomme « Cambrien ». Silurien et Cambrien prennent la place du « Groupe de la Grauwacke » et du « Groupe fossilifère inférieur » qui disparaissent définitivement de la littérature géologique. Il ne restait donc plus qu'à classer les formations rocheuses comprises entre le Trias et les premières couches de houille, c'est-à-dire le « Pénéen », d'une part, et d'autre part, préciser le statut controversé du Vieux Grès Rouge, en se servant de la même méthode, pour obtenir une échelle stratigraphique complète.

La question du Dévonien

À commencer par le Vieux Grès Rouge : il s'agit d'une formation, désignée par son aspect minéralogique, que l'on trouve dans le sud de

1. R.I. Murchison, *The Silurian System*, Londres, J. Murray, 1839, p. 9.

l'Angleterre et en Écosse sous la forme de conglomérats variables, de couleur rouge sombre, dans lesquels les fragments de quartz occupent une place prédominante. Rattachée par De La Beche au Carbonifère, selon les lieux et les auteurs, elle était aussi censée prolonger ou bien le Nouveau Grès Rouge, placé au dessus des terrains houillers et du calcaire carbonifère c'est-à-dire dans le « Pénéen », ou bien la Grauwacke, roche caractéristique des terrains de transition. Le problème ainsi évoqué ne sera résolu qu'au prix d'un vaste détour dont le point de départ est la controverse sur la présence de couches d'anthracite dans les terrains intermédiaires, admise par l'École de Freiberg [1], mais récusée par Murchison qui n'en avait jamais trouvé la moindre trace dans les terrains du « Groupe de la Grauwacke » étudiés par lui. De La Beche avait signalé l'existence d'anthracite dans la Grauwacke au Nord du Comté de Devon, au Sud-ouest de l'Angleterre. La présence de couches charbonneuses impures (« Culm » dans le vocabulaire des mineurs) étant irrécusable, la question cruciale portait sur la véritable nature de cette Grauwacke. Cette question s'était compliquée d'une détermination erronée des terrains par Sedgwick et Murchison, qui, dans une communication de 1836, avaient placé une série « dévonienne », classée comme cambrienne supérieure, entre des couches cambriennes au Nord et une bande silurienne au Sud, suivie d'une cuvette carbonifère qui s'étendait jusqu'au centre du Comté. Pour que les séries les plus anciennes du Devon soient, malgré des apparences trompeuses, distinguées du Cambrien et rattachées au Vieux Grès Rouge, ce que Sedgwick trouvait ridicule, il a fallu que Murchison prenne conscience d'abord de la disposition conforme des couches qui, dans le nord du Devon allaient du Carbonifère au Silurien, et pense ensuite, qu'il devait y avoir dans les faunes et flores de ces couches une transition entre les deux systèmes au nom de sa conviction qu'il y avait un développement graduel du monde vivant, transition trouvée, par ailleurs, dans le Vieux Grès Rouge. La découverte dans le sud du Devon, de fossiles qui comblaient cette lacune et correspondaient à la faune du Vieux Grès Rouge, fournissait la solution cherchée. Il suffisait que ces résultats soient confirmés, élargis au reste de l'Angleterre et au continent européen, pour que la réalité d'un système Dévonien, compris entre les systèmes Silurien et Carbonifère soit reconnue en 1841, ce qui n'a pas été obtenu sans mal [2].

1. J.F. d'Aubuisson de Voisins, *Traité de Géognosie*, *op. cit.*, t. 2, p. 209-211.

2. M.J.S. Rudwick, *The Great Devonian Controversy*, Chicago-Londres, The University of Chicago Press, 1985, livre qui analyse en détail les moments de cette découverte et qui permet d'en comprendre les enjeux.

La question du Permien et l'achèvement de la série des terrains.

Il ne restait plus qu'à éclaircir le statut de ce terrain « Pénéen » qui englobait les formations comprises entre le Trias et le Carbonifère. Or, des formations de même aspect ont été retrouvées par Murchison dans le territoire de Perm, à proximité de l'Oural, au cours de son voyage en Russie avec De Verneuil, paléontologue français, et le comte Keyserling, grand seigneur amateur de sciences. Contrairement à ce qui pouvait être observé en Allemagne et en Angleterre, où il était difficile de retrouver les trois niveaux distingués péniblement par Omalius d'Halloy en Thuringe (Zechstein, Kupferschiefer et Todtliegende), on note ici un ensemble de couches en position concordante entre le Trias et le Carbonifère, et cet ensemble est caractérisé par un type unitaire de faune et de flore dans lesquelles on retrouve les amphibiens et poissons du Zechstein[1]. Il s'agit donc d'un système indépendant qui peut être désigné d'après le lieu où il a été reconnu : l'ancien royaume de Permia. Ce sera donc le « système Permien ». Ce nouveau système fait aussitôt l'objet de deux remarques : cette faune, qui lui est propre, a des caractères communs frappants avec celle du Carbonifère et des étages sous-jacents, dont elle est cependant distincte, d'une part, et d'autre part, on y constate la dégénérescence et la disparition de types auparavant florissants. La conclusion s'impose : avec le Permien, ce sont les terrains primaires de Hutton, c'est-à-dire l'ère Paléozoïque, qui se termine, et le Trias amorce l'ère Secondaire. La série complète des terrains est donc établie, et sa division en terrains Primaires, Secondaires et Tertiaires peut être assimilée, aux trois époques de l'histoire humaine : l'Antiquité, le Moyen Âge, et les Temps Modernes, dans ce que l'on désigne comme une histoire de la Terre[2].

De l'histoire comme développement

Pour Murchison et ses amis, c'est un triomphe, l'aboutissement d'un long travail qui se transforme en mutation dans le style du savoir. Voici ce qu'il en dit :

> Il y a quelques années seulement, lorsque nous étions incapables d'indiquer quels étaient les premiers animaux créés, ou les positions relativement exactes occupées par quelques unes des premières formations, nous étions

1. R.I. Murchison, E. de Verneuil, A. von Keyserling. *The Geology of Russia in Europe and the Ural Mountains*, vol. 1, *Geology*, Londres, J. Murray, 1845, chap. VIII, IX et X (le voyage a eu lieu en 1840 et 1841).

2. C. Prévost, « Terrain », dans *Dictionnaire universel d'Histoire Naturelle*, *op. cit.*, t. 12, p. 479.

> obligés de décrire la série en descendant, à partir des dépôts déjà analysés, d'où on avançait vers ceux d'une date antérieure ; mais maintenant, *puisque nous avons appris à déchiffrer les toutes premières lettres du long registre de la vie animale, nous passons au rang plus distingué d'historiens*, et nous démontrons *dans leur ordre naturel* les caractères organiques successifs qui apparaissent dans la légende rocheuse de la terre, depuis la première lueur de leur aube jusqu'à l'état actuel de la planète [1].

C'est l'affirmation, en 1845, de ce que Huot jugeait avec résignation être impossible en 1837, à savoir l'adoption de l'ordre de succession non plus des terrains, mais des faunes dont les terrains ne sont plus que l'écrin. Mais Huot n'avait en vue que les terrains :

> en commençant par les dépôts les plus anciens, on accordera aussi qu'il est indispensable d'être bien fixé sur le plus inférieur de ceux-ci ; or, *dans l'état actuel de la science*, il serait téméraire d'affirmer qu'on ne trouvera pas de dépôts plus anciens que ceux que l'on connaît; on s'exposerait donc, en procédant ainsi, à admettre comme un fait attesté ce qui n'est qu'une conjecture très fondée. Tandis qu'en suivant la marche opposée, c'est-à-dire en allant du connu à l'inconnu, on ne change rien à l'ordre de superposition, et l'on s'arrête seulement là où l'état de la science oblige à s'arrêter [2].

Du point de vue qui est le sien, Huot a indiscutablement raison : la ligne de base paléontologique de Sedgwick est illusoire, car, si l'« Eozoon canadense », que Dawson avait cru apercevoir à partir de structures rocheuses énigmatiques, n'était qu'un artefact, avant même le XXe siècle, on trouvera des fossiles précambriens indubitables. Néanmoins, Murchison traduit à sa manière la prise de conscience d'une mutation capitale : la stratigraphie ne peut plus être que paléontologique parce que la Terre révèle une histoire qui n'a jamais été la sienne mais celle des vivants. Cette histoire reste à interpréter.

Mais s'agit-il d'une histoire? Revenons-en à Murchison encore une fois. Les montagnes, censées provenir d'une dislocation de l'écorce terrestre attestent, dit-il [3], que les forces responsables de leur soulèvement ont été d'une intensité extraordinaire dans les époques anciennes, et sur ce point, il semble adhérer aux conceptions formulées par Elie de Beaumont. Cela ne signifie pas pour autant qu'il admette des destructions générales du

1. R.I. Murchison *et alii*, *The Geology of Russia*, *op. cit.*, p. 9 (je souligne).
2. J.J.N. Huot, *Nouveau cours élémentaire de Géologie*, Paris, Rout, 1837, t. 1, p. 300 (je souligne).
3. R.I. Murchison, *The Silurian system*, *op. cit.*, p. 569-578.

monde vivant. Il retient, au contraire, l'idée que la longévité des espèces est variable, telle qu'elle avait été formulée dès 1806 par Brocchi, paléontologue italien, et reprise en 1845, à l'occasion du voyage en Russie, par de Verneuil, avec cette remarque supplémentaire : les espèces qui traversent plusieurs systèmes de couches sont généralement répandues dans les contrées les plus éloignées[1]. Ce que l'on constate dans la succession des strates, il le comprend donc comme un développement continu et progressif de leur contenu zoologique[2], et c'est la raison pour laquelle il a besoin d'une origine. En effet, il est trivial de faire remarquer qu'une période de l'histoire humaine peut être étudiée sans se soucier de l'origine de l'homme, et rien ne s'oppose à ce qu'il en soit de même pour les époques géologiques; par contre, pour comprendre un développement progressif, comme celui d'un embryon, il faut pouvoir s'en représenter le mouvement en son ensemble, qui va d'une origine à un terme achevé, au moins provisoire, celui que représente l'espèce humaine dans le monde animal pour la quasi-totalité des naturalistes du temps. Ce développement suppose des « gradations presqu'imperceptibles » entre les espèces qui se succèdent, ce qui est incompatible avec le postulat de Déluges universels suivis de repopulation par nouvelles créations. Le terme, sous la plume de Murchison, évoque alors un transformisme implicite, sans statut théorique sérieux, issu du lamarckisme et, indirectement, de l'Échelle des êtres. Il n'est pas le seul à le partager dans sa propre communauté scientifique, et une frange du grand public semble disposée à l'adopter, comme le succès du livre de Chambers en a apporté la preuve.

Si, en raison de l'autorité lointaine de Cuvier, le recours au Déluge et les « Révolutions » ont réussi à marginaliser le transformisme inconsistant qui aurait pu se mettre en place, il n'y avait tout de même pas là de quoi répondre aux difficultés que la recherche sur le terrain avait à résoudre et de satisfaire longtemps aux exigences de la pensée scientifique qui voulait se débarrasser de toute espèce de métaphysique. Mais l'impossibilité de comprendre la nature du lien généalogique entre les espèces distinctes, quoique apparentées, laissait la porte ouverte à l'action directe du Créateur pour les esprits prédisposés, comme on a pu le constater. Si Murchison refuse de voir une relation entre la séparation des faunes et les « Révolutions » physiques de la surface de la Terre puisque des faunes différentes se succèdent à travers une série de strates parfaitement concordantes, comme il l'a observé en Russie, il reconnaît, néanmoins, que peu d'espèces passent

1. R.I. Murchison *et alii*, *The Geology of Russia*, *op. cit.*, t. 2, Avant-propos, p. VI-VII et XI.
2. R.I. Murchison, *The Silurian system*, *op. cit.*, p. 582-583.

d'une strate à l'autre. La notion de développement semble surtout s'appliquer à l'intérieur de chaque système géologique et de chaque type zoologique. On voit, par exemple, le type Spirifer (Brachiopode), aller du Silurien au Lias et disparaître sans retour. Le Développement progressif pourrait être encore celui d'un plan idéal. Dans l'Appendice au 2e volume de la *Geology of Russia*, on trouve plusieurs lettres d'Agassiz, lequel, consulté à propos des poissons fossiles dont il est le spécialiste mondialement reconnu, y réaffirme l'indépendance des Créations. Dans ce même volume, Alcide d'Orbigny a été chargé des invertébrés fossiles jurassiques et crétacés, également en raison de ses compétences : il est superflu de revenir sur ses partis-pris. Mais il n'est pas dit que Murchison les partage.

L'ACTUALISME

Pour la plupart des géologues, l'actualisme est la science elle-même. On a vu que cela ne suffisait pas à éliminer les « Révolutions » : les processus géologiques connus étaient censés rendre compte des catastrophes à la simple condition de leur attribuer une intensité exceptionnelle, et la validité des lois physiques paraissait respectée. Seules les Créations restaient absolument indigestes. La Géologie pouvait quand même se dire positive, car : « Les terrains, une fois bien connus, présentent autant de groupes de faits positifs ; et les rapports divers qui existent entre eux à la surface du globe sont les bases inébranlables de la philosophie géologique »[1]. Cette positivité va devenir celle des vingt- sept étages (vingt-huit avec l'étage actuel) parfaitement autonomes, définis à partir de leur contenu fossilifère et de leur situation dans l'ordre des superpositions, en lieu et place des terrains, par Alcide d'Orbigny, qui se considérait lui-même comme actualiste parce qu'il décrivait les périodes comprises entre deux révolutions comme analogues à la période actuelle. L'autonomie de ses étages est pourtant menacée moins par les « mélanges », entre espèces appartenant à des étages contigus, qu'il admet lui-même, que par les « passages » de certaines espèces d'un étage à l'autre, signalés de plus en plus souvent par des paléontologues hostiles à une multiplication excessive des distinctions spécifiques qui servirait à sauvegarder l'imperméabilité entre ces mêmes étages. Reste à savoir si cette positivité des terrains, puis des étages, est elle-même bien positive.

1. F.S. Beudant, *Voyage minéralogique et géologique en Hongrie*, *op. cit.*, t. 3, p. 15.

Si les terrains ou les étages doivent être séparés par des « Révolutions » subites et générales qui impliquent nécessairement des « Créations », c'est vouloir faire passer la répétition d'événements miraculeux pour une donnée scientifique. Un actualisme qui prétend que, seul et ainsi isolé, « chaque étage représente une époque comme la nôtre » [1], est donc inconséquent : il n'y a aucune raison de traiter les transitions autrement que les autres moments caractéristiques des époques successives. Il s'ensuit que les limites entre terrains, et la notion même de terrain, doivent être remises en question. C'est ce qui se passe avec Constant Prévost auquel Alcide d'Orbigny attribue le mérite d'avoir eu, le premier, « l'heureuse pensée de recourir aux causes agissant maintenant, pour expliquer la formation des couches terrestres » [2].

L'actualisme rétrograde

Actualisme et Histoire

Constant Prévost (1787-1856) définit les terrains, dans un texte de 1848 [3], comme des sections chronologiques du « Sol », terme qui désigne l'épaisseur de la Terre accessible aux investigations directes des géologues. Dans cette épaisseur, il faut distinguer « le Sol primitif », issu du refroidissement de la matière liquéfiée incandescente de la Terre, et le « Sol de remblai », constitué de dépôts de formation ultérieure, soit volcanique, soit sédimentaire. Ce dernier seul « se compose d'étages ou de groupes chronologiques, c'est-à-dire de Terrains », et chacun d'eux sert de cadre à un ensemble de formations diverses selon les lieux. Il en va ici de la Géologie comme de l'Histoire : « de même que l'histoire d'un peuple n'est pas identique à celle d'un autre peuple pendant une même période, de même la composition, la structure du Sol formé dans une même période, présente des différences locales plus ou moins grandes qui deviennent un obstacle pour établir une classification qui convienne également au Sol de toutes les contrées ». Il n'y a donc de réel que le Sol : la série des terrains n'est que locale ou arbitraire. Si Prévost accepte la division du Sol en Terrains Primaires, Secondaires et Tertiaires au nom de la même métaphore historique qui admet trois périodes, Antiquité, Moyen Âge et Temps

1. Alcide d'Orbigny, *Cours élémentaire de Géologie et de Paléontologie stratigraphiques*, *op. cit.*, t. 2, p. 703.

2. *Ibid.*, t. 1, p. 71.

3. C. Prévost, « Terrain », dans *Dictionnaire universel d'Histoire naturelle*, *op. cit.*, t. 12, p. 477-479.

Modernes, c'est pour souligner que leurs lignes de séparation peuvent varier géographiquement : le Moyen Âge, en Chine, ne correspond pas à la même période en Europe.

Cet actualisme, ruineux pour les Formations universelles de Werner et la subdivision des Formations secondaires en terrains ou étages identifiables sur tous les continents, autrement dit, pour la Géognosie, comme pour la Stratigraphie qui en a dérivé, s'inscrit dans toute la carrière scientifique de Constant Prévost. En 1809, encore étudiant, il avait mis en question le caractère lacustre du gypse de Montmartre : cette formation se divisait en trois masses mais entre celles-ci, il n'y avait pas de limites tranchées, si bien que le gypse pouvait provenir d'une solution marine[1]. En 1821, de manière décisive, il découvre des « mélanges » de coquilles marines et fluviatiles qui rendent difficile l'utilisation des fossiles pour déterminer la chronologie relative des couches[2]. Les alternances fluvio-marines peuvent elles-mêmes être expliquées par des circonstances locales analogues à ce qu'il est possible d'observer actuellement au débouché des fleuves : pour le Bassin Parisien, il suffit d'imaginer ce qui se passerait si le fond de la Manche était à sec : on y observerait des dépôts variables au niveau de l'estuaire de la Seine en rapport avec la succession de périodes sèches, avec sédimentation marine, et périodes pluvieuses marquées par la prédominance des apports continentaux et d'eau douce[3]. Ainsi, des recherches sur les estuaires et les fonds océaniques mettraient en évidence des phénomènes semblables à ceux qui ont donné les continents[4].

Actualisme et théologie

Cette argumentation assimilait des phénomènes incompatibles : l'épaisseur des couches fossilifères des Terrains tertiaires était sans commune mesure plus importante que celle qui pouvait être due aux variations de la pluviométrie et exigeait des durées incomparables. Elle mettait néanmoins en évidence la possibilité d'interpréter les variations

1. C. Prévost, *Sur des empreintes de corps marins trouvés à Montmartre*, dans *Document pour l'Histoire des Terrains Tertiaires*, s.d., p. 129-138. Voir aussi G. Gohau, *Les Sciences de la Terre*, *op. cit.*, p. 320.

2. C. Prévost, *Sur un nouvel exemple de la réunion de coquilles marines et de coquilles fluviatiles fossiles dans les mêmes couches* (1821), et *Observation sur les grès coquilliers de Beau-Champ* (1821), dans *Documents*, *op. cit.*, p. 149-186.

3. C. Prévost, *Essai sur la formation des terrains des environs de Paris*, dans *Documents*, *op. cit.*, p. 93-123.

4. C. Prévost, *Les continents actuels ont-ils été, à plusieurs reprises, submergés par la mer ?*, dans *Documents*, *op. cit.*, p. 44-49.

entre les terrains sans faire intervenir de « Révolutions », et soulignait l'importance des circonstances géographiques locales. Mais c'était au prix d'un écrasement du temps[1], qui relevait d'une mythologie aussi lourde que les « Révolutions ». Constant Prévost et Henri Ducrotay de Blainville qui a été le successeur de Cuvier au Muséum d'Histoire Naturelle, étaient liés d'amitié depuis leurs études communes dans les sciences de la nature, au terme desquelles ils se sont opposés à Cuvier. Contre Cuvier qui avait divisé le Règne animal en quatre embranchements distincts, de Blainville avait maintenu la classification zoologique dans le cadre de la série animale, dont les lacunes actuelles marquaient la place où devaient s'insérer les espèces fossiles à mesure de leur découverte. Cette série était donc imaginée comme complète à l'origine. Flourens, secrétaire perpétuel de l'Académie des Sciences, ne s'y est pas trompé dans un de ses articles parus après 1850 : « M. de Blainville prend exactement le contre-pied de ce que pensait Cuvier. Il soutient d'abord que les êtres forment une échelle, une ligne, et il soutient ensuite que leur apparition sur le globe a été simultanée »[2]. Il s'agit, bien évidemment, de l'« échelle graduée des êtres »[3], passée, on le sait, de la philosophie grecque à la théologie chrétienne au cours de l'Antiquité tardive, depuis Philon d'Alexandrie et son interprétation platonicienne de l'Échelle angélique du rêve de Jacob, jusqu'aux hiérarchies célestes du pseudo Denys l'Aréopagite, échelle issue de la Création unique en six jours du chapitre premier de la *Genèse* biblique.

Or, pour de Blainville, ces deux thèmes relèvent de la science telle qu'il l'enseigne :

> C'est ce que j'ai fait dans mon cours sur l'existence de la série animale. Je l'ai démontrée *a priori* par l'assentiment des trois seules philosophies possibles : le matérialisme ou monadisme, le panthéisme, le déisme ; par la nature de l'homme, par la nature de Dieu ; mais je l'ai démontrée *a posteriori* par une étude approfondie des espèces animales ; dès lors j'ai dû dire, comme conséquence scientifique, que les espèces ont été créées à la fois, qu'elles ont été créées adultes ; c'est une vérité scientifique démontrée comme conséquence de prémisses indubitables et non comme articles de foi[4].

1. B. Balan, *L'ordre et le temps*, *op. cit.*, p. 376-380.

2. P. Nicard, *Étude sur la vie et les travaux de M. de Blainville*, dans H.M. Ducrotay de Blainville, *Ostéographie*, Paris, Baillère, 1839-1864, t. 1, p. CLXXIX.

3. *Ibid.*, p. CLXXXVI.

4. *Ibid.*, p. CXXII.

Suit, dans cette réponse à Constant Prévost, une profession de foi de catholicisme. De son point de vue, science et religion sont deux démarches indépendantes, mais qui convergent vers un même but, « la sagesse ». Constant Prévost lui avait écrit pour l'avertir du danger qu'il y avait à vouloir enchainer la science à la religion, mais il admettait quand même que la série animale et sa création en une seule fois relevaient de la démonstration scientifique, et ceci, en s'appuyant sur des raisons théologiques, « car Dieu, qui est infiniment intelligent et puissant, n'aurait pu créer un ouvrage imparfait »[1]. Il est clair que l'un et l'autre, à un degré différent, n'entendaient pas par science ce que nous entendons aujourd'hui par ce terme, mais y incorporaient la suite logique de conceptions mythiques et religieuses considérées comme évidentes par beaucoup dans le contexte culturel du temps. Dans le domaine des sciences de la vie et de la terre, ils étaient loin d'être les seuls : lorsque Laurillard, disciple de Cuvier, répond à ceux qui objectaient à l'idée de créations successives son incompatibilité avec la perfection de Dieu dont ne peut provenir que du définitif, il avance que c'est Dieu qui s'est imposé à lui-même les conséquences des principes qu'il a établis[2]. L'inscription dans un texte scientifique d'une controverse théologique de ce style ne peut constituer qu'une entrave à la recherche d'une interprétation correcte des données de la Paléontologie stratigraphique et elle contribue à en esquiver les difficultés : il est vrai que les formations ne peuvent être que locales et que, pourtant, les étages se distinguent sur toute la surface de la terre et représentent des périodes comparables à la période actuelle. Ces deux évidences devront être coordonnées.

La leçon de l'actualisme tel que Constant Prévost le conçoit, a été tirée par l'abbé Maupied, élève de Blainville, dont il a déjà été question[3]. Il prétendait prouver que l'influence du christianisme avait contribué puissamment aux progrès des sciences. Puisque la création simultanée des espèces qui formaient la série animale, y compris l'espèce humaine, était admise scientifiquement, et que cela impliquait leur contemporanéité, au point que des restes humains pouvaient se trouver parmi ceux d'espèces disparues comme on l'avait constaté, par exemple dans les cavernes, rien ne s'opposait à ce que certaines formations, jugées préhistoriques, ne soient, de fait, historiques. Rien ne s'opposait, non plus, à ce que des

1. P. Nicard, *Étude sur la vie et les travaux de M. de Blainville*, *op. cit.*, p. CXX.

2. C.L. Laurillard, « Palaeontologie », dans *Dictionnaire universel d'Histoire Naturelle*, *op. cit.*, t. 9, p. 405-406.

3. Cf. *supra*, chap. III, p. 110.

Terrains soient postérieurs au Déluge de Moïse, après lequel le peuplement de la Terre, tant humain qu'animal, se serait réalisé par migrations, ni à ce qu'il y ait eu des extinctions d'espèces comme celle du Dodo de l'île Maurice. Les géologues n'ont donc pas besoin de plus de temps que ce qui leur est fourni par la chronologie mosaïque et, pendant cette durée, comprise entre la Création et nos jours, les modifications de la surface terrestre qu'ils ont à décrire sont des ruines et des décompositions, marques du temps sur un monde parfait à l'origine, mais dans lequel le mal et la mort ont été introduits par le péché de l'Homme[1]. La Géologie « positive » s'appuie sur l'Échelle des Êtres pour vérifier l'Écriture.

L'actualisme progressionniste

Expansion du temps et diversité spatiale

Charles Lyell avait déjà entrepris en 1830 de démontrer que la Géologie se distingue aussi largement de la Cosmogonie que les spéculations sur l'origine de l'homme diffèrent de l'histoire[2]. En cela, il se plaçait dans une perspective qui était déjà celle de Hutton à la fin du siècle précédent, car contrairement à la plupart de ses contemporains, la Géologie était, pour Hutton, étrangère « aux questions sur l'origine des choses »[3], puisque, comme on le sait, il n'était pas possible de trouver, d'après lui, ni les traces d'un commencement, ni la perspective d'une fin, c'est-à-dire, des limites temporelles, même élargies. Or, si Cuvier, en 1812, prétendait qu'il y aurait « quelque gloire, pour l'homme, à savoir franchir les limites du temps », il semble que, pour la plupart des géologues qui ont suivi, ce bond restait très modéré, puisque cinquante ans plus tard, Lyell pouvait laisser imprimer qu'ils ont « toujours été portés à représenter la Nature comme ayant été aussi prodigue de violence qu'avare de temps »[4], ne serait-ce que pour rendre compte de ces grands phénomènes que sont l'élévation des montagnes, le creusement des vallées et la superposition des couches de la terre sur d'énormes hauteurs. Lyell, par contre, représentait un autre courant actualiste que celui de Prévost. Pour lui, il était question, non pas de ruiner la succession des terrains et d'ouvrir la porte à un écrasement du

1. F.L.M. Maupied, *Dieu, l'Homme et le Monde. Cours de Physique sacrée et de Cosmogonie mosaïque*, Paris, Leroux et Jouby, 1851, t. 3, p. 224.

2. Ch. Lyell, *Principles of Geology*, Londres, J. Murray, 1830, t. 1, p. 4.

3. Ch. Lyell, *Principes de Géologie* (1866), trad. fr. Ginestou, Paris, Garnier, s.d., t. 1, p. 94.

4. *Ibid.*, t. 1, p. 151.

temps, voire à la Cosmogonie biblique, mais, au contraire, de valider cette succession en se donnant le temps qu'il fallait pour en rendre compte à partir des causes physiques dont le jeu est actuellement connu sur la surface de la Terre, les seules admissibles dans l'optique d'une Géologie réellement positive. En effet, pour l'homme, d'après Cuvier, la gloire de savoir franchir les limites du temps était celle de « refaire l'histoire des milliers de siècles qui ont précédé son existence », mais, nous dit Lyell, si nous comptons en milliers d'années « là où le langage de la Nature en exprime des millions », cette sous-évaluation a pour conséquence logique l'intervention de « Révolutions », de la même façon que, « s'il était avéré que la grande pyramide a été élevée en un seul jour, on ne manquerait pas d'en attribuer l'érection à quelque puissance surhumaine »[1], autrement dit, surnaturelle ou mythique, qui n'a pas plus sa raison d'être en Géologie qu'en Histoire.

Avec la liquidation des catastrophes, c'est le statut des terrains, formations, ou étages qui se trouve remis en question. L'absence de ces lignes de séparation partout infranchissables entre les étages censées provenir des « Révolutions subites », fait de la distinction des terrains successifs une question paléogéographique, qui fait intervenir tout ce qui a pu se passer à la surface de la Terre au cours de chaque époque. La transformation des faunes, qui marque désormais le passage d'un étage à l'autre, ne peut être comprise qu'à partir de leurs conditions d'existence, et, en particulier, du climat, puisqu'actuellement on sait que les diverses provinces zoologiques et botaniques qui divisent la surface de la Terre correspondent à des zones climatiques, allant de l'équatorial au glaciaire. Or, le climat lui-même dépend, on le sait, à la fois de la chaleur et de la situation géographique des territoires concernés, c'est-à-dire des reliefs et de la position respective des terres et des mers, y compris des divers courants atmosphériques ou marins qui les parcourent. Or, si, depuis Leibniz et Buffon, le problème de la chaleur était commandé par la théorie du refroidissement du globe, la reconnaissance de glaciations permiennes et dévoniennes[2], d'une part, et d'autre part, les données acquises[3] de l'astronomie et de la géophysique, ont permis à Lyell de mettre en doute, sinon de récuser, un tel refroidissement. Il faut donc admettre que les variations passées du climat étaient de même nature que les différences déterminées aujourd'hui par la seule géographie terrestre.

1. Ch. Lyell, *Principes de Géologie*, *op. cit.*, t. 1, p. 121.
2. *Ibid.*, t. 1, p. 291-293 et 301-302.
3. *Ibid.*, t. 1. p. 398-399 et t. 2, p. 273-274 et 291.

Il en résulte que l'explication des différences dans les faunes caractéristiques des étages ne pouvait relever que des modifications dans la disposition des continents, opérées par les mouvements verticaux de soulèvements et d'affaissements, complétés par les phénomènes d'érosion, qui ont déplacé, au cours des périodes géologiques, la situation des rivages, des plaines, des collines et des montagnes, et ceci, en raison de leurs conséquences écologiques. C'est pourquoi le problème du synchronisme des faunes prend le relai de celui du synchronisme des formations qui avait été résolu, on l'a vu, par la substitution du critère paléontologique au critère minéralogique pour l'identification des terrains ou étages lorsqu'on avait découvert que les mêmes roches pouvaient appartenir à des terrains d'époques très éloignées. Ce sont, à présent, des faunes très différentes, par exemple tropicale et tempérée, qui se rencontrent en des points éloignés du globe, mais qui peuvent avoir vécu à la même période, et appartenir au même étage, tandis que des faunes restées identiques peuvent se retrouver, dans des couches d'âge distinct, et ce qui vaut pour les faunes vaut aussi pour les fossiles caractéristiques: une Goniatite, par exemple, jugée dévonienne a été découverte au niveau silurien au cours des progrès de la Géologie[1].

Le point de vue paléogéographique

Puisqu'il n'y a plus de Révolutions, c'est-à-dire de clivage universel entre les étages superposés correspondant aux époques successives, il va donc falloir tenir compte de l'espace géographique pour intégrer dans une même perspective les connaissances acquises au cours du siècle sur tous les continents. Il ne suffit donc plus d'extrapoler de ce qui a été noté en Europe et aux alentours, autrement dit sur un territoire limité, pour décrire l'ensemble du devenir terrestre. Puisque la diversité des lieux, en rapport avec des événements particuliers (variations du relief, transgressions marines, changements de climat, modifications des faunes particulières, etc.), est la source de chronologies distinctes, dont la correspondance est difficile à établir, cela rend problématique la constitution d'une chronologie générale. C'est ce que Herbert Spencer, philosophe représentatif de la pensée anglo-saxonne de la seconde moitié du siècle, notait en 1859. Le critère paléontologique se heurte finalement à la même difficulté que le critère minéralogique. En pratique, d'après Spencer, l'antagonisme

1. H. Spencer, *Illogical Geology* (1859), dans *Essays: Scientific, Political, and Speculative*, London, Williams and Norgate, 1883, vol. 1, p. 345.

entre la méthode actualiste, sous tendue par la constance des conditions de la surface de la terre à travers le temps, et le thème d'une superposition des strates, censées envelopper la Terre entière à la manière des pelures d'un oignon ou des anneaux de croissance d'un arbre, restait le plus souvent méconnu, y compris par Lyell, le promoteur de cette méthode actualiste, et qui admet pourtant l'universalité de « systèmes géologiques » dont les séparations seraient partout contemporaines [1]. Pour Spencer, il n'existe pas de critère sûr qui permette d'assigner à la même époque deux étages situés dans deux régions éloignées, pas même celui d'une identité de « faciès » [2], terme qui désigne (d'après Gressly, qui l'a introduit dans le vocabulaire de la Géologie) des particularités constantes dans la constitution pétrographique aussi bien que dans les caractères paléontologiques de chaque terrain, considéré dans sa dimension horizontale [3]. L'identité de systèmes Silurien, Dévonien, Carbonifère, etc., chacun correspondant à une même époque pour toute la surface de la Terre, représenterait ainsi une « idole », au sens baconien du terme, c'est-à-dire, une illusion, à laquelle les géologues sacrifieraient inconsciemment en explorant des régions inconnues.

Si pertinente que soit cette argumentation dont le principe est la particularité des événements successifs qui ont marqué chaque région de la surface de la Terre et ses habitants, ce qui ne va pas sans nous rappeler Constant Prévost, ce sont les fossiles qui vont permettre à Lyell de justifier la possibilité d'établir une chronologie universelle à partir d'une méthode strictement actualiste. Dans un bassin aussi vaste que celui de la Méditerranée, s'il existe des espèces très locales, un grand nombre d'autres se rencontrent dans son ensemble. De plus, lorsque nous avons affaire à deux bassins totalement distincts par leurs fossiles *marins*, comme la Méditerranée et la mer Rouge, il sera encore possible d'établir leur contemporanéité à partir des fossiles *terrestres* entrainés dans l'une et l'autre mer par les rivières en provenance de la zone émergée qui les sépare. Ce sera encore plus vrai des terres séparées par un océan : leurs fossiles propres se retrouveront mêlés dans les estuaires aux fossiles marins de ce même océan intermédiaire [4]. Il est donc possible d'établir un *Tableau synoptique des couches fossilifères*, dans lequel les groupes établis à partir de l'Europe ont leurs correspondants approximatifs sur tous les continents [5] malgré la

1. H. Spencer, *Illogical Geology*, *op. cit.*, p. 342-343.
2. *Ibid.*, p. 349.
3. Gressly, cité dans E. Haug, *Traité de Géologie*, *op. cit.*, t. 1, p. 145.
4. Ch. Lyell, *Éléments de Géologie* (1864), trad. fr. Ginestou, t. 1, p. 152-158.
5. *Ibid.*, p. 164-171.

variété des conditions locales, sans faire intervenir de « Révolutions », ni s'évertuer, comme d'Orbigny, à voir des espèces dans de simples variétés lorsqu'elles se trouvaient dans des étages distincts, car, « cette doctrine d'une distinction absolue des espèces dans les formations qui se suivent dans l'ordre de succession, mériterait à peine d'être mentionnée aujourd'hui »[1]. Ce *Tableau* nous met aussi en présence d'un développement continu du monde vivant.

La Stratigraphie, cadre de l'Évolution des êtres vivants

Spencer reconnaît que deux grandes lacunes dans le registre paléontologique entre les ères Primaire et Secondaire, puis les ères Secondaire et Tertiaire, ont été admises, à juste titre, par de nombreux géologues et ont été objectées à la théorie du Développement par Hugh Miller, théologien et géologue contemporain. Mais d'après lui, il n'y aurait là que deux cas extrêmes de ruptures mineures dans la série des formes organiques, liées à des changements de climat dus, soit à des phénomènes astronomiques cycliques, soit au changement périodique de la position géographique des terres et des mers. Au cours de ces moments qui, loin d'être instantanés et catastrophiques, peuvent prendre des milliers d'années, les espèces disparues sont réapparues sous forme de nouvelles variétés ou espèces. En supposant la continuité de la vie sur terre, il peut donc y avoir des lacunes dans la série fossile et la théorie de l'Évolution n'est pas disqualifiée pour autant[2]. À cela, s'ajoutent toutes les raisons géologiques mentionnées par Darwin[3] qui rendent imparfait le registre paléontologique. Il s'ensuit que la théorie de l'Évolution, assimilée à celle du Développement progressif, est admise par Lyell dans un contexte actualiste qui postule l'uniformité des conditions physiques du globe depuis l'origine du monde vivant[4]. Sur une Terre qui ne se refroidit plus[5], il n'y a pas de « progression » dans la succession des couches minérales comme on l'avait imaginé du temps de Schelling et le « développement » concerne exclusivement le monde vivant et ce qui s'y passe. Si les variations du climat ne sont plus que régionales et transitoires sur de longues durées, elles modifient les conditions locales d'existence des êtres vivants dans les territoires concernés, et cela provoque des disparitions, des migrations, et des expan-

1. Ch. Lyell, *Éléments de Géologie* (1864), *op. cit.*, p. 345-347.
2. H. Spencer, *Illogical Geology*, *op. cit.*, p. 358-365.
3. C. Darwin, *On the Origin of Species*, Londres, J. Murray, 1859, chap. 9.
4. Ch. Lyell, *Principes de Géologie* (1866), trad. cit., t. 1, chap. 9.
5. *Ibid.*, t. 2, p. 271-274.

sions selon le potentiel adaptatif des espèces, y compris leur aptitude à se transformer[1]. Puisque il est reconnu que les espèces disparues ne réapparaissent jamais, cela suffit pour que l'on puisse concevoir une dérive temporelle irréversible et globale du monde vivant allant des origines à nos jours, dont le contenu paléontologique des étages successifs, quel que soit le lieu où on l'observe, ne représente qu'un témoignage lacunaire, mais probant. Mais cela ne signifie pas que cette dérive, trop vague, permette, sans plus, d'établir la contemporanéité entre les étages de deux régions distinctes par leur situation géographique, et si, par ailleurs, cette dérive est jugée progressive, c'est encore en raison d'un anthropocentrisme d'origine mythique qui fait de l'Homme le but de la Création.

Une chronologie générale est pourtant supposée par toute tentative de *Tableau synoptique des terrains*. En présence de la difficulté liée à cette exigence, Louis de Launay propose simplement de traiter toute série chronologique comme conventionnelle et provisoire, en s'appuyant sur les régions où les divisions temporelles sont le mieux établies[2]. Le problème d'une mesure absolue du temps géologique, valable pour toute la surface de la Terre, permettant de dater les systèmes et les étages, et d'évaluer la durée des périodes correspondantes, ne sera définitivement résolu qu'au début du XXe siècle et à partir d'un tout autre horizon : par les conséquences de la découverte de la radioactivité, utilisées par Holmes, en 1913, pour évaluer l'âge absolu des roches. La Stratigraphie se trouve alors vidée de ce travail qui lui était devenu central, à savoir l'unification de l'âge relatif des étages à partir de concordances établies pas à pas, conformément à ce que Lyell avait proposé. Au-delà de l'approche mythique et du traitement empirique des chronologies, la solution de la question du temps terrestre se révèle donc au niveau d'une Physique qui n'est plus spéculative, comme on en avait déjà connues, par exemple avec Lord Kelvin, qui avait prétendu évaluer le temps de la Terre en fonction de son refroidissement, mais, cette fois, étayée sur des données expérimentales précises et indiscutables.

La Géologie historique

En 1885, pour Albert de Lapparent, la « Géologie proprement dite » se confond avec la Géognosie, « c'est-à-dire l'étude des formations de

1. Ch. Lyell, *Éléments de Géologie* (1866), *op. cit.*, t. 1, p. 407-412.
2. L. de Launay, *La science géologique*, *op. cit.*, p. 214-217.

diverses natures, à l'aide desquelles nous pouvons entreprendre de reconstituer par induction la série des phénomènes du passé »[1], c'est-à-dire, ce que tout le monde désigne depuis longtemps comme l'histoire de la Terre. En 1927, Émile Haug dira encore à peu près la même chose. Si l'étude de la Terre peut être entreprise de points de vue très divers, descriptif avec l'étude des éléments, de la structure et des formes de la surface du globe et dynamique lorsqu'il s'agit des forces et des phénomènes qui en rendent raison, il consacre à ces deux premières dimensions de la Géologie la première partie de son Traité, réduite à un seul volume. Par contre, la Géologie historique, qui représente un troisième point de vue, comporte à elle seule trois volumes. La Géologie est devenue historique, nous dit-il, lorsqu'elle s'est donné pour but de retracer « l'histoire des transformations successives qu'a subi le globe terrestre au cours de son évolution »[2], et en même temps elle s'est identifiée à la Stratigraphie, parce que c'est l'analyse des strates qui a permis « la reconstitution de l'état physique du globe à chaque période de son histoire »[3]. Mais, si Émile Haug n'ose plus écrire que la Stratigraphie, héritière de la vieille Géognosie cultivée par l'École de Freiberg, est la « Géologie proprement dite », il est clair que la Géologie historique, avec laquelle elle se confond, représente pour lui la perspective centrale vis-à-vis de laquelle les autres sciences de la Terre ne servent que d'introduction. Cette perspective est celle-là même qui faisait des soulèvements successifs des chaines de montagnes, compris comme la cause des « Révolutions subites », la justification d'une succession de terrains censés représenter chacun une époque distincte dans l'histoire de la Terre et de ses habitants, chez Elie de Beaumont. Que cette histoire soit devenue celle des êtres vivants, et que les étages successifs, dans leur matérialité, en révèlent surtout les épisodes par lesquels ils reçoivent un sens, cela ne change rien à l'affaire. Il s'agit essentiellement de décrire et de classer les périodes de l'histoire de la Terre dans la dimension du temps comme les naturalistes ont décrit et classé les espèces zoologiques et botaniques en tenant compte de leur distribution géographique. Pour que la Géologie dépasse le plan de l'Histoire Naturelle dans lequel elle se situe, il faut que les rapports entre la *Géognosie* et la *Géogénie*, c'est-à-dire, *la Physique du globe*, puissent s'inverser. Ce sont les montagnes qui finiront par imposer cette inversion, parce que les conditions de leur formation

1. A. de Lapparent, *Traité de Géologie*, *op. cit.*, t. 1, p. 29.
2. E. Haug, *Traité de Géologie*, *op. cit.*, t. 1, p. 2.
3. *Ibid.*

relèvent de la Physique du globe. C'est la Tectonique qui devient alors la Géologie proprement dite, au service de laquelle la Stratigraphie élabore l'échelle chronologique dont elle a besoin pour définir l'ordre des processus qui ont pu intervenir dans les déformations que les terrains offrent aux observateurs.

Illustration 19
Eduard Suess (1831-1914)

CHAPITRE V

LES PLISSEMENTS

Si la Géognosie, devenue Stratigraphie et Géologie historique, domine toujours les sciences de la Terre en cette fin du XIXe siècle, l'amorce d'une inversion de ses rapports avec une Géogénie qui, de mythique, fantastique et spéculative, est devenue une Tectonique ou Géologie dynamique, centrée sur les mouvements dont témoigne la structure actuelle de la surface du globe et sur les forces dont ils sont les manifestations, est attestée par Louis de Launay, ingénieur en chef des Mines et professeur à l'École des Mines. De par sa formation et ses fonctions, ce dernier peut être présumé au contact des principaux courants de la Géologie de son temps, au moins en France, et d'autant plus fiable qu'il admet le thème traditionnel du refroidissement de la Terre et se déclare catastrophiste en diverses occasions. S'il reconnaît une mutation, on ne peut pas le soupçonner de l'avoir inventée. Ainsi, la Stratigraphie, d'après lui, reconstitue bien l'ordre de succession primitif des terrains sédimentaires, et cela passe par des méthodes qui méritent la prise en considération, en tant qu'elles fournissent aux géologues des moyens de progresser d'avantage[1], mais ce à quoi elle a pu parvenir n'est pas mentionné par lui parmi les résultats de la science géologique. Au contraire, nous dit-il :

> Toutes les régions de la Terre, probablement sans exception, ont subi des mouvements dynamiques et c'est à ce dynamisme que se rattachent, d'abord les manifestations ignées d'origine interne, puis les érosions et les sédimentations superficielles. Il est donc impossible de comprendre un phénomène géologique, si on ne lui restitue sa place réelle dans la Tectonique[2].

1. L. de Launay, *La Science géologique*, *op. cit.*, p. 180 et 349.
2. *Ibid.*, p. 351-352.

Ce sont donc les résultats de la Tectonique auxquels il donne la priorité en Géologie. Les résultats de la Stratigraphie se retrouvent confondus avec ceux de la Paléogéographie.

Le terme de *Tectonique* est récent. Son apparition semble avoir été précédée par l'expression « Géologie architectonique », science qui étudie l'architecture de la Terre[1]. Eduard Suess l'a employé en 1875 dans son *Mémoire* sur la formation des Alpes pour désigner des similitudes structurales entre zones montagneuses distinctes[2]. Émile Haug, en 1927, voit encore, sous le nom d'*Architectonique* ou de *Tectonique*, la science qui s'occupe de la structure de l'écorce terrestre[3]. Au sens le plus large, ce serait « la science qui étudie les dislocations de l'écorce terrestre », mais, d'après Louis de Launay, la Tectonique *moderne*, qui, en 1905, n'avait « guère plus qu'un quart de siècle »[4], se comprend moins comme structurale que mécanique, c'est-à-dire concernée plus par les mouvements de l'écorce terrestre et par les énergies qui en sont responsables, que par les dispositions relatives des diverses roches, tant massives que stratifiées qui en résultent. Ainsi, « elle s'est reconstituée sur une base toute nouvelle en partant de l'étude des saillies montagneuses actuelles pour en étendre les conclusions aux saillies montagneuses anciennes », et elle est « devenue le fondement naturel de toutes les sciences géologiques »[5]. Mais surtout, elle est moderne parce qu'elle introduit les lignes courbes dans un domaine où la géométrie régnante était celle des lignes droites. Les courbes des chaines de montagnes, lisibles sur les cartes géographiques ou géologiques et surtout les plissements des couches rocheuses, observables au flanc des falaises, vont se situer désormais en position centrale dans la recherche géologique.

Les plissements méconnus

Elie de Beaumont

Avant 1880, au contraire, les déformations terrestres, et, en particulier, les chaines de montagnes, étaient traitées, pour l'essentiel, comme rectilignes. On se souvient que, pour Elie de Beaumont, les montagnes étaient

1. C.H. Credner, *Traité de Géologie et de Paléontologie*, trad. fr. Paris, Savy, 1879, p. 301.
2. E. Suess, *Die Entstehung der Alpen*, Vienne, W. Braumüller, 1875, p. 34, p. 132.
3. E. Haug, *Traité de Géologie*, *op. cit.*, t. 1, p. 1.
4. L. de Launay, *La Science géologique*, *op. cit.*, p. 354.
5. *Ibid.*, p. 229.

nécessairement de direction rectiligne pour pouvoir être référées géométriquement à un grand cercle de la surface terrestre le long duquel on retrouve les traces d'accidents équivalents, parce qu'elles sont censées représenter des rides de contraction dues au refroidissement du globe. Louis de Launay signale qu'à la même époque des courbes aussi manifestes que celles des Alpes occidentales, des Carpathes, du Harz et du Plateau Central s'expliquaient péniblement par des conflits de directions rectilignes; il se plaint même qu'en 1888 Marcel Bertrand, connu pour avoir découvert les nappes de charriage dans les Alpes, « se croyait obligé de discuter l'idée de chaines nécessairement rectilignes, qui avait été regardée si longtemps comme un principe absolu »[1]. Ce n'était que l'indice d'une persistance du point de vue illustré par cette remarque faite par Elie de Beaumont à propos des lignes de crête du Jura: « On a souvent dit qu'elles s'infléchissent, parce qu'on n'a pas cherché ou qu'on n'a pas su trouver leurs prolongations rectilignes »[2]. Il fallait que ces prolongations soient rectilignes pour répondre au type des soulèvements qu'il avait imaginés : une contraction se traduisant par des « intumescences allongées » suivant un grand cercle de la surface terrestre. La doctrine commande la manière selon laquelle les choses doivent être vues: c'est toujours du cartésianisme à l'état pur.

Les montagnes et les strates

Il en va de même des plissements. Dans le résumé des *Recherches* de 1829, publié en 1833 dans le *Manuel géologique* de Henry de la Beche par Elie de Beaumont, le lecteur cherche en vain le terme de plissement. Il est question d'une série d'*ondulations* des couches jurassiques qui vont de la Côte d'Or au Jura, de *contorsions* des couches carbonifères, *de plis*, synonymes de lignes de fractures et même de *couches tourmentées*, et c'est à peu près tout, alors que les plissements avaient été remarqués depuis longtemps par de Saussure dans les Alpes. Ce n'est pas qu'Elie de Beaumont ne les voie pas, comme tout un chacun, mais il ne les regarde pas comme susceptibles de présenter un réel intérêt géologique. Ce qui compte pour lui, ce sont les *dislocations*, les *fractures*, les *rides*, qui ont, pour lui, l'avantage d'offrir une direction rectiligne qui s'inscrit dans un des « Systèmes de Montagnes » qu'il pense avoir établi et daté. Plus tard, dans

1. L. de Launay, *La Science géologique*, *op. cit.*, p. 354, note.

2. L. Elie de Beaumont, *Systèmes de montagnes*, dans *Dictionnaire universel d'histoire naturelle*, *op. cit.*, t. 12, p. 305.

l'article volumineux sur les *Systèmes de Montagnes* qu'il a fourni en 1848 à Charles d'Orbigny pour son *Dictionnaire*, on rencontre tout de même *plissement* une vingtaine de fois. Par contre, il est question de *dislocations* une cinquantaine de fois et *d'accidents stratigraphiques* soixante cinq fois. Les mots *fracture* et *faille* sont, cependant, beaucoup moins utilisés. Ce simple relevé de vocabulaire traduit ce qui était alors, semble-t-il, la préoccupation majeure du géologue : le rapport nécessaire entre le soulèvement des systèmes de montagnes et la subdivision des couches terrestres en étages séparés, et non pas les plissements, ni même les autres accidents tectoniques proprement dits, qu'il lui suffit de signaler par les termes les plus généraux. Ce rapport est même tellement plus important que, si par exemple, l'ensemble des couches du Crétacé peut se diviser en deux assises très distinctes, c'est que la ligne de partage lui « paraît correspondre à l'apparition d'un système d'accidents du sol », à savoir le *Système du Mont Viso*[1]. On est ici tenté de dire « doit correspondre » à ce *Système*, et de penser que ce *Système* a peut-être été défini, à l'inverse, pour justifier cette ligne de partage. Ainsi, les mêmes lignes ou accidents, sont, à la fois, orographiques *et* stratigraphiques[2]. Il n'existe donc de Tectonique, si l'usage de ce terme est permis dans un tel contexte, que dans l'axe de la Stratigraphie.

De la Stratigraphie à la Géométrie

On accorde ordinairement à Elie de Beaumont le mérite d'avoir été le premier à avoir, en 1829, « assigné un âge aux montagnes, en se fondant sur les discordances introduites, entre des couches diverses, par les mouvements intercalés entre leurs dépôts »[3]. Ce mérite semble avoir été réciproque de l'obsession des géologues du siècle qui portait, non pas sur le Temps, dont ils s'obstinaient à réduire la profondeur en lui substituant des catastrophes pour rendre compte des phénomènes géologiques, mais sur la réalisation d'une Chronologie, permettant d'établir les âges relatifs des formations géologiques sous laquelle se profilait l'idée persistante d'une série unique et universelle des terrains dont l'Europe fournissait le modèle. Une telle perspective suffisait à assurer la priorité de la Géognosie, puis de la Stratigraphie, sur la Géogénie, c'est-à-dire sur la recherche d'une explication physique de la formation des reliefs.

1. L. Elie de Beaumont, *Systèmes de montagnes*, *op. cit.*, p. 281-282.
2. *Ibid.*, p. 261, 296,298, 300, etc.
3. L. de Launay, *La science géologique*, *op. cit.*, p. 81.

Or, d'après Elie de Beaumont, chaque montagne, caractérisée par sa direction particulière ainsi que par son âge, devait correspondre à une coupe chronologique entre deux étages valable pour toute la Terre. On a vu que les quatre « Systèmes de Montagnes », répertoriés en 1829, se plaçaient bien aux limites entre les terrains jurassique et crétacé, puis secondaires et tertiaires, ensuite, tertiaires et de transport, et enfin, le « système central des Alpes » se situait au niveau de la séparation entre le diluvium et l'alluvium. Cette corrélation a pu se maintenir tant que ces « accidents stratigraphiques et orographiques » sont restés au nombre de douze, puis de dix-sept, et même de vingt-deux, mais, lorsqu'Elie de Beaumont en est arrivé vers la fin de sa vie à la série des cent cinquante neuf cercles (d'après Charles Sainte-Claire Deville), ce rapport à la Stratigraphie s'était évanoui. C'est la Géométrie qui en a pris la place pour donner ce « Réseau pentagonal », toujours construit à partir de l'Europe, et dont les mailles enserrent le globe entier, simple fantasme de toute-puissance, peut-être, dans une époque résolument colonialiste[1]. Si ces méthodes et ces théories on pu survivre tant bien que mal en France en raison de la notoriété de leur auteur, et, en particulier, dans la sphère de l'École des Mines dont il avait été l'élève et le maître, d'une part, le Réseau pentagonal a fait rapidement fiasco, et, d'autre part, en 1875, Eduard Suess pouvait écrire que les Carpathes, par leur courbure, offraient la réfutation la plus incontestable de la doctrine qui réduisait les chaines montagneuses à des lignes droites et des parallèles[2].

Elie de Beaumont voyait donc les plissements, notait leur existence, mais il ne pouvait pas les prendre en considération parce qu'ils lui étaient inconcevables pour deux raisons : les soulèvements étaient compris par lui comme « subits », en tant que responsables des « Révolutions » et ne pouvaient se situer que dans la dimension verticale. L'incompatibilité entre le plissement des couches et l'idée de soulèvements brusques a été notée en 1854 par Carl Vogt : « Un choc casse – une force de la même intensité, qui agit lentement, courbe » (*Ein Stoss zertrümmert – eine langsam wirkende Kraft derselben Stärke beugt*)[3]. Sauf s'il s'agit de formes en zigzag qui font penser à des brisures, comme il en avait été observé dans les couches du bassin carbonifère de Mons (en Belgique)[4], les plissements

1. Voir J. Touret, « Elie de Beaumont (1798-1874), des *Systèmes de Montagnes* au *Réseau pentagonal* », dans J. Gaudant (éd.), *L'essor de la géologie française*, Paris, Presse des Mines, 2009, p. 95-132, spécialement p. 113 *sq.*

2. E. Suess, *Die Entstehung der Alpen*, *op. cit.*, p. 39.

3. C. Vogt, *Lehrbuch der Geologie und Petrefaktenkunde*, *op. cit.*, t. 2, p. 359.

4. *Ibid.*, t. 1, p. 289, fig. 166.

attestent donc l'existence d'efforts tectoniques de longue durée, en contradiction directe avec l'alternance, postulée par Elie de Beaumont, Alcide d'Orbigny et un certain nombre de leurs contemporains, entre des périodes calmes et des périodes de crises violentes et brèves, censées se traduire par l'épaisseur des différents étages stratigraphiques et leurs lignes de séparation, supposées imperméables. Les seuls soulèvements lents reconnus par eux avaient pour modèle le relèvement des côtes de la Norvège observé par Léopold von Buch au début du siècle : il est clair que ce basculement continental isostatique n'a aucun rapport avec la formation des montagnes qui préoccupait les géologues.

Leopold von Buch

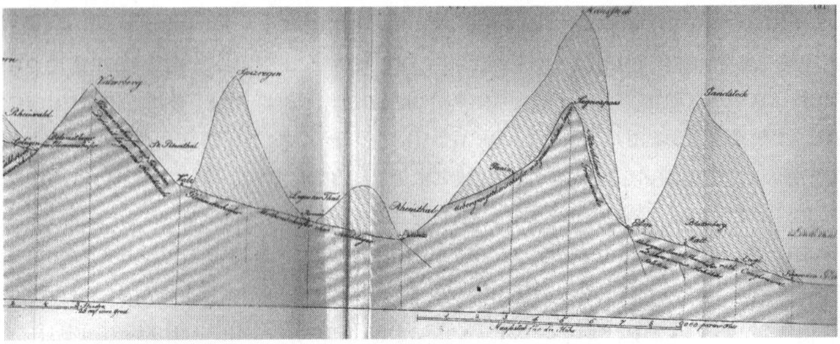

Illustration 20
von Buch, *Profils de montagnes*

Les plissements, parce qu'ils impliquent des pressions latérales, étaient également incompatibles avec des soulèvements compris comme essentiellement verticaux, conformément à la « théorie des cratères de soulèvement » due à Leopold von Buch. Dans les *Œuvres complètes* de ce dernier, l'intérêt majeur, nous l'avons, vu semble porté à la nature minéralogique des roches et à leurs transformations. On peut y adjoindre la position des strates et leur direction, qui nous conduisent aux différences dans la direction des montagnes allemandes, dont Elie de Beaumont s'est inspiré par la suite. Il est frappant de constater que, dans l'ensemble des planches qui accompagnent les quatre volumes de ses *Œuvres complètes*, on trouve un certain nombre de profils de montagnes, mais que les coupes représentant les strates et leurs contournements sont rares. Ces profils ne présentent, en réalité, que des courbures anticlinales ou synclinales, suivies par les diverses couches, mais jamais de plissements à proprement parler, y compris lorsqu'il s'agit du Jura[1]. C'est ce qui se passe avec le profil qu'il nous donne, entre autres, des Alpes entre Glarus (en Suisse) et Chiavenna (en Italie)[2] : sous une première ligne qui marque les sommets, on en trouve une autre, celle de son propre parcours, sur laquelle il indique les diverses roches qu'il a pu identifier, et c'est tout. Et il en va de même lorsqu'il s'agit des volcans, que ce soit le Vésuve[3], dont on voit mal la provenance des laves, ou les monts d'Auvergne[4] dont le basalte ou le *Trapp-Porphyr* se perd dans le granite comme si ces roches n'en étaient que la production superficielle. Enfin, la coupe de l'île de Ténériffe, qui passe pour l'origine de la théorie des cratères de soulèvement, se réduit à une série de profils qui occupent un long dépliant[5]. Pour percevoir le sens de cette théorie, il vaut donc mieux s'adresser aux images qui nous montrent des dômes dont les cratères volcaniques occupent la partie supérieure, dômes qui sont les « cratères de soulèvement » proprement dits, et qui résultent, selon von Buch, de l'élévation verticale d'une masse de « porphyre pyroxénique », roche, pour lui, typique de ce qui constitue, avec le granite, l'intérieur de la Terre.

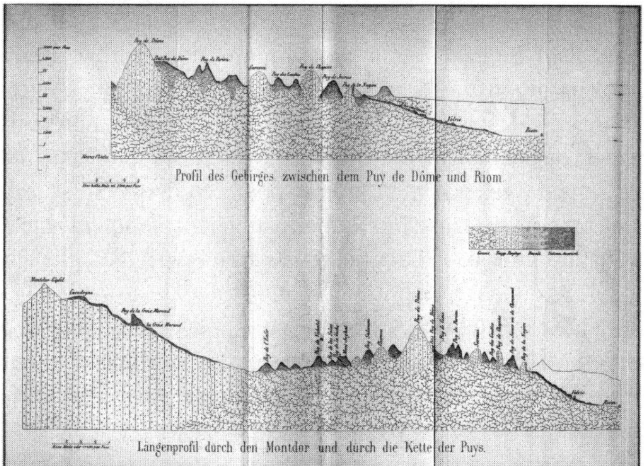

Illustration 21
von Buch, *Volcans d'Auvergne*

1. L. v. Buch, *Gesammelte Schriften*, *op. cit.*, t. 1, Planches 12 et 13.
2. *Ibid.*, t. 2, Planche 1.
3. *Ibid.*, t. 1, Planche 11.
4. *Ibid.*, t. 1, Planches 9 et 10.
5. *Ibid.*, t. 3, Planche 10.

La verticalité des soulèvements est partagée par le maitre et le disciple qui en font l'un et l'autre la conséquence de la contraction de la Terre, due à son refroidissement, mais, à partir de là, leurs chemins semblent diverger. D'après Elie de Beaumont, dans la *Notice sur les systèmes de montagnes,* de 1852, pour expliquer les soulèvements, il fallait tenir compte à la fois de la contraction par refroidissement du noyau central incandescent et de la stabilité de l'écorce rigide, en équilibre thermique entre le froid spatial, le rayonnement du soleil et la chaleur interne : pour que l'écorce suive la réduction de volume de la sphère centrale en ne laissant aucun vide, il lui fallait se comprimer sous forme de fuseaux dont la matière était expulsée en crevant les assises superficielles. Cela donne, on le sait, les « intumescences allongées » le long des grands cercles que suivent les montagnes. Pour justifier cette idée, Daubrée, connu pour ses expériences sur le métamorphisme, a étudié les modifications de surface de ballons qui se dégonflent, ce qui nous rappelle fâcheusement les expérimentations cartésiennes. Von Buch paraît avoir opté pour le modèle opposé, plus simple : c'est l'écorce qui, en se contractant sous l'effet du froid interplanétaire, comprime un noyau en fusion dont les débordements se traduisent par les soulèvements et les éruptions volcaniques, jugés de même nature. Cependant, dans un cas comme dans l'autre, nous aurons affaire, c'est certain, à des gibbosités, des protubérances, des intumescences, mais surtout à des dislocations, des fractures et des failles, consécutives aux changements de position des couches sous l'effet des soulèvements principaux. Le schéma généralement admis pour ces derniers est le suivant : lorsqu'une pression brusque provoquée par une masse soulevante s'exerce de bas en haut sur une série de couches horizontales rigides, elle les brise et la rupture du sommet se traduit par un creux que l'érosion transforme en une vallée, dite par Buckland « d'élévation ». Si la masse intrusive poursuit son mouvement d'élévation, nous aurons alors un massif montagneux central dont les flancs seront recouverts obliquement des deux côtés par les couches redressées[1].

1. H.T. De la Beche, *Researches in Theoretical Geology*, Londres, Ch. Knight, 1834, p. 130-132. Voir aussi W. Buckland, *La Géologie et la Minéralogie dans leurs rapports avec la théologie naturelle*, trad. cit., t. 2, Planche 1 (la partie gauche du dépliant).

Les plissements reconnus

Les plissements nous renvoient donc à une toute autre problématique. Hutton et Playfair, nous l'avons vu, ont été les premiers à poser en principe l'identité totale entre le passé de la Terre et les activités géologiques actuellement observables, et par conséquent, l'immensité du temps exigée par la lenteur des processus correspondants. Ils ont aussi relevé dans la situation des veines minérales et des filons métallifères, non seulement des fractures et des déplacements verticaux, mais aussi des mouvements horizontaux. Ils ont, de plus, observé des plissements qui leur prouvaient que les strates avaient été flexibles avant de parvenir à leur rigidité actuelle[1]. Ensuite, James Hall avait rendu compte des plis observés dans les terrains primaires du sud de l'Écosse en se servant du modèle analogique fourni par la compression latérale de morceaux d'étoffe superposés qu'il avait placés entre deux planches surmontées d'une masse pesante (voir figure ci-dessous).

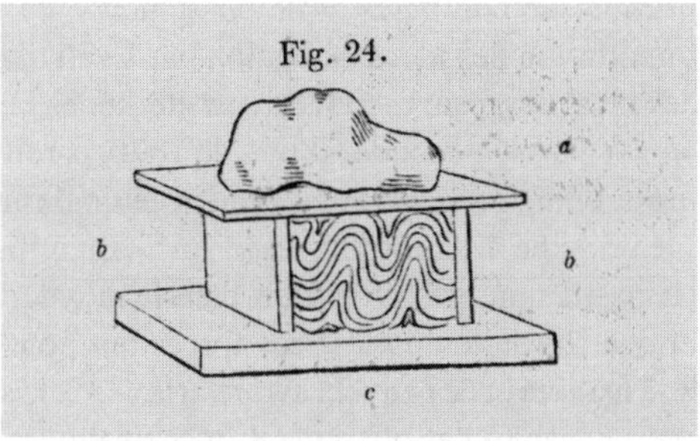

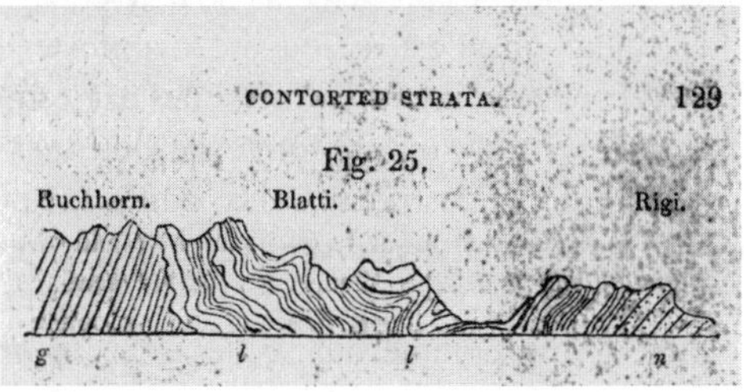

Illustration 22
De La Beche, *Les plissements et leur modèle expérimental*

1. Playfair, *Explication*, *op. cit.*, Note XII, p. 122-145.

Henry de la Beche, qui se souvient de ce modèle, l'applique aux Alpes [1], mais seulement pour en conclure que les actuels tremblements de terre ne pouvaient expliquer ces phénomènes. Les conditions d'une Tectonique capable de dépasser largement les « Systèmes de Montagnes » dans lesquels Elie de Beaumont s'était enfermé, étaient ainsi réunies. On peut donc regretter, avec Gabriel Gohau [2], que Lyell, qui s'était placé dans la même perspective que Hutton, ne se soit pas particulièrement intéressé à la formation des montagnes.

Les géologues américains : James D. Dana

Au milieu du siècle, en un temps où, l'autorité de Elie de Beaumont aidant, les géologues européens privilégiaient les lignes droites dans l'analyse des accidents tectoniques, dans la directions des montagnes sur le plan horizontal, dans celle des soulèvements, cassures et failles suivant le plan vertical, ce sont les géologues américains qui auraient été les premiers à envisager les déformations de la surface du globe dans toutes leurs dimensions en termes de courbures et de plissements, en raison, probablement, de l'importation des idées de Hutton par Lyell dans le Nouveau Monde. L'un des plus marquants semble avoir été James D. Dana, dont le *Manual of Geology*, dans sa seconde édition de 1876, paraît avoir servi de référence en Europe pour tout ce qui concernait la géologie américaine.

Pour Dana, le principe d'uniformité va de soi : « En utilisant le présent pour connaître le passé, nous postulons que, dans le monde, les forces sont les mêmes quel que soit le temps; car ces forces ont pour fondement la nature même de la matière et ne peuvent avoir varié » [3]. Cela signifie que les forces internes responsables des plissements ne peuvent agir qu'avec « ce degré d'extrême lenteur qui s'est si souvent manifesté dans l'histoire géologique et qui est la plus ordinaire des méthodes par lesquelles la nature progresse » [4]. Elles s'exercent sous la forme de poussées latérales, qui permettent de rendre compte des plissements, conformément au modèle fourni autrefois par James Hall au moyen d'étoffes comprimées, et sont toujours dues à la contraction d'un globe terrestre en train de se refroidir, comparé, cette fois, à une pomme qui se dessèche (*a drying apple* [5]).

1. H.T. De la Beche, *Researches*, *op. cit.*, p. 127-130.

2. G. Gohau, *Histoire de la Géologie*, Paris, La Découverte 1987, p. 154-155; *Les sciences de la Terre*, *op. cit.*, p. 324-326.

3. J.D. Dana, *Manual of Geology*, *op. cit.*, p. 6.

4. *Ibid.*, p. 740.

5. *Ibid.*, p. 736.

Puisque Dana partage ce type de géogénie avec ses devanciers et ses contemporains, la difficulté antérieure de penser les plissements apparaît alors moins liée au mécanisme physique supposé responsable de ces poussées latérales dont l'importance est désormais reconnue, qu'à la difficulté de concevoir l'immensité du temps requis. Antérieurement, elles étaient le plus souvent comprises comme bilatérales et responsables d'ondulations et de plis symétriques par rapport à un axe vertical. Dana, par contre, introduit une distinction entre les plis en fonction de la position de leur axe, vertical, oblique ou horizontal, et de la direction de cet axe par rapport aux points cardinaux, méthode qui permet de déterminer l'orientation de la poussée orogénique, reconnue cette fois comme unilatérale et qui est désormais exposée dans les *Manuels* de Géologie. S'il n'est pas question de nier les failles et les autres formes de dislocation des strates, qui traduisent aussi des mouvements verticaux, elles peuvent cependant résulter d'impulsions latérales, lorsqu'une élévation ou un affaissement ne peut être prouvé[1]. La verticalité, en fin de compte, restera tout de même primordiale parce que « les continents ont toujours été des continents »[2], depuis la première consolidation de la Terre : ils sont originellement stables et ne font qu'osciller, ce qui se traduit par les alternances de transgression et de régression. Les déplacements horizontaux des masses terrestres ne sont pas encore concevables.

Les Géosynclinaux

Comment les montagnes, qui ne sont plus des intumescences résultant du soulèvement et de la dislocation des couches qui en constituent les flancs, mais qui sont fondamentalement constituées de couches plissées, à l'exception des phénomènes volcaniques ou intrusifs, se sont elles donc formées ? Pour répondre à cette question centrale pour la tectonique, James Dana introduit dans la littérature géologique un terme qui va y tenir le haut du pavé, jusqu'à ce que la Tectonique des plaques le fasse disparaître définitivement, soit pendant à peu près un siècle, celui de *Géosynclinal.* Si le terme est nouveau, il ne fait que récapituler les idées formulées en 1859 par un autre géologue américain, James Hall[3]. Il désigne une immense cuvette sous-marine peu profonde, mais qui s'enfonce lentement sous le poids des sédiments dans une région où l'écorce terrestre se révèle

1. J.D. Dana, *Manual of Geology*, *op. cit.*, p. 92-98.
2. *Ibid.*, p. 160.
3. À ne pas confondre avec l'ami de Hutton dont il vient d'être question.

affaiblie. Il arrive un moment où le fond de cette cuvette est ramolli par la chaleur dégagée par les perturbations mécaniques liées à cette subsidence. Il finit par céder. Le rétrécissement de la Terre qui en repousse les parois fait qu'elles se rapprochent et exercent une pression bilatérale si bien que les sédiments qu'elle contient, stratifiés et pincés, se plissent et finissent par faire irruption là où la résistance est moindre, c'est-à-dire vers la surface, en donnant une montagne formée d'une série de plis parallèles, c'est-à-dire d'anticlinaux convexes et de synclinaux concaves. La disparition des anticlinaux sous les effets de l'érosion ne laisse plus apparaître que le bord des synclinaux, qui forment les crêtes. L'ensemble forme un « synclinorium ». Cette inversion du mouvement, initialement descendant, est désignée enfin comme une « catastrophe »[1] (prise au sens étymologique du terme : retournement), à laquelle Dana accorde tout le temps dont elle a besoin pour produire ses effets. Un tel modèle est censé rendre compte des MontsTaconiques, situés au nord-est des États Unis, et en général, de la chaine des Appalaches qui forme la bordure orientale du continent. C'est l'énorme épaisseur des couches sédimentaires observée par James Hall dans les Appalaches qui lui a donc donné l'idée qu'elle s'était formée au cours d'une subsidence lente suivie d'une surrection provoquée par une pression latérale dont il n'est pas encore dit qu'elle est orientée.

Aux géosynclinaux, Dana ajoute ensuite les *géanticlinaux*, compris comme des flexures vers le haut produites par la poussée latérale qui s'exerce sur les sédiments. C'est ainsi que les Appalaches seraient apparues sous forme de crêtes élevées sans qu'il y ait eu de soulèvement mettant en cause une force venue du bas. De même, les Montagnes Rocheuses se seraient élevées en bloc pour former un géanticlinal tertiaire d'autant plus élevé que l'écorce s'était épaissie en se refroidissant, et durcie à cause de la solidification et de la cristallisation partielle de son revêtement extérieur. Un relief dû à un géanticlinal est un « anticlinorium »[2], formant la contrepartie d'un synclinorium : l'exemple proposé est l'existence, dans la région de Cincinnati, d'un géanticlinal silurien formant une île parallèle au géosynclinal correspondant aux Appalaches en voie de formation[3]. D'après lui, il pourrait aussi y avoir une complémentarité du même genre actuellement entre la région des îles de corail en voie de subsidence dans le géosynclinal Pacifique et les géanticlinaux tertiaires et quaternaires américains,

1. J.D. Dana, *Manual of Geology*, *op. cit.*, p. 748-750.
2. *Ibid.*, p. 751-752.
3. *Ibid.*, p. 217.

que sont les Montagnes Rocheuses et la Cordillère des Andes. Il semble que ce soit cette position des géanticlinaux en bordure des continents qui permette d'introduire l'idée de poussée orogénique unilatérale.

Les Montagnes Rocheuses et la chaine des Appalaches, dont il vient d'être question, sont séparés par le grand bassin intérieur du Mississipi, et font face respectivement à l'Océan Pacifique et à l'Océan Atlantique. De cette disposition, Dana a voulu faire une règle générale, applicable à tous les continents, en ajoutant que la bordure montagneuse la plus élevée fait face à l'Océan le plus vaste, mais, hors des Amériques, avec la meilleure volonté, ces extrapolations ne sont pas géographiquement évidentes. Il en déduit pourtant que les pressions latérales provoquées par la contraction du globe terrestre ont une direction qui va des océans vers les masses continentales et il en voit une confirmation dans la structure des soulèvements, plissements, fractures, manifestations volcaniques qui se situent sur les pentes des montagnes. La situation des montagnes en bordure des continents considérés comme des noyaux stables de l'écorce terrestre depuis son origine, relève donc des conditions de leur formation : il ne s'agit plus de rides ni de fuseaux, comme il s'en produit sur les ballons qui se dégonflent, mais de la compression d'une masse sédimentaire poussée vers un obstacle contre lequel elle se trouve écrasée par une force censée provenir d'un mouvement de l'écorce océanique, pour donner les plissements des strates et leurs multiples inflexions.

De la géométrie rectiligne imposée par Elie de Beaumont, nous passons désormais à une dynamique censée rendre raison des directions et des structures que présentent les reliefs, ceux des continents comme ceux des fonds océaniques encore assez mal connus. Leur structure dissymétrique, en indiquant la direction des poussées qui les ont produits, démontre aussi que l'analyse géologique doit tenir compte de la situation respective des terres et des mers qui se rattache en dernier ressort à la formation initiale des premiers noyaux continentaux au cours de la solidification du globe. Nous passons ainsi d'une vision de la surface terrestre relativement indifférenciée, dont toutes les parties pouvaient être immergées ou émergées suivant les époques, à une distinction essentielle entre fonds océaniques et plateaux continentaux. Pour une Géographie physique qui fait appel à une Physique du Globe, la face de la Terre est devenue irréductible tant au Réseau pentagonal qu'au Système tétraédrique proposé en 1875 par Lowthian Green, et qui a eu les faveurs d'Albert de Lapparent[1]. Elle remplit donc les

1. A. de Lapparent, *Traité de Géologie*, *op. cit.*, p. 1458-1461.

conditions empiriques d'une approche, qui se veut scientifique, des forces en jeu dans l'édification des ensembles tectoniques pour une Géologie dans laquelle l'importance respective de l'Histoire et de la Physique peuvent s'inverser. C'est par là que la Physique du Globe pourra dépasser l'alternative qui, ou bien la limitait à relever des mesures (température, dimensions et densité), ou bien la réduisait à des spéculations géogéniques liées au passé de la discipline. Elle pourra nous dire, enfin, ce qui se passe sous nos pieds, mais plus tard. Le problème de la formation des montagnes n'en est pas encore résolu pour autant : la solution qui en est fournie par les géosynclinaux est remplie de difficultés, voire de contradictions, et repose encore sur un refroidissement de la Terre parfaitement mythique.

L'Œuvre de Eduard Suess

Les Alpes

Revenons en Europe : comment les Alpes, à leur tour, se sont elles formées ? Cette question, qui n'était pas étrangère aux géologues antérieurs, a été renouvelée par Eduard Suess en 1875, avec la publication d'un modeste ouvrage de 168 pages, *Die Entstehung der Alpen*. L'importance des Alpes pour la Géologie est bien connue, puisque sa naissance est datée quelquefois de l'ascension du Mont Blanc par Horace Benedict de Saussure le 3 août 1797 (à condition d'oublier l'École de Freiberg et ce qui s'y faisait depuis 1765). On sait qu'elles ont été traversées maintes fois par Léopold von Buch, qui en a fait un des quatre Systèmes de Montagnes dont Elie de Beaumont a tiré son inspiration. D'autres géologues se sont ensuite efforcés d'en interpréter les plissements et les chevauchements d'une manière quelquefois anticipatrice. En un temps où les cratères de soulèvements sont toujours à l'honneur, Eduard Suess rompt avec toute forme de soulèvement liée au volcanisme : c'est l'action de forces horizontales qui provoque la surrection des montagnes. Il désavoue aussi la doctrine d'après laquelle les chaines de montagnes seraient disposées en lignes droites parallèles à un ensemble de grands cercles formant réseau autour du globe : la courbure des Carpathes qui forment un demi-cercle du nord à l'est de la plaine hongroise en est la contradiction évidente. Ce renouvellement de perspective lui permet de rejoindre les idées de Dana, formulées dans un article de 1873 (reprises en 1876 dans son *Manuel*) et centrées sur la notion de géosynclinal.

De l'apport de Dana, Suess a retenu explicitement que les chaines de montagnes observées en Amérique du Nord ne sont pas symétriques. Par conséquent, elles attestent l'existence de poussées latérales, tangentielles par rapport à la courbure de la terre, qui, seules, peuvent rendre compte de cette dissymétrie. Il en va de même pour les Alpes, mais sans, pour autant, que l'on puisse voir dans les affaissements, attestés du côté de la Méditerranée, l'équivalent des grands enfoncements océaniques associés par Dana à l'élévation des montagnes qui bordent le continent américain à l'est comme à l'ouest. Le caractère polygénétique des Alpes, constituées de plusieurs chaines individualisables dans le temps comme dans l'espace, s'oppose à l'idée d'un unique mouvement de bascule qui permettrait de voir dans la profondeur du sillon océanique formant une bordure géosynclinale, la raison de la hauteur des sommets, mouvement peut-être concevable à partir de la notion d'équilibre hydrostatique, c'est-à-dire d'isostasie, plutôt que par référence à la physique des leviers. Mais, contrairement à Lapparent qui réduisait la dissymétrie des montagnes à l'effet secondaire d'un refoulement qui fait que « celui des versants de la région soulevée qui fait face à l'ancienne dépression d'où vient la poussée latérale », est destiné à rester plus abrupt[1], sans que l'on sache pourquoi, Suess met en avant la poussée horizontale ou tangentielle à la surface du globe, attestée par la structure des plissements mieux que par les différences de pente. Par contre, évoquer un géosynclinal à l'origine des montagnes, c'est faire une hypothèse orogénique qui s'applique, par exemple à l'Himalaya, aux Alpes orientales et à beaucoup d'autres montagnes élevées mais qui se heurte à des exceptions[2]. De toutes manières, reconnaît-il, on comprend assez mal comment l'affaissement et le ramollissement d'un fond marin étendu peut donner naissance à une montagne[3]. Cette hypothèse auxiliaire reste donc sujette à caution et, dans la *Face de la Terre*, après avoir montré qu'elle ne s'accorde pas avec les faits[4], il avoue regretter de s'en être servi[5]. Que ses contemporains et successeurs ne l'ont-ils suivi !

Par contre, le caractère unilatéral de la poussée orogénique, qu'il s'agisse des Alpes ou de toute autre chaine de montagnes, lui paraît indiscutable. Dans la disposition géographique des Alpes, on observe la courbure

1. A. de Lapparent, *Traité de Géologie*, *op. cit.*, p. 1440.
2. E. Suess, *Die Entstehung der Alpen*, *op. cit.*, p. 129.
3. *Ibid.*, p. 97.
4. E. Suess, *La Face de la Terre*, trad. fr. Paris, Armand Colin, 1913, t. 2, p. 339.
5. *Ibid.*, t. 3, p. 1618, note 1.

qui va des Carpathes, tournées vers l'est, aux Alpes autrichiennes, bavaroises et suisses, tournées vers le nord, qui s'infléchissent enfin vers l'ouest, en France. Dans cet arc de cercle, on peut opposer un côté extérieur, convexe et plissé, et un côté intérieur concave et abrupt, dans lequel on peut noter la présence d'un volcanisme ancien ou actuel. C'est, dit-il, comme lorsque vous vous faites une éraflure à la main : la peau se rétracte et se plisse tandis que la chair découverte saigne[1]. Dans le cas des Carpathes et des Alpes, il s'agit moins d'une rétraction que d'une poussée tangentielle qui se déploie en éventail depuis un sud méditerranéen formant un arrière-pays vers le reste de l'Europe qui forme ce qu'il désigne comme un avant-pays résistant, sur lequel bute cette poussée. L'arrière-pays, dont elle semble provenir, serait marqué par des affaissements. La résistance de l'avant-pays se traduit de deux façons : ou bien, c'est un obstacle qui se dresse à la manière du Massif de Bohème, des Massifs d'Europe centrale et du Massif central français et la compression qui résulte de l'écrasement se traduit par le plissement des couches sédimentaires que l'on peut voir dans le Jura et les Préalpes ; ou bien les massifs anciens ont été arasés et se comportent comme un rivage sur lequel les plis récents forment des vagues qui s'y abattent, comme cela se présente lorsque les Carpathes rencontrent les Monts Sudètes : on a l'impression que la masse plissée des Bieskides est surimposée aux terrains carbonifères qui plongent en dessous[2]. Cette impression est même si forte qu'après l'avoir répétée ici, Suess l'a reprise ensuite dans la *Face de la Terre* : « Les plissements des Carpathes ont passé par-dessus la surface plane ou peu accidentée du bassin houiller [...] une partie des Sudètes se trouve donc en réalité sous les Carpathes »[3]. Les poussées tangentielles déplacent donc horizontalement les masses rocheuses et peuvent les faire se chevaucher.

Or, comme le souligne Pierre Termier en plusieurs occasions[4], *Die Entstehung der Alpen* a été lu par Marcel Bertrand, jeune géologue, qui, en 1884, en a tiré que la structure des Alpes de Glaris (en Suisse) s'expliquait par l'intervention de masses de recouvrement venues du sud, et non par un double pli de direction opposée, comme on l'avait pensé avant lui, hypothèse qui est au départ de la théorie des nappes de charriage. Il s'est agi

1. E. Suess, *Die Entstehung der Alpen*, *op. cit.*, p. 28-29.
2. *Ibid.*, p. 22 et 67.
3. E. Suess, *La Face de la Terre*, *op. cit.*, t. 1, p. 245.
4. P. Termier, *À la gloire de la Terre*, Paris, Desclée de Brouwer, 1922, p. 168, 284, etc.

d'abord du cas extrême des plissements que l'on définit par l'angle de leur axe par rapport à la verticale : si cet axe est vertical, le pli est *droit*; s'il est légèrement incliné, il est *déjeté*; si cette inclinaison est de plus de 45°, il est déversé; si l'axe est horizontal, il est *couché*; si, enfin, il est incliné vers le bas, il est *retourné*[1]. Par le terme de *nappes de charriage*, il faut entendre des masses rocheuses épaisses de centaines ou même de milliers de mètres qui ont été déplacées depuis une position initiale où elles avaient leurs racines jusqu'à une autre région, située à distance, sur laquelle elles se sont superposées. Si le phénomène a été repéré initialement par Suess dès 1875, il en adopte, en 1909, dans le tome III de la *Face de la Terre*, la notion et le terme, tels qu'ils ont été élaborés par Marcel Bertrand. Cette notion est désormais classique.

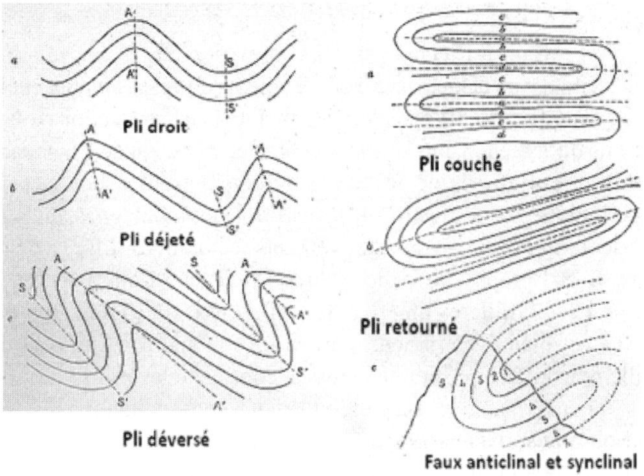

Illustration 23
Haug, *Les types de plissements*

Les nappes de charriage se situent dans le prolongement des plis couchés. La superposition d'un terrain plus ancien découverte sur un terrain plus récent, par exemple du Trias sur le Crétacé comme à Glaris ou en Provence, ne semble pouvoir s'expliquer que par le recouvrement des couches sous-jacentes par le flanc inférieur d'un pli couché dont le reste a

1. E. Haug, *Traité de Géologie*, *op. cit.*, t. 1, p. 195-196.

été enlevé par l'érosion, surtout si la stratigraphie du terrain récent est normale et celle du terrain ancien, inversée. Si la même structure s'observe sur une grande distance, on peut penser qu'il s'agit du même pli. Mais ce ne peut plus être un simple pli droit, que la poussée tangentielle aurait déversé, puis couché, car la longueur de son axe excéderait largement les hauteurs des montagnes les plus élevées[1]. La notion d'étirement, voire seulement de déplacement, va donc l'emporter sur celle de pli couché, et pourra même s'en révéler indépendante[2]. Depuis Marcel Bertrand, on reconnaîtra deux types de nappes de charriage, celles qui se rattachent à un pli couché, étiré, et celles qui sont indépendantes de tout plissement[3]. Actuellement, pour rendre compte du massif ophiolitique de l'Émirat d'Oman, on parlera d'une obduction, qui se traduit par le charriage sur le continent d'une nappe issue de la plaque océanique comprimée en raison du rapprochement de l'Arabie et de l'Eurasie

Pour en revenir à Eduard Suess, la formation des Alpes va s'inscrire dans une « image de la face de la Terre »[4] qui ne correspond plus à celle qui prévalait au milieu du XIXe siècle. Si le thème de la contraction de la Terre perdure jusqu'à bien avant dans le XXe siècle, en raison de l'incapacité de concevoir une autre origine des forces orogéniques, non seulement il faut renoncer à toute géométrisation de la direction des montagnes, mais aussi à toute orientation générale des mouvements tectoniques. Elle va dans tous les sens. Si, en Europe, elle se dirige du sud-est au nord-ouest, il n'en va pas de même des cordillères américaines, ni surtout de l'Himalaya dont la convexité est bien évidemment tournée vers le sud. Ce que cette image nouvelle nous offre, ce sont des masses continentales primitives, isolées par des bassins océaniques où s'enfoncent les géosynclinaux près des bordures d'où sont sorties les montagnes, durcies par la compression qu'elles ont subies en raison de la contraction générale du globe. Elles ne font alors que s'ajouter aux noyaux continentaux préexistants et contribuent ainsi au processus de durcissement de la surface terrestre, de plus en plus figée[5]. Il

1. M. Bertrand, *Mémoire sur les refoulements qui ont plissé l'écorce terrestre et sur le rôle des déplacements horizontaux*, Paris, Gauthier-Villars, 1908, p. 46.

2. *Ibid.*, p. 231.

3. F. Ellenberger, *Un centenaire à commémorer : la découverte des charriages de Provence par Marcel Bertrand*, Paris, Travaux du Comité Français d'Histoire de la Géologie, 1987 p. 49-56.

4. E. Suess, *Die Entstehung der Alpen*, *op. cit.*, p. 146.

5. *Ibid.*, p. 157.

ne reste plus qu'à préciser cette image dans ses grandes lignes et dans ses aspects les plus significatifs.

La Face de la Terre

Le « faîte primitif »

Dans *La Face de la Terre*, synthèse des connaissances disponibles en cette fin de siècle, destinée à remplir le programme immense annoncé par le titre, « il s'agit de déterminer *le plan des lignes directrices* écrit par la Nature sur la Face de la Terre »[1]. Désormais, nous ne partons plus des Alpes et de cette petite Europe qui ont été le berceau de l'Histoire Naturelle de la Terre, mais de l'Asie et du « *Faite primitif* » dont le lac Baïkal et l'amphithéâtre montagneux d'Irkoutsk occuperaient en gros le centre. « Primitif », cela signifie qu'il est, pour Suess, « le plus ancien des plis de l'Eurasie » parce que les plissements qu'on y trouve sont antérieurs au Cambrien et ne semblent jamais avoir été recouverts par les mers paléozoïques[2]. Il s'apparente aux régions le plus souvent arasées sous lesquelles se montrent toujours et partout des terrains plissés qui datent d'une époque excessivement reculée, et qui depuis n'ont jamais été remaniés : « C'est comme si, dans ces régions, la Terre était assoupie ou comme si la force plissante s'était éteinte par opposition aux domaines où des sédiments récents prennent part au plissement »[3], lesquels ont environné ce socle primordial. L'Angara, affluent de l'Ienisséï qui provient du lac Baïkal et traverse ce territoire, donne son nom au continent archaïque dont il traverse le centre. Les chaines de montagnes asiatiques s'organisent autour de ce « faîte » jusqu'à l'Océan Pacifique dont les îles et péninsules bordières semblent former « des arcs qui succèdent aux arcs ». Ainsi, « On ne connaît aucune limite, dans la direction de l'Océan, à cette étonnante puissance curvigène qui émane du faîte de l'Eurasie »[4]. Dans la direction opposée, vers le sud et l'ouest, on constate les mêmes dispositions : les chaines de montagnes qui s'échelonnent jusqu'au Caucase et à l'Inde sont toujours convexes vers le Sud et concaves vers le nord.

1. E. Suess, *La Face de la Terre*, *op. cit.*, t. 3, p. 6.
2. *Ibid.*, t. 3, p. 53-54.
3. *Ibid.*, p. 7.
4. *Ibid.*, t. 3, p. 188.

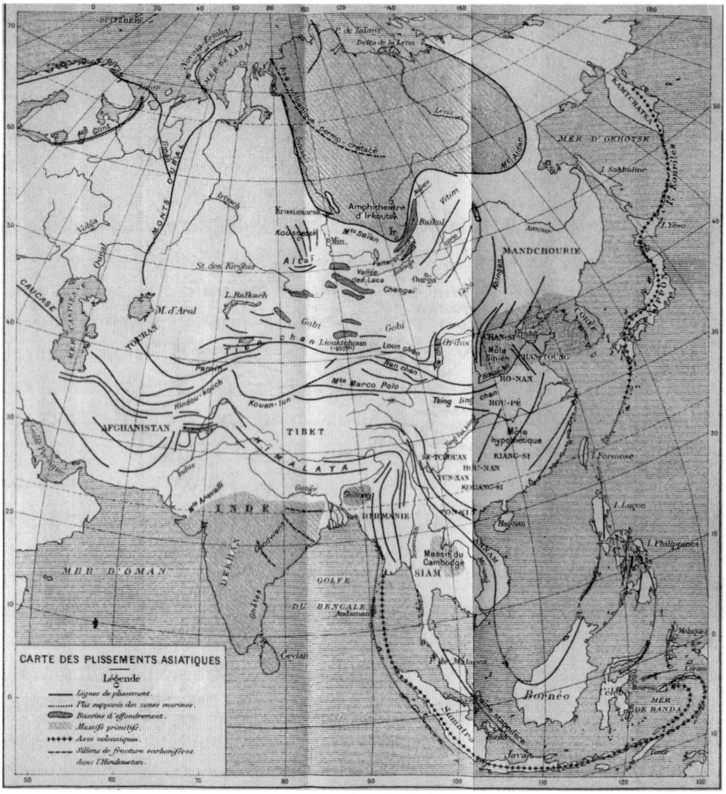

Illustration 24
de Launay, *Les guirlandes de montagnes autour du faîte primitif*

Il en résulte la vision grandiose suivante :

> Représentons nous toute la partie de l'Asie située au Sud-Ouest comme recouverte d'eau. Qu'un choc se produise à partir de l'Irtych ou du Tarbagataï[1] et suivant la direction du Sud-Ouest. Des vagues géantes, nombreuses et allongées, se forment l'une derrière l'autre ; au début, elles sont plus ou moins convexes vers le Sud-Ouest, comme le montrent les branches du Tien-Chan. Elles s'étalent et se prolongent, et s'écartent les unes des autres quand elles trouvent assez d'espace, comme sur les bords du Tchou et de l'Ili. Elles se resserrent et s'amoncellent, et s'élèvent les

1. Il s'agit de fleuves qui traversent la région comprise entre les lacs Baïkal et Balkach, à proximité du « Faîte ».

unes sur les autres quand la place se réduit, comme dans le Nan-Chan [...] Nous réunissons ces plis ou ces vagues sous le nom d'Altaïdes [1].

Puisque l'Europe fait partie de l'édifice asiatique, les Altaïdes y pénètrent en formant les montagnes périphériques à l'ouest de la plate-forme russe, qui elle-même peut être considérée comme un fragment du Faîte primitif du lac Baïkal et représente un avant-pays pour les plissements européens. Cet ensemble de plissements débordera même l'Europe par le sud, en Afrique jusqu'aux contreforts méridionaux de l'Atlas, et par l'ouest, vers l'Amérique du Nord, du Massif Armoricain jusqu'aux Appalaches, considérées comme des « Altaïdes transatlantiques » [2] en raison d'une continuité des lignes directrices à travers un Océan qui est censé résulter de l'effondrement de l'Atlantide, conformément au mythe platonicien qui retrouvera un regain de succès au début du XXe siècle.

Sur le continent nord-américain, la Chaine des Appalaches, plissée vers le nord comme la Chaine Armoricaine, rencontre le Bouclier Canadien, qui joue le rôle d'un avant-pays [3]. Celui-ci serait lié à un très vaste continent archéen nord-atlantique : la Laurentia (par référence au fleuve Saint-Laurent qui va du lac Ontario à la mer, à l'est de la province canadienne du Québec). Ce dernier s'étendrait des Montagnes Rocheuses au Groenland et, vers le sud-ouest, jusqu'aux îles Hébrides, et à l'ouest de l'Écosse, identifiable à ce que, sur toute son étendue, les couches cambriennes, lorsqu'elles affleurent, sont horizontales. Ses limites orientales seraient marquées par les Calédonides, chaine plissée anté-dévonienne, qui le sépare du Bouclier Baltique, qui, lui, appartient à l'Édifice Asiatique, c'est-à-dire à l'Angara, dont les plissements l'environnent. L'Angara et la Laurentia, qui ont été soudés l'un à l'autre, sont le pendant, dans l'hémisphère nord, du Gondwana (terme qui désigne initialement le pays des Gonds, au centre du sous-continent indien) dans l'hémisphère sud. Au Gondwana, on peut attribuer l'Amérique du Sud, l'essentiel de l'Afrique, l'Arabie et l'Inde. L'Australie et les îles du Pacifique attesteraient également la présence d'un ancien continent Pacifique hypothétique. Il existerait, enfin, un continent antarctique distinct, l'Antarctide, dont on ne connaît à peu près rien, sinon l'alignement volcanique, comparable à ceux du continent africain. La séparation entre le Gondwana et l'Angara était marquée par la présence d'une « Méditerranée centrale », la Téthys, qui

1. E. Suess, *La Face de la Terre*, *op. cit.*, t. 3, p. 250-251.
2. *Ibid.*, p. 617-619.
3. *Ibid.*, p. 661.

s'étendait jusqu'à la mer des Antilles, comme la communauté des flores et des faunes fossiles est censée le démontrer. La Méditerranée d'Europe n'en serait qu'un reste. Ainsi, « C'est par la disparition de la Téthys et par la jonction de l'ancien continent de l'Angara avec le fragment indien du continent de Gondwana qu'est née l'Asie actuelle » [1], c'est-à-dire par la formation de l'Himalaya, surgi de cette mer. Les plissements des époques géologiques successives depuis le Cambrien se situent donc dans les bordures et les intervalles de ces continents dont les positions respectives et celles des fosses sous-marines, rendent compte de leurs tracés géographiques arqués en forme de guirlandes, tandis que leur formation et leur déversement sur les surfaces anciennes, en particulier sous l'aspect de nappes de charriage, s'explique par la contraction de la surface terrestre [2] seule habilitée à rendre compte de mouvements horizontaux, réduits à des rétrécissements.

Une Terre en implosion

Les plissements relèvent exclusivement de poussées horizontales ou tangentielles. Eduard Suess exclut radicalement les soulèvements : s'il existe des mouvements verticaux, ce ne peut être que des effondrements. Il se situe ainsi dans une lignée qu'il rattache au *Dante* Allighieri, d'après lequel la Terre ne peut pas se soulever elle-même [3]. Cette conception, au cours du XIXe siècle, avait encore été représentée par des géologues aussi importants que Constant Prévost et Omalius d'Halloy. De ce point de vue, les preuves actuelles de soulèvements ne pouvaient être que des illusions et c'est l'opinion qu'il soutient en mettant en question les « prétendus soulèvements » observés sur la côte occidentale de l'Amérique du Sud, censés avoir été associés à des tremblements de terre. Parmi ces soulèvements, il y avait, en particulier, celui du 19 novembre 1822, à Valparaiso décrit par Mrs. Maria Graham dans une lettre qui révèle une élévation du sol de trois pieds (soit un peu plus d'un mètre), publiée par la Société géologique de Londres, et celui du 20 février 1835 à Valdivia et Concepcion, dont Darwin avait été témoin. Suess récuse les dires de Mrs. Graham en invoquant les lettres de trois autres témoins, deux officiers de la marine anglaise, et de Cuming, un malacologiste, publiées par la même Société, qui ne signalent aucune élévation consécutive du sol. L'illusion aurait été due à une

1. E. Suess, *La Face de la Terre*, *op. cit.*, t. 3, p. 28.

2. Pour toute cette question, voir *La Face de la Terre*, *op. cit.*, t. 3, 4e partie, chap. XXIII, « Analyses », p. 1361-1456.

3. *Ibid.*, t. 2, p. 5-10.

accumulation ultérieure de graviers à la suite de pluies persistantes. Concernant le séisme de 1835, il cite le rapport du capitaine Fitzroy qui commandait le H.M.S. Beagle, sur lequel voyageait Darwin, d'après lequel la croyance à un soulèvement aurait été due au retrait de la mer. Il explique, cette fois, le soulèvement par un apport de sédiments dû au raz-de-marée consécutif, en parfaite contradiction avec la relation que Darwin en fait dans son *Journal*[1]. Il rappelle ensuite l'article de 1838 dans lequel Darwin établit un rapport entre tremblements de terre et volcans pour évoquer des modifications de la surface liquide du noyau terrestre dont la cause est totalement inconnue : il n'a pas de mal à montrer que ce rapport n'existe pas[2], ce qui laisse penser que Darwin se trompe quelquefois. Il est aisé de voir ici comment des principes d'origine spéculative, comme la référence à Dante permet de le supposer, peuvent obnubiler l'observation des faits.

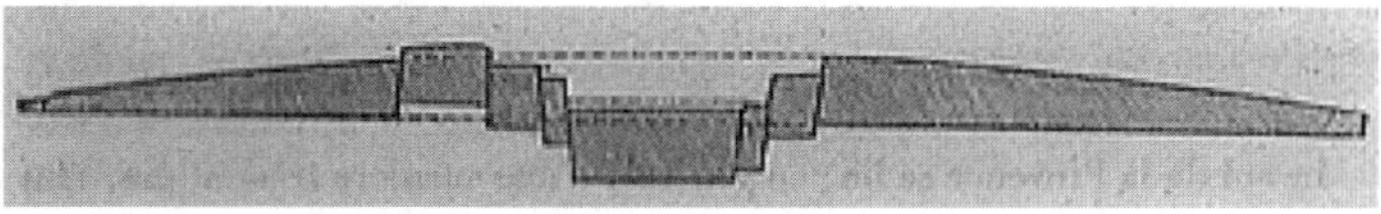

Illustration 25
de Beaumont, *Soulèvement et effondrement combinés : Vosges et Alsace*

Les affaissements ou effondrements sont donc les seuls mouvements verticaux qu'il admette. Ces déplacements de haut en bas sont considérés comme des phénomènes passifs, qui s'expliquent par une flexion d'un morceau de l'écorce terrestre sous les effets de la pesanteur. Ils provoquent des cassures ou failles qui bordent les bandes déprimée ou fosses d'effondrement (*Graben*), dont les bordures en marche d'escalier sont désignées du nom de « Horsts ». La vallée du Rhin comprise entre les Vosges et la Forêt Noire, en fournit un exemple dont Elie de Beaumont avait fourni une coupe[3], après avoir démontré l'existence de multiples failles qui permettaient bien de parler d'effondrement. Mais là où ce dernier voit « soulèvement et écroulement combinés », Suess ne retient que l'effondrement.

1. C. Darwin, *Journal of Researches into the Natural History and Geology of the Countries Visited during the Voyage of H.M.S. Beagle round the World under the Command of Capt. Fitzroy*, Londres, Murray, 1889, p. 310-312.

2. E. Suess, *La Face de la Terre*, trad. cit., t. 1, p. 124-137.

3. L. Elie de Beaumont, *Explication de la carte géologique de la France*, *op. cit.*, t. 1, p. 437.

La présence de réseaux de failles peut ne pas être évidente : en Bohème, dans une région dont le relief est monotone, une faille, attestant un affaissement, a pu être mise en évidence jusqu'à mille mètres de profondeur grâce à l'exploitation des mines d'argent. Des zones d'effondrement peuvent être ainsi découvertes partout, y compris dans les régions plissées : lorsque le sol s'abaisse, le mouvement horizontal de plissement se trouve alors accentué, ce qui provoque un « déversement des plis »[1]. C'est ce qui se serait passé, en particulier, dans le bassin houiller franco-belge. C'est aussi ce qu'on observe dans les avant-pays, tel l'avant-pays alpin, où les masses plissées, chevauchent les masses affaissées.

Entre les parties effondrées ou *Grabens*, les *Horsts* sont censées représenter les anciennes surfaces : dans l'avant-pays alpin, par exemple, « les horsts nous révèlent une ancienne Europe »[2]. C'est le cas du Plateau central de la France, qui constitue un grand Horst, et, en général, celui des massifs anciens. Les plissements, antérieurs au Cambrien, observés dans la région du Faîte primitif et qui n'ont jamais été recouverts par les mers paléozoïques, se montrent découpés en Horsts et fosses d'effondrement par d'innombrables failles et c'est l'effondrement d'une grande partie de ce domaine qui a donné l'amphithéâtre d'Irkoutsk, environné de plis marginaux cambriens et siluriens, plus récents. La charpente de toute la contrée faîtière peut ainsi se décrire comme :

> un continent archéen primitif, ayant depuis longtemps perdu ses formes originelles, recoupé à des distances variables par quelques lignes disjonctives que jalonnent des basaltes ou des porphyres, et dans lequel les cours d'eau du Nord et du Sud ont entaillé à reculons des sillons nombreux et primitifs[3].

La raison de ces affaissements, effondrements, écroulements, donnée par Eduard Suess, est l'existence de « grands vides » à l'intérieur de l'écorce terrestre. Il faut ici le citer :

> Les parties supérieures et périphériques du globe sont maintenues par la tension tangentielle, comme une voûte. Soit par tension radiale, soit par décollement, une partie du globe se détache vers l'intérieur, et il se forme un grand vide plus ou moins parallèle à la surface terrestre ; ce retrait, très étendu dans le cas de rupture par tension radiale, et plutôt lenticulaire quand il y a décollement – cette macula – se remplit de lave. Si l'effort tangentiel

1. E. Suess, *La Face de la Terre*, *op. cit.*, t. 1, p. 181.
2. *Ibid.*, t. 1, p. 264.
3. *Ibid.*, t. 3, p. 146.

> cesse de se faire sentir à la surface, par suite d'un plissement ou du chevauchement d'un voussoir sur ses voisins, la voûte s'effondre dans la macula, en arrière de la partie plissée ou chevauchée, et, par les cassures ou les failles, des laves s'échappent au dehors [1].

S'il n'était pas fait mention des laves et de leur émission, on croirait relire Descartes ou Buffon, ou encore, Alcide d'Orbigny. À cause de sa contraction par refroidissement, nous assistons donc « à l'écroulement du globe terrestre » [2] qui est l'origine des mouvements tangentiels et des affaissements verticaux dont proviennent les reliefs. Ce sont encore les effondrements qui sont responsables des bassins océaniques où les eaux se sont rassemblées et puisque la surface terrestre ne fait que s'abaisser, les mers la suivent. Le rejet des soulèvements implique la baisse du niveau de la mer au cours des temps géologiques.

Le recul de la mer

Dans ces conditions, la surélévation des strates fossilifères à grande altitude sur les reliefs continentaux ne peut s'expliquer que par le retrait des eaux. De Dante, nous passons à Benoist de Maillet [3], auteur du Telliamed, ouvrage où il est dit que les hommes et les animaux proviennent de la transformation directe des poissons [4], suivi de Celsius, puis de Linné, qui avait imaginé un Paradis insulaire au départ de la Création, suivi d'un élargissement de la surface émergée à mesure de la croissance de la population humaine. Eduard Suess se résume lui-même en une phrase lapidaire : « L'écorce terrestre s'effondre, la mer la suit » [5]. Pour le démontrer, il suffit d'établir qu'à partir de « l'énorme étendue des mers sur le globe pendant les périodes antérieures à la nôtre » [6], le déplacement des lignes du rivage traduit l'extension des terres émergées indépendamment de tout soulèvement et les transgressions marines qui se traduisent par l'inversion de ce mouvement, ne supposent pas non plus un affaissement du sol qui aurait le tort d'être lent, susceptible de suggérer l'idée qu'il pourrait y avoir des soulèvements de même nature : « C'est la mer, et non pas la terre, qui représente en réalité l'élément mobile » [7]. Il faut donc que les conclusions

1. E. Suess, *La Face de la Terre*, *op. cit.*, t. 1, p. 220.
2. *Ibid.*, t. 1, p. 823.
3. *Ibid.*, t. 2, p. 10.
4. B. de Maillet, *Telliamed*, Amsterdam, L'Honoré, 1748, 6e Journée, t. 2, p. 128-236.
5. E. Suess, *La Face de la Terre*, *op. cit.*, t. 2, p. 841.
6. *Ibid.*, t. 2, p. 38.
7. *Ibid.*, t. 2, p. 536.

tirées par Darwin de la formation des récifs de corail soient erronées, puisque, d'après lui, la dimension en profondeur de ces récifs construits par des zoophytes qui ne peuvent vivre qu'à une distance très limitée de la surface des eaux, serait la preuve de l'affaissement lent du fond de l'Océan Pacifique[1]. Suess lui oppose qu'il s'agit, au contraire, d'une élévation générale du niveau de la mer qui aurait été parfaitement établie par des observations faites dans l'archipel des Bermudes[2].

Illustration 26
Lyell, *Le temple Jupiter Sérapis à Pouzzoles*

Il s'en prend également à Charles Lyell qui avait choisi, comme frontispice pour ses *Principles of Geology*, une image du Temple de Jupiter Sérapis à Pouzzoles, en consacrant à ce Temple un chapitre entier[3]. « Ce célèbre monument de l'antiquité », nous dit Lyell, « offre en lui-même la preuve non équivoque que le niveau relatif de la terre ferme et de la mer a

1. C. Darwin, *Les récifs de corail* (1842), trad. fr. Paris, Germer Baillière, 1878, p. 5-6, 27-28, etc.
2. E. Suess, *La Face de la Terre*, *op. cit.*, t. 2, p. 529-531.
3. *Ibid.*, t. 2, chap. 9, p. 598-638.

changé deux fois à Pouzzole depuis l'ère chrétienne, et que chaque mouvement, soit d'élévation, soit d'abaissement, a excédé 6 mètres »[1], comme la perforation des trois colonnes restées debout par des bivalves marins jusqu'à une hauteur de 6 mètres au dessus des hautes eaux en fournit la preuve. Après avoir mentionné les travaux d'un obscur Niccolini sur Pouzzoles, publiés entre 1828 et 1845, d'après lesquels la terre ferme serait restée immobile et le niveau de la mer aurait varié, Suess admet tout de même une oscillation du sol, mais sur ce seul territoire, très limité, en liaison avec l'activité volcanique de la région, dominée par le Vésuve. Il s'agirait, en définitive d'une exception minime qui confirmerait la règle, celle qui exclut les soulèvements et affaissements lents du relief au profit des variations universelles du niveau de la mer, qualifiées de « mouvements eustatiques ». Ces mouvements sont bien réels, mais, s'il a le mérite de les avoir découverts, il faudra attendre encore pour en découvrir la véritable raison dans les variations de volume des calottes de glace polaires.

Cependant, les mouvements d'élévation du niveau de la mer, invoqués contre l'idée d'un affaissement lent des fonds océanique proposée par Darwin, et qui rendent compte des vastes transgressions marines attestées par la Stratigraphie, n'en contredisent pas l'abaissement qui représente la principale orientation du niveau des mers. Ces mouvements *négatifs* de dépression, qui affectent toute la surface des océans, sont des mouvements rapides dus à la formation des bassins océaniques par affaissements localisés de la lithosphère. Au contraire, les mouvements *positifs* d'élévation, responsables des transgressions marines, sont des mouvements lents, attribués par Suess à la sédimentation des matières qui sont entrainées en permanence au fond des océans. L'alternance entre ces mouvements de sens inverse rend donc raison des transgressions et régressions, et par conséquent, des alternances fluvio-marines, connues depuis Cuvier. Ce sont les mouvements négatifs rapides qui vont produire les interruptions où les stratigraphes voient, depuis William Smith, les limites entre terrains[2]. Catastrophes sous-marines, elles remplissent ainsi la fonction des « Révolutions subites » des géologues traditionnalistes du milieu du siècle.

1. Ch. Lyell, *Principes de Géologie*, trad. cit., t. 2, p. 212.
2. E. Suess, *La Face de la Terre*, *op. cit.*, t. 2, p. 845.

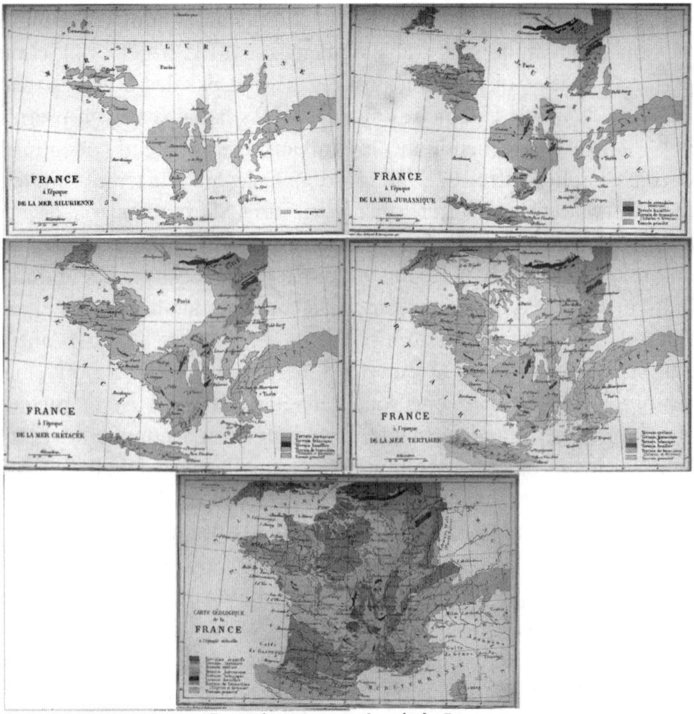

Emersion progressive de la France

Illustration 27
Figuier, *La baisse du niveau marin et l'émersion de la France*

Eduard Suess se révèle ici contemporain des lecteurs de Louis Figuier, qui illustre, en 1863, l'histoire géologique de la France par cinq cartes dans lesquelles nous voyons émerger successivement notre territoire national[1] libéré par le recul de la mer. Il est aussi contemporain d'Edgar Quinet, l'historien, auteur en 1870, d'un texte inspiré qui nous dit que: « Au commencement s'étendait la mer des premiers âges, et la terre était en partie cachée sous ses flots »[2]. Les terres n'ont vraiment été libérées par les mers que le jour où les premiers vertébrés terrestres en sont sortis. Puisque le niveau de la mer baisse ainsi à mesure des effondrements qui se produisent au fond des bassins océaniques, les continents aussi peuvent être considérés comme des Horsts qui représentent des fragments de la

1. L. Figuier, *La Terre avant le Déluge*, Paris, Hachette, 1863 (9e éd. 1883).
2. E. Quinet, *La Création*, Paris, Germer-Baillière, 1876, t. 1, p. 105.

surface la plus ancienne du globe. Les faîtes primitifs, que constituent les boucliers continentaux, sont les îles qui dépassaient l'Océan primordial et, en raison de la réduction de la surface des eaux, les sédiments déposés sur les fonds marins ont donné les plissements successifs qui se sont adossés à ces îles, en suivant leur pourtour, compte tenu des lignes d'effondrement : « les Alpes représentent une mer comprimée »[1]. L'Himalaya peut, à son tour, être compris comme une pétrification de la Téthys. C'est aussi le cadre dans lequel on peut situer la disparition du Gondwana, ce continent austral qui s'est écroulé en trahissant une faiblesse particulière de l'écorce terrestre dans l'hémisphère sud et dont il ne reste que des morceaux : l'Amérique du Sud, l'Afrique, l'Inde. Les bordures continentales se révèlent être des lignes de cassures.

Certes, des effets considérables peuvent résulter de l'action continue de petites forces naturelles, qui vont de l'activité continue des animalcules qui construisent les récifs de corail jusqu'au creusement des roches par les gouttes de pluie, pourvu qu'un temps suffisant leur soit donné. Mais l'admiration qui en résulte, de notre part, entrainerait un « quiétisme géologique »[2] préjudiciable à l'appréciation correcte des bouleversements qui sont à l'origine des montagnes, et qui sont censées avoir mis en jeu des forces dont les actuels tremblements de terre ne sont que des images affaiblies. C'est déjà ce que disait Henry de la Beche dans son *Manuel géologique* en 1833. Eduard Suess fait droit à la réalité des catastrophes géologiques, mais considérées comme des événements exceptionnels qui pourraient encore avoir lieu.

Le Déluge, son inhumation

Ce serait le cas d'inondations dévastatrices dont le souvenir serait resté dans de nombreuses légendes que l'on retrouve sur tous les continents. Le Déluge biblique serait l'une d'entre elles, phénomène local, répétitif et non pas universel, en dépit de la dimension qui lui a été conférée par le mythe. Dans le tout premier chapitre de la *Face de la Terre* qui lui est consacré[3], il en démontre l'origine dans le texte mésopotamien dont le récit biblique n'est, en définitive, qu'un plagiat altéré en fonction du contexte géographique et mental du scribe qui l'a rédigé. L'événement réel se serait produit, loin d'Israël, dans une ville portuaire située dans la basse vallée de l'Euphrate, en un temps où son embouchure était séparée de celle du Tigre

1. E. Suess, *La Face de la Terre*, *op. cit.*, t. 2, p. 863.
2. *Ibid.*, t. 1, p. 26.
3. *Ibid.*, t. 1, p. 25-95.

en raison de l'avancée de la mer. Cette localisation serait confirmée par l'emploi (mentionné dans le récit biblique) de l'asphalte qui y sert pour le calfatage des bateaux, pratique traditionnelle dans une région environnée de collines qui le produit en abondance. Le récit de la catastrophe laisse présumer une coïncidence exceptionnelle, propre à frapper les esprits, entre un raz-de-marée provoqué par un séisme et un cyclone, dans une région sans dénivelé sérieux par rapport au niveau de la mer. Enfin, le pays de Nisir, où le bateau est censé avoir accosté, se situe loin dans l'arrière-pays, vers le nord du Djebel Hamrin (lui-même au nord de Bagdad). Que des événements du même ordre soient actuellement possibles, Suess en donne la preuve dans ce qui s'était passé récemment dans les plaines alluviales situées aux embouchures de l'Indus et du Gange et dont il relate le témoignage historique détaillé. Nous sommes donc bien en présence d'un événement localisé et daté. L'« élément religieux », qui a « dans la nature humaine de si profondes racines »[1], en a fait un Mythe, lequel ne permet plus d'apprécier exactement l'étendue réelle du phénomène physique. Il se répand auprès des peuples les plus divers, en l'occurrence jusqu'au peuple hébreu, peuple continental qui ignorait tout de la mer, ce qui explique nombre des déformations introduites dans cette copie, faite un millénaire plus tard.

Réduit à la réalité, l'intérêt géologique d'un tel événement est des plus médiocres en raison de la banalité et de la superficialité des phénomènes, séismes et cyclones, dont il aurait représenté la coïncidence. Contrairement à Suess, on peut donc douter qu'il puisse donner une idée, même très faible, des catastrophes géologiques antérieures, sous la forme des Révolutions universelles, telles qu'elles étaient comprises par Cuvier, Elie de Beaumont et un certain nombre de leurs contemporains pour fournir une explication illusoire des reliefs et des strates. Elles relevaient, sans doute, du même registre fantastique que le Déluge, mais laïcisé et considérablement enflé. Néanmoins, après ce chapitre, il semble que la mention du Déluge biblique disparaisse définitivement de la littérature géologique respectable, sauf dans quelques introductions historiques. Avec Eduard Suess, c'est donc bien le XIXe siècle, parcouru d'un bout à l'autre par l'ombre de ce Déluge biblique, qui tire à sa fin, mais le XXe siècle en subira les séquelles pendant encore longtemps.

1. E. Suess, *La Face de la Terre*, *op. cit.*, t. 1, p. 84.

La fin du XIXe siècle

Une Terre dont la face restait immuable

«*La Face de la Terre* n'est pas un traité de Géologie»[1]. Pour tout lecteur, cette déclaration de Pierre Termier est une évidence : nous avons, certes, affaire à une épopée grandiose, comparable à *La Légende des Siècles*, et non pas à un livre de science. Mais on ne peut pas dire que, dans « les visions gigantesques » que ce poème développe, « les grandes lignes sont désormais tracées, du visage terrestre ». On ne parle plus des unités qui y sont définies, la Laurentia, le Faîte sibérien, les Calédonides, les Altaïdes, etc., dans le même sens. Certaines, comme les Altaïdes, sont disparues des ouvrages de Géologie. La Laurentia et l'Angara ont été reconnues comme ayant formé à l'origine un seul continent, la Laurasia, à laquelle le Gondwana a fait face, mais ces continents primitifs n'ont plus la place définitive qui leur était assignée par Eduard Suess. En résumant dans une immense synthèse tout ce qui pouvait être conclu de la littérature géologique qui lui était contemporaine (car, d'après Pierre Termier, il avait renoncé vers 1870 à l'observation sur le terrain au profit d'un travail sur documents écrits), il nous offre une récapitulation qui ne constitue pas vraiment une annonce de ce qui va pouvoir suivre. Il lui manque l'essentiel pour être moderne, à savoir la transposition du mouvement horizontal représenté par les plissements et les nappes de charriage dans les montagnes, au déplacement des continents, et la recherche des causes de ce mouvement dans les conditions physiques qui règnent au centre du Globe.

Le Faîte primitif est en place depuis l'origine de la Terre, et les guirlandes, qui l'ont successivement environné, l'encerclent définitivement. La place des Boucliers, qui deviendront «Cratons», est décrite comme immuable. Néanmoins, aujourd'hui, en lisant attentivement les analyses contenues dans ce livre qui concernent les plissements, le rapport des montagnes aux mers, etc., on a le sentiment qu'il fallait peu de choses pour que l'on parvienne à l'idée de déplacements continentaux. Une bonne partie des éléments qui permettraient d'accéder à une nouvelle Géologie sont là : voir dans les Alpes une mer comprimée semble prémonitoire. Pourtant, ce ne l'est pas : il ne s'agit que d'un effet de la contraction de la Terre à cause de son refroidissement, en un temps où Lyell avait déjà compris depuis plus d'un demi siècle qu'il n'y avait pas plus de contraction que de refroidissement dans l'histoire physique du globe depuis la formation des terrains cambriens et suivants, jusqu'à nos jours, encore les seuls

1. P. Termier, Épilogue, dans E. Suess, *La Face de la Terre*, *op. cit.*, t. 3 p. 1712.

à être à peu près connus. Malgré tout, on se plait à imaginer ce que cette œuvre aurait été si l'idée de déplacement tangentiel, devenu le facteur fondamental de l'orogénie, avait été extrapolée au rapport des continents et des océans.

Cette idée que les plissements des montagnes ne pouvaient s'expliquer que par des poussées latérales n'était pas absolument inédite : on la trouve, nous l'avons vu, dès le début du siècle avec James Hall, lorsqu'il transpose aux couches plissées observées en Écosse, le mode de production de plis, par resserrement latéral dans un empilement d'étoffes comprimées. Mais, dans le cadre de cette « Tectonique moderne » dans laquelle les plissements jouent désormais un rôle de premier plan, avec les déplacements latéraux, les chevauchements, les charriages, qui sont décrits en 1875 dans *Die Entstehung der Alpen*, on peut dire, avec Pierre Termier toujours, que Eduard Suess « a ruiné définitivement les vieilles théories, soulèvements, effondrements, réseaux géométriques »[1], autrement dit, les thèmes essentiels mis en avant par Elie de Beaumont, mais à l'exception de la contraction du globe et de sa conséquence obligée, la formation des reliefs par effondrements, ce à quoi Suess reste fermement attaché. Il s'ensuit que les nappes de charriage, ces déplacements énormes de couches plissées à des distances importantes des lieux où ces plis ont leurs racines, tels que Marcel Bertrand en a démontré l'existence, adoptées ensuite par Suess lui-même, ne sont que des mouvements superficiels, dont l'interprétation reste dépendante des effondrements dont la fonction est de les rattacher à une Physique du Globe traditionnelle qui sera bientôt dépassée.

Une Géologie verticale

Les effondrements étaient déjà contestés par des tectoniciens contemporains de Suess qui y voyaient « une hypothèse brutale à rayer de la science et leurs effets supposés à remplacer par ceux de plissements »[2]. Les plissements doivent « pouvoir s'expliquer synthétiquement par le mouvement relatif de quelques grands compartiments ou voussoirs, entre lesquels l'écorce sphérique aurait été plus ou moins anciennement divisée et que sépareraient des zones affaiblies, instables, dans un équilibre précaire, sur lesquelles se seraient accumulés les plissements »[3]. Nous retombons donc bien sur les géosynclinaux, et s'ils sont le lieu des plissements, c'est parce que les voussoirs qui les cernent se rapprochent en raison de la

1. P. Termier, *Eduard Suess (1914)*, dans *À la gloire de la Terre*, *op. cit.*, p. 284-285.
2. L. de Launay, *La science géologique*, *op. cit.*, p. 356.
3. *Ibid.*, p. 369.

contraction du globe. Ces mouvements horizontaux ne peuvent donc être que les effets secondaires de ce qui reste l'essentiel : les mouvements verticaux. Suess a choisi l'hypothèse d'effondrements localisés aux bassins océaniques, au fond desquels on retrouve, par exemple, l'Atlantide, bien connue depuis le mythe platonicien, et qui, au début du XXe siècle, reprend un regain d'intérêt pour les géologues, comme nous l'avons vu. Pire encore, ces effondrements sont conçus par lui comme brusques et ils entraînent une baisse suffisamment rapide du niveau des eaux pour qu'elle suffise à rendre compte des limites entre étages. Ils tiennent donc la place des « Révolutions subites » chez un auteur qui déclare les catastrophes géologiques actuelles insuffisantes pour rendre compte de celles qui ont donné les montagnes.

Il ne faut donc pas s'étonner si Pierre Termier, un des géologues marquants du début du siècle nouveau, déclare, au début d'une conférence faite en 1923, que les géologues, en vue de reconstituer les modifications de la géographie, « observent » « que la surface terrestre est sans cesse changeante, tantôt très lentement et presque imperceptiblement, tantôt par de brusques contractions ou de soudain sursauts, qu'ils sont tentés d'appeler des cataclysmes »[1]. On croirait encore lire Elie de Beaumont ou bien Alcide d'Orbigny, pour lesquels, entre chaque « Révolution », il y avait une période calme, analogue à celle où nous vivons, car, la ligne suivante, il nous dit encore que « Nous avons le privilège de vivre dans une de ces périodes calmes, où le changement de la surface terrestre est à peu près imperceptible aux êtres vivants ». Les vieilles théories ne sont donc pas tout à fait mortes, quelle qu'ait été l'importance de l'œuvre que nous devons à Eduard Suess, car, de lui, ses contemporains retiendront encore les « vides intérieurs », produits par le ridement de l'écorce et raison des cassures, chutes soudaines, épanchements volcaniques[2]. Depuis Descartes, dont on peut penser que l'adoption de ses idées par les géologues s'est révélée désastreuse, il ne s'est donc pas passé grand'chose.

Une théorie préscientifique

En 1851, c'est à dire au milieu du siècle, Auguste Comte jugeait la Géologie une science impossible au même titre que les autres branches de l'histoire naturelle, organique ou inorganique, « faute de bases rationnelles ». En effet, « La constitution rationnelle d'une seule science

1. P. Termier, « La déformation de la surface terrestre au cours des âges » (conférence tenue le 28 février 1923), dans *La joie de connaître*, Paris, Desclée de Brouwer, 1925, p. 118.

2. L. de Launay, *La science géologique*, *op. cit.*, p. 367, p. 564.

concrète, comme la météorologie ou la géologie, surpasserait nos vrais moyens inductifs et déductifs, soit par la difficulté de connaître assez toutes les théories qui devraient y concourir, soit par l'embarras de les combiner »[1]. On sait que le modèle d'explication scientifique mis en avant par Auguste Comte lui est fourni par la théorie newtonienne de l'attraction universelle :

> nous disons que les phénomènes généraux de l'univers sont *expliqués* autant qu'ils puissent l'être par la loi de la gravitation newtonienne parce que d'un côté, cette belle théorie nous montre toute l'immense variété des faits astronomiques comme n'étant qu'un seul et même fait envisagé sous divers points de vue ; la tendance constante de toutes les molécules les unes vers les autres en raison directe de leurs masses et en raison inverse des carrés de leurs distances ; tandis que, d'un autre côté, ce fait général nous est présenté comme une simple extension d'un phénomène qui nous est éminemment familier, et que, par cela seul, nous regardons comme parfaitement connu, la pesanteur des corps à la surface de la terre[2].

Que l'Histoire Naturelle en général et la Géologie en particulier ne puissent répondre à ce modèle de scientificité, il s'en est déjà expliqué en 1830 : « l'étude spéciale de la terre » suppose la connaissance du « système entier des sciences fondamentales », depuis l'astronomie jusqu'à la physiologie, à condition qu'elles aient pris « un caractère définitif », ce qui n'est pas le cas. Pour tout ce qui relève de la « physique concrète », on est loin du compte : « Jusqu'alors, on n'a pu recueillir à ce sujet que des matériaux plus ou moins incohérents, qui sont même encore fort incomplets »[3]. La « cosmologie concrète » reste donc à l'état « arriéré » en raison de sa complication supérieure, état qui est celui de l'Histoire Naturelle. Il est vrai que « la prétendue science géologique a déjà conduit tous les bons esprits à n'y jamais admettre que les forces normales, même envers les phénomènes qui faisaient jadis rêver de catastrophes inexplicables »[4], c'est-à-dire à reconnaître l'exclusivité du principe des causes actuelles, mais cela ne pouvait pas suffire à en faire une science au sens plein du terme. De toutes manières, il ne se rendait pas compte que le catastrophisme était loin d'être mort, et qu'une physique illusoire et désuète permettait à la communauté géologique d'ignorer ses illogismes. L'Histoire Naturelle de la Terre, qui,

1. A. Comte, *Système de politique positive*, t. 1 (1851), 5e éd. Paris, Société positiviste, 1929, p. 430-432.

2. A. Comte, *Cours de philosophie positive*, 1re leçon (1830), dans *Philosophie première*, Paris, Hermann, 1975, p. 26.

3. *Ibid.*, 2e leçon, p. 49.

4. A. Comte, *Système*, *op. cit.*, t. 2, p. 441.

du point de vue de la religion positiviste de l'Humanité, n'aurait aucun intérêt, et, « sans aucun profit réel pour notre perfectionnement matériel et physique », serait plutôt nuisible « à notre perfectionnement moral par l'orgueil et la sécheresse qu'ils développent », est-elle pour autant à rejeter en raison des conceptions théologiques et métaphysiques qui l'encombrent « faute de bases rationnelles » ? Il s'agit, pour Auguste Comte, d'un état indispensable à l'enfance de la science, mais qui tendrait ensuite « à la prolonger indéfiniment » [1]. En sortir revient à passer d'un stade qui consiste à organiser dans des cadres imaginaires, qui semblent représenter des possibilités logiques, un matériel empirique, stade que l'on peut qualifier de préscientifique, à la réalisation ultérieure d'une science définie par sa rationalité propre.

1. A. Comte, *Système*, *op. cit.*, t. 4, Appendice général, 4e partie, « Considérations philosophiques sur la science et les savants » (1825), p. 161.

Illustration 28
Émile Argand (1879-1940)

CHAPITRE VI

LA PHYSIQUE DU GLOBE

Le projet d'une connaissance de la Terre, destinée à recevoir le nom de Géologie, est né à l'ombre d'une Physique du Globe inscrite elle-même dans le cadre d'une Mécanique céleste, celle de Newton. L'objet de la *Théorie de la Terre*, nous dit Buffon, en est l'*Histoire Naturelle*, mais il existe aussi pour lui une «physique de la terre» qui tient à la physique céleste[1]. C'est au nom de cette Physique que la Terre doit être comprise comme une planète, initialement en fusion, arrachée par une comète du Soleil autour duquel elle gravite. Son refroidissement est censé représenter théoriquement la variable physique qui sous-tend son devenir, dont son *Histoire Naturelle* nous fournit la description. Contrairement à ce que prétendait Cuvier, qui, comme nous l'avons vu, voulait réduire la Géologie à « une science de faits et d'observations », il est impossible d'ignorer la réalité *physique* de l'astre qui en est l'objet. Pour rendre intelligibles les phénomènes observables à sa surface, il n'est pas possible de ne pas tenter de regrouper les connaissances que l'on en possède par des « hypothèses et conjectures» sur son origine et sa nature. Autrement dit, on ne peut pas dissocier totalement la *Géognosie* d'une *Géogénie*, elle-même scientifique pour autant qu'elle pourra s'appuyer sur des lois physiques établies. Les premières pages des traités de Géologie publiés au XIXe siècle sont souvent consacrées à une *Géographie physique* plus ou moins développée, qui traite de la forme et de la constitution de la terre, de la distribution des terres et des mers et de la formation des reliefs, même si l'essentiel de ces traités décrit la succession des terrains dans un ordre chronologique comme le

1. Buffon, *Histoire et Théorie de la Terre*, *Preuves*, art. 1, dans *Œuvres complètes*, *op. cit.*, t. 1, p. 130.

Manuel de De La Beche nous en a fourni un exemple. Un peu plus tard, dans son *Manuel de Géologie* de 1854, Carl Vogt traite cette Géographie physique et la *Physique du Globe* comme des termes synonymes, qualifiant l'un et l'autre une science qui aborde la Terre comme un corps naturel, pris sous tous ses aspects. La Géographie physique est donc d'abord mathématique et astronomique, puisque la Terre est un corps qui circule dans l'espace du monde. Elle est ensuite *physique*, à proprement parler, en tant que formant un système fermé dont les dimensions relèvent des divers départements de la Physique: la pesanteur, la chaleur, la lumière, le magnétisme, l'électricité, etc. Ses départements particuliers seront, enfin, la Météorologie, la Géologie et la Géographie descriptive sous tous ses aspects[1]. La Géologie ne serait ainsi qu'un département de cette Géographie physique ou Physique du Globe.

Dans cette distribution encyclopédique, proposée par Vogt, nous retrouvons les grandes lignes du projet de Buffon, mais la même vision avait déjà pris chez Humboldt une dimension proprement philosophique: «En reculant les limites de la physique du globe, en réunissant sous un même point de vue les phénomènes que présente la terre avec ceux qu'embrassent les espaces célestes, on s'élève à la science du Cosmos, on convertit la physique du globe en une physique du monde». Il ne s'agit pas, pour autant, de la confondre avec les *Encyclopédies des sciences naturelles*, mais d'y voir une science «qui aspire à faire connaître l'action simultanée et le vaste enchainement des forces qui animent l'univers», forces qui sont réunies dans la notion de Nature. Humboldt se réfère ici à Schelling pour lequel la Nature «n'est pas une masse inerte; elle est, pour celui qui sait se pénétrer de sa sublime grandeur, la force créatrice de l'univers, force sans cesse agissante, primitive, éternelle, qui fait naître dans son propre sein tout ce qui existe, périt et renait tour à tour»[2]. Nous avons affaire à cette même Philosophie de la Nature qui avait inspiré à son ami von Buch, le Discours de réception à l'Académie des sciences de Berlin en 1806[3]. Cette vision du monde de Humboldt, dégagée de son contexte romantique, sera adoptée, plus ou moins implicitement, par nombre de géologues, par exemple, d'Archiac, dans la perspective d'une identité entre *Physique du Globe* et Géogénie. La chaleur apparaît ainsi comme la source des deux forces d'importance capitale pour les sciences de la nature vivante et inanimée: la force organique ou vitale dont la source

1. C. Vogt, *Lehrbuch der Geologie und Petrefaktenkunde*, *op. cit.*, t. 1, p. 1-2.
2. A. de Humboldt, *Cosmos*, trad. fr. H. Faye, Paris, Gide et Baudry, 1848, t. 1, p. 46.
3. Voir *supra*, chap. II, p. 91.

est le Soleil, et la force physique qui provient du centre de la Terre, l'une et l'autre étant issues de la nébuleuse primitive, conformément à l'hypothèse cosmogonique de Kant et de Laplace[1]. Mais la *Physique du Globe*, devenant science positive, verra ses objets se limiter de manière drastique : température extérieure et intérieure, figure, et densité de la Terre, magnétisme. La température est au premier plan parce qu'elle assure la fonction d'intermédiaire mathématique et expérimental entre une géodynamique spéculative qui imagine la manière dont les forces internes produisent les phénomènes de surface et une géologie historique, c'est-à-dire descriptive[2].

Les incertitudes

Contraction de la Terre et Géosynclinaux

La Physique du Globe représente ainsi le cadre théorique susceptible de fournir à la Géologie les moyens de se constituer comme science. Mais ce cadre est encore, pour ainsi dire, virtuel. Pour prendre « la voie sûre d'une science » (« *den sicheren Gang einer Wissenschaft* », comme disait Kant), il faut parvenir à obliger la nature à répondre aux questions qu'on lui pose, et « non pas se laisser conduire pour ainsi dire en laisse par elle »[3]. Si nous en restons au niveau d'une « science de faits et d'observations » qui ne chercherait pas à dégager les principes intelligibles des données qu'elle rassemble, nous ne pouvons pas prétendre avoir atteint le stade authentiquement scientifique, puisque nous restons tributaires des phénomènes tels qu'ils nous apparaissent. Pour aller plus loin, il faut disposer d'hypothèses théoriques à partir desquelles on pourra interroger de manière pertinente ces phénomènes géologiques et *comprendre* ce que peuvent signifier les résultats obtenus. La volonté de recourir à une Physique traduit la prise de conscience de l'impossibilité d'en rester à la seule Histoire Naturelle de l'objet Terre. Tant que la Physique disponible en restera au seul refroidissement de la terre, dont Buffon a conclu à la formation des montagnes par effondrements dus à la crevaison des boursouflures qui s'étaient produites dans la matière encore en fusion, et tant qu'on attribuera ensuite les reliefs soit à la contraction de l'écorce terrestre qui provoque des soulèvements par la compression du noyau en fusion, soit à celle du noyau

1. A. d'Archiac, *Géologie et Paléontologie*, Paris, Savy, 1866, p. 756-757.
2. *Ibid.*, p. 308-326, p. 303.
3. Kant, *Critique de la Raison pure* (1787), trad. Tremesaygues et Pacaud, 2e éd. Paris, Alcan, 1905, p. 20.

sur lequel la croûte, devenue stable, s'effondre, il n'y aura qu'une juxtaposition entre des observations insuffisantes et une physique indigente. On ne peut y voir que l'esquisse d'une science possible. La fonction de celle-ci se limitera à encadrer logiquement des hypothèses qui n'auront pas d'autre fondement que mythique et dont la valeur explicative des données acquises par les premiers observateurs sera illusoire. Plus tard, les réticences manifestées par Eduard Suess vis-à-vis de l'hypothèse des géosynclinaux, par exemple, n'ont pas été suivies par ses émules et successeurs parce que la poussée alpine du sud-est vers le nord-ouest se heurtait bien à un avant-pays constitué par les massifs anciens de France et d'Europe centrale, mais provenait d'un arrière-pays constitué par les bassins effondrés de l'Adriatique et de la Méditerranée, sans que l'on comprenne comment un effondrement peut être à l'origine d'une poussée. De même, si Dana avait, auparavant, associé la chaine des Appalaches à l'Océan Atlantique, dont elle suivait le rivage, parce que la poussée indiquée par l'orientation de ses plissements semblait en provenir, il restait à savoir comment une force pouvait émaner d'un abîme. Mais l'idée d'un pincement des couches sédimentaires en raison de la contraction du globe, inhérente au modèle des géosynclinaux, permettait, en définitive, d'oublier ces difficultés ou de négliger les observations gênantes. C'est pourquoi, malgré les réserves de Suess, les géosynclinaux se sont imposés : il ne disposait pas d'une *autre* théorie physique lui permettant de rendre compte valablement des poussées tangentielles qu'il a mises en évidence. Les effondrements ne valaient pas plus cher que les géosynclinaux, bien au contraire, si on se souvient qu'ils supposent d'énormes vides ou cavernes, situés sous l'écorce terrestre.

Les géosynclinaux et les effondrements

Si les géosynclinaux ont donc pu s'imposer sous des formes diverses, depuis leur conception en 1859 par l'américain Hall et la formulation de la notion correspondante par Dana en 1873 et surtout en 1876, dans le fameux *Manuel*, et cela, jusqu'en 1965, date du dernier ouvrage qui leur a été consacré, soit pendant un siècle, c'est en raison de la collusion qu'il y avait entre le modèle d'interprétation des observations géologiques qu'ils offraient et cette théorie physique imaginaire qui s'appuie en réalité sur l'expérience courante. Puisque, au départ, cette théorie semble assimiler le globe terrestre à un boulet de canon métallique, qui se contracte en se refroidissant, et, malgré la dissociation savante faite par Fourier en 1824 entre la surface terrestre thermiquement stable, et l'existence d'une chaleur interne propre qui ne peut se dissiper que très lentement en raison des propriétés isolantes des couches rocheuses, elle demeure une théorie simple et facile à saisir, puisque nous avons appris dans notre enfance que les métaux se contractent en se refroidissant. Elle est de la nature de ces soi-disant évidences naturelles qui, dans le domaine scientifique, constituent autant d'obstacles épistémologiques, qui bloquent la recherche en limitant les interprétations possibles des phénomènes observables au cadre qu'elles imposent, à savoir ici le rétrécissement d'une écorce qui reste en place à travers le temps. Entre contraction du globe par refroidissement et géosynclinaux, la correspondance est intime en ce sens qu'ils traduisent une même attitude en face des phénomènes géologiques, laquelle consiste à accorder à la cohérence empirique apparente la prédominance sur la réflexion théorique qui exige une cohérence rationnelle, devenue impossible en raison d'habitudes mentales qui passaient pour des modèles de démarches scientifiques.

Lorsqu'il sera établi par Holmes et Joly, dans le premier quart du XXe siècle, que la radioactivité dissipe de la chaleur, qu'il existe des substances radioactives dans les roches terrestres, et qu'il existait donc une importante production de chaleur à l'intérieur du globe en parfaite contradiction avec l'idée de refroidissement et, par conséquent, de contraction, une bonne partie de la communauté géologique, parmi lesquels se trouvaient les meilleurs esprits, n'a pu réagir que par le scepticisme. Un témoignage nous en est fourni par Jean Goguel. Au terme d'un chapitre consacré à la *Dynamique interne* à la Terre, il met en question l'explication de la formation des montagnes par la contraction résultant du refroidissement du globe : « il ne semble pas qu'aucun mécanisme concevable puisse, dans un tel moteur, transformer en énergie mécanique plus qu'une proportion infime de l'énergie thermique dissipée vers la surface : le rendement serait trop faible pour fournir l'énergie soit des séismes, soit des déformations orogéniques ». Les courants de convection dans le manteau lui semblent une solution possible, mais après en avoir recensé les difficultés, il se montre finalement perplexe : aucune des théories qu'il a examinées dans le cadre de cette question n'est entièrement satisfaisante en présence de la dissymétrie que présentent les chaines de montagnes et qui suppose une compression horizontale de l'écorce. Les questions qui se posent lui semblent ne pas pouvoir être résolues d'un seul coup et laissent entier le problème d'« une synthèse de tous les résultats de la géologie et de la physique du Globe ». Il ajoute enfin : « Lorsque ce problème aura été résolu – s'il doit l'être un jour – une étape majeure aura été franchie dans la compréhension de ce qu'est la vie de notre Terre » [1]. Lorsqu'il écrivait ces

1. J. Goguel, *Dynamique interne*, dans *La Terre*, Paris, Gallimard, 1959, p. 1324 et 1327-1328.

lignes, en 1959, le divorce était à peu près total entre une nouvelle Physique du Globe en plein essor et une Géologie qui se résignait à demeurer « une science de faits et d'observations », c'est-à-dire, en définitive, une Histoire Naturelle qui se satisfaisait d'explications sans fondements vérifiables. L'ensemble du chapitre mentionné vérifie ce divorce.

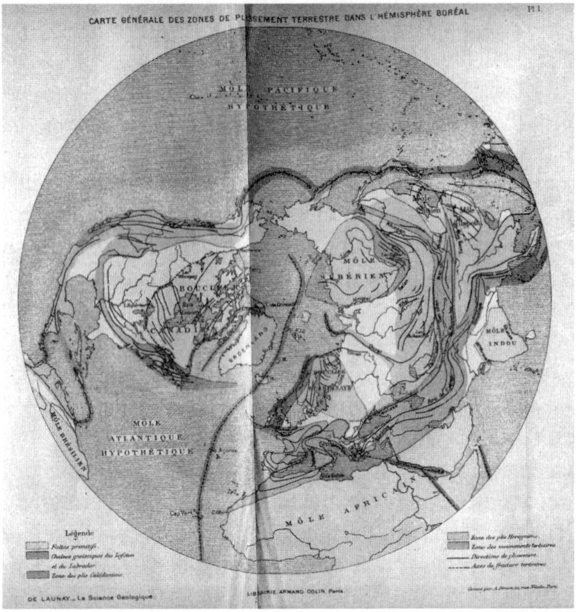

Illustration 29
de Launay, *Môles et plissements*

La dissymétrie des chaines montagneuses, authentifiée par Dana, avait donc conduit Suess à la distinction entre un avant-pays contre lequel le mouvement orogénique butait et un arrière-pays dont il provenait, ce qui était difficile à réduire à une simple contraction. Mais elle va être assez vite minimisée, voire oubliée. Un géosynclinal tend à se réduire à une simple ride concave, destinée à rendre compte des sédiments accumulés dans les dépôts qui ont donné les montagnes. De Dana et Suess, nous sommes passés à Émile Haug, qui, en 1900, situait tout géosynclinal entre deux masses continentales stables (et non plus sur une marge continentale subissant une poussée venue des fonds océaniques) et plaçait en son centre une ride convexe, baptisée géanticlinal. Suess aurait donc exagéré l'idée d'une orientation des poussées orogéniques puisque l'arrière-pays et l'avant-pays représentent deux voussoirs continentaux qui fonctionnent à la manière d'un étau [1]. La théorie, encore une fois, refuse de prendre en considération les faits qui la dérangent en suivant sa propre logique, qui est celle d'un simple resserrement. Pouvait-il en être autrement ? Force est de reconnaître que la contraction de la Terre, en raison de son caractère global, ne permettait pas de concevoir au niveau de l'écorce une poussée dans une seule direction. Les explications de la formation des Appalaches par Dana à partir d'une poussée venue de l'Atlantique ou celle des Alpes par Suess à partir de la Méditerranée, c'est-à-dire de bassins d'effondrement, sont apparues comme beaucoup trop « spéculatives », c'est-à-dire incompatibles avec une notion qui s'était rigidifiée, pour pouvoir entrainer la conviction. Il ne restait donc plus qu'à « supprimer » [2] la dissymétrie des montagnes et en particulier des Alpes. Ce sont les géologues français qui s'en chargent : l'axe général des plissements alpins serait donc formé par « une sorte de massif central en éventail complexe, avec renversement des plis à droite et à gauche » [3]. Ils retrouvent ainsi le primat de la verticalité : les plissements et les mouvements horizontaux ne représentent que les résultats secondaires des effondrements et soulèvements toujours situés au premier plan de la problématique géologique.

L'Atlantide

Le plus célèbre des effondrements mythiques est celui de cet ancien continent Atlantique qui, d'après Louis de Launay et ses contemporains, a dû se faire à une époque très récente. L'événement est relaté par un vieux prêtre égyptien à Solon, l'un des sept sages, qui, lui-même devenu très âgé, en fait part à Critias, qui l'expose devant Socrate et ses interlocuteurs, dans deux des Dialogues de Platon : le *Timée* et le *Critias*. Pierre Termier a pris le récit fait par Critias suffisamment au sérieux, (contrairement à Platon, dont il n'a pas perçu l'ironie), pour lui consacrer en 1912 une Conférence dans laquelle il en donne une longue citation dont on ne retiendra que la fin. Les Athéniens auraient repoussé les Atlantes, ces habitants d'une île Atlantide, « plus grande que la Lybie et que l'Asie », située à l'ouest,

1. L. de Launay, *La science géologique*, *op. cit.*, p. 393.
2. *Ibid.*, p. 427.
3. *Ibid.*, p. 429.

au-delà des colonnes d'Hercule (le détroit de Gibraltar) et les auraient poursuivis jusque chez eux. Mal leur en a pris, car « Plus tard, de grands tremblements de terre et des inondations engloutirent, en un seul jour et en une nuit fatale, tout ce qu'il y avait chez vous de guerriers. L'île Atlantide disparut sous la mer. Depuis ce temps là, la mer, dans ces parages, est devenue impraticable aux navigateurs; les vaisseaux n'y peuvent passer, à cause des sables qui s'étendent sur l'emplacement de l'île abîmée »[1]. Le problème, insoluble autrement, était celui des affinités reconnues entre les deux bords de l'Océan atlantique, à savoir le nord de l'Europe et le nord de l'Amérique, l'Afrique et l'Amérique du sud, problème relancé par Eduard Suess pour lequel la chaine des Appalaches prolongeait la chaine Hercynienne, au point de représenter des Altaïdes américaines. C'est donc un pont transatlantique qui se serait effondré « dans un gouffre de plusieurs milliers de mètres de profondeur », accident catastrophique, comme il s'en est « produit et même répété à bien des reprises au cours des dernières périodes géologiques », et Pierre Termier ajoute sans sourciller : « C'est ce dont aucun géologue n'a le droit de douter »[2]. En faveur d'un tel effondrement, Pierre Termier voyait encore la présence du volcanisme dans les îles atlantiques et la structure des fonds océaniques formés de deux grandes dépressions parallèles, allongées du nord au sud, et séparées par une zone médiane surélevée. Qu'il y ait une contradiction flagrante entre ces effondrements et l'établissement par Suess lui-même que le granite qui constituait la matière des continents était plus léger que le basalte des fonds océaniques, ce qui les rendait inconcevables, ne semble jamais l'avoir effleuré. Or, dans l'Atlantique, nous retrouvons exactement la structure des géosynclinaux dans la version qui en a été proposée par Émile Haug : une grande profondeur (contrairement à Dana qui associait faible profondeur et subsidence lente) et un géanticlinal médian[3]. Comment se fait-il que, chez ces géologues, une autre explication des affinités entre les deux bords de l'Atlantique, qu'ils avaient, eux-mêmes, mises en évidence, ne leur ait jamais effleuré l'esprit, à savoir la scission d'un continent primitif, dont les morceaux se seraient éloignés? Cela leur était impossible pour deux raisons : la première, psychologique, est « notre confiance instinctive » dans la stabilité terrestre[4] et dans les repères géographiques dont on a pu admettre qu'ils s'élèvent ou s'abaissent, mais à condition de rester en

1. P. Termier, *L'Atlantide* (1912), dans *À la gloire de la Terre*, *op. cit.*, p. 121.
2. *Ibid.*, p. 144.
3. E. Haug, *Traité de Géologie*, *op. cit.*, t. 1, p. 158-160.
4. L. de Launay, *La science géologique*, *op. cit.*, p. 352.

place. La seconde, épistémologique, est due à ce qu'ils ne disposaient pas des moyens conceptuels nécessaires à la compréhension de déplacements horizontaux profonds.

Que « le soulèvement d'une chaine montagneuse débute, en principe, par le creusement du géosynclinal dont cette chaine doit prendre la place », c'est, pour Louis de Launay, comme pour Pierre Termier et quelques autres, « non plus une hypothèse mais un fait d'observation »[1]. C'est sans doute la raison pour laquelle les travaux de Émile Haug éclipseront rapidement l'œuvre de Eduard Suess. Avant que ce « fait d'observation » ne disparaisse définitivement en 1968, il a été l'objet, en 1965, d'une étude, par Jean Aubouin, qui en représente, d'une certaine façon, le chant du cygne. L'histoire en est récapitulée à partir de l'apparition de la notion et du terme avec Hall et Dana, avec l'idée d'un bas-fond marin en subsidence lente, à laquelle, en 1900, Émile Haug a substitué celle de cuvette profonde et allongée, présentant plusieurs saillies, dites géanticlinaux. Tout au long de la première moitié du XXe siècle, on constate la diversification du modèle proposé initialement par Haug, suivant leurs diverses formes supposées d'apparition, avec un enrichissement quelque peu scolastique de la terminologie, dont Aubouin retient seulement les *miogéosynclinaux*, situés en bordure des aires continentales, baptisées *Cratons*, et les *eugéosynclinaux*, placés au large et caractérisés par la présence d'ophiolites, c'est-à-dire de basaltes, gabbros et serpentines, toutes roches attribuées au volcanisme sous-marin[2]. À partir de ses propres études des montagnes du nord de la Grèce, Jean Aubouin a regroupé les géosynclinaux par couples formés d'un eugéosynclinal, ici la chaine du Pinde, et d'un miogeosynclinal, situé en Épire, séparés par la ride du Gavrovo, considéré comme un géanticlinal, structures qui pouvaient se redoubler en bicouples[3], et qu'il a pensé retrouver dans les Alpes[4] et ailleurs, compte tenu de variations locales.

Les descriptions géologiques qui sont exposées dans ce livre relèvent d'une phénoménologie exacte : on peut relever des dispositifs du même ordre tant dans les Alpes qu'en Asie du sud-est. Ce qui est en question, c'est la portée explicative de la notion de géosynclinal qui mérite d'être rapprochée des notions auxquelles Aristote fait appel dans sa physique. La physique d'Aristote est une phénoménologie, c'est-à-dire une description

1. *Ibid.*, p. 371.

2. J. Aubouin, *Geosynclines*, Amsterdam, Elsevier, 1965, p. 26.

3. *Ibid.*, p. 74, fig. 19. Voir aussi M. Lemoine, « Une science en crise au milieu du XXe siècle, la géodynamique : des géosynclinaux aux océans disparus », dans J. Gaudant, *L'essor de la Géologie française*, *op. cit.*, p. 133-170.

4. *Ibid.*, p. 169, fig. 47.

de ce que nous percevons : les corps légers montent et les corps lourds tombent, certes, mais la puissance du lieu qui attire les premiers vers le haut et les seconds vers le bas est une explication imaginaire, sinon verbale, une « vertu » au sens de la célèbre « vertu dormitive de l'opium », redondante par rapport à l'observation. Avec Galilée, nous sommes en présence de tout autre chose : une loi mathématique de la chute des corps qui donne la raison d'une accélération observable dans un univers non plus défini par des lieux fictifs, mais lui-même mathématique, et dont l'extension donnera ensuite la théorie de l'attraction universelle dans le cadre d'une Mécanique céleste. La notion de géosynclinal répond à la description de l'épaisseur des couches plissées observée par Hall dans les Appalaches ; elle n'en est pas l'explication mais seulement un résumé. Entre les travaux de Aubouin et ceux de Jason Morgan, de Xavier Le Pichon et quelques autres, il ne s'agit pas d'un simple changement de *paradigme*, dû à l'identification de la nature des fonds océaniques, mais d'une transformation radicale de la Géologie. Délivrée du besoin de forger des hypothèses mythiques ou spéculatives, elle peut alors prendre « la voie sûre d'une science » en s'étayant sur une Physique du Globe approfondie qui lui en fournissait, enfin, les moyens.

Une mutation annoncée

La dérive des continents : Wegener

Mais cette mutation n'a été rendue possible que par la découverte de la dérive des continents. Une telle découverte radicalise une vision héraclitéenne de la surface terrestre, qui n'était pas neuve puisque Robert Hooke l'avait adoptée au sujet des tremblements de terre par référence à Sénèque [1] et Louis Cordier, en 1827, en affirmant le « principe de l'instabilité universelle », au terme de l'*Essai* où il démontre l'existence de la chaleur interne du Globe. Mais il n'en avait été retenu qu'un mobilisme vertical qui respectait encore la stabilité des grands traits géographiques d'une croûte endurcie. Désormais, la philosophie d'Héraclite s'impose à la Géologie, et ruine « notre confiance instinctive dans la stabilité terrestre ». Mais la force de l'instinct retardera pourtant de cinquante ans la reconnaissance de cette découverte par la communauté géologique à quelques exceptions près, alors que les connaissances nouvelles en géophysique ont ruiné les conceptions dominantes du siècle précédent à leur base, à savoir le refroidisse-

1. R. Hooke, *A Discourse of Earthquakes*, dans *The Posthumous Works* (1705), 2e éd. Londres, Cass, 1971, p. 311.

ment du globe, et sa contraction. C'est en 1912, puis en 1915, que Wegener a rendu publiques ses idées sur les déplacements continentaux. De son propre aveu, elles lui seraient venues à partir de la concordance observée entre les rivages opposés de l'Atlantique, puis de la reconnaissance des affinités paléontologiques entre l'Afrique et le Brésil qui supposaient une liaison terrestre. Il lui a fallu néanmoins rassembler l'ensemble des données disponibles sur les translations qui pouvaient avoir eu lieu à la surface du globe avant de pouvoir exposer ce qui, à présent, passe pour une évidence[1], mais il manquait encore la connaissance d'une Physique du Globe qui permettrait d'expliquer le mouvement des continents sur une écorce qui n'était plus pensée comme rigide, à partir des courants de convection du manteau, comme Wegener l'avait envisagé en 1929 à la suite de Joly, qui en avait formulé l'idée, reprise en Allemagne par Schwinner et Kirsch[2].

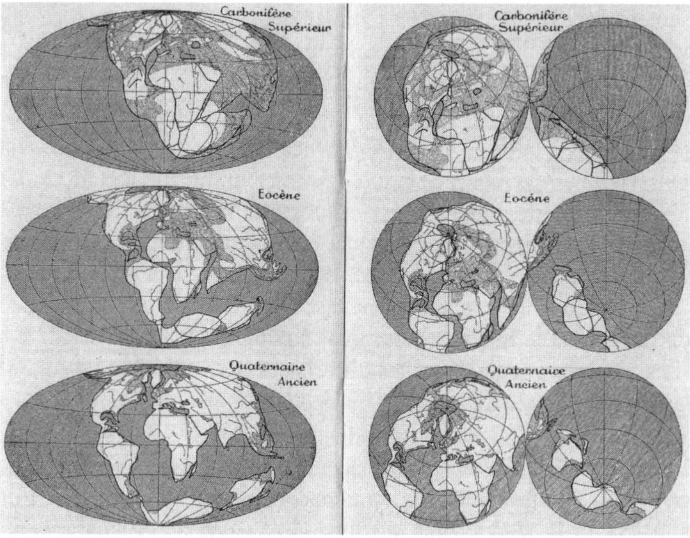

Illustration 30
Wegener, *La dérive des continents*

1. A. Wegener, *La genèse des continents et des océans*, trad. fr. Paris, Nizet et Bastard, 1937, p. 1.
2. *Ibid.*, p. 171-172.

À partir de la conviction que les forces agissantes à la surface de la Terre avaient été constantes au cours des époques géologiques connues jusqu'à nos jours, Charles Lyell, en récusant la théorie du refroidissement, avait envisagé un pouvoir régénérateur de la chaleur à l'intérieur du globe [1], nous le savons. La découverte de ce pouvoir dans la radioactivité, ce qui annule l'idée d'une contraction du globe comme source des poussées horizontales productrices des plissements, rend ces derniers inexplicables. La force qui a fait naitre les plissements montagneux ne peut alors avoir sa source que dans la translation de leur socle, soit par leur rencontre, soit, s'ils se trouvent en bordure continentale comme la chaine des Andes, en raison « de la résistance frontale qu'opposa à leur avancement le fond abyssal du Pacifique, résistance explicable par le fait que celui-ci, existant comme tel depuis les époques géologiques les plus reculées, avait pu se refroidir profondément et devenir très résistant » [2]. En lisant cette explication superflue de la résistance des fonds du Pacifique à l'avancée des Amériques par un refroidissement dépassé, on voit ici qu'il manque encore à Wegener certaines conditions pour appliquer ce principe certain de manière générale. Les arguments qui suivent, et qui regroupent ce que l'on savait en 1929, datent de cette dernière édition remaniée du livre de 1915. Ils forment un tissu serré dans lequel les insuffisances, principalement géodésiques et géophysiques, restent secondaires en face de la force des raisons qui auraient dû emporter la conviction de ses contemporains géologues, même si les géophysiciens pouvaient peut-être encore surévaluer la rigidité de l'écorce terrestre en profondeur malgré l'observation des énormes plissements de surface qui démontraient depuis longtemps une certaine plasticité de fait sur le long terme des roches en apparence les moins flexibles.

Les mesures géodésiques des différences annuelles établies entre les longitudes du Groenland et de l'Europe attestent une dérive, mais sont surévaluées par Wegener, et les données concernant les rapports de l'Europe et de l'Amérique, les déplacements de Madagascar, de l'Afrique du Sud, etc., sont présentées de manière concise et à vérifier. On se trouve sur un terrain beaucoup plus sûr lorsqu'on passe à certains arguments géophysiques : 1) l'autonomie des plateaux continentaux et des fonds océaniques, attestée par deux pics d'altitude moyenne, ce qui permet d'assimiler les continents à des icebergs flottant sur un milieu liquide plus dense [3]; 2) la théorie de l'*isostasie*, connue depuis 1855, fondée sur la

1. Ch. Lyell, *Principes de Géologie*, trad. cit., t. 2, p. 273-274.
2. A. Wegener, *La genèse des continents et des océans*, *op. cit.*, p. 20.
3. *Ibid.*, p. 35-38 et fig. 8 et 9.

mesure d'anomalies de la pesanteur, qui ont permis d'établir une plus grande épaisseur de l'écorce terrestre sous les masses montagneuses de moindre densité que le magma visqueux sous-jacent, conformément au principe d'Archimède (elle rend compte, en particulier, du soulèvement de la Scandinavie, allégée depuis la disparition de la calotte glaciaire qui la recouvrait au cours de la dernière glaciation); 3) les recherches sismologiques et géomagnétiques qui ont confirmé la distinction établie par Eduard Suess entre deux sortes de roches, les unes à base de silicates d'alumine, comme le granite qui prédomine dans les masses continentales, et les autres, de poids spécifique supérieur aux précédentes, formées surtout de silicium et de magnésie, comme le basalte, roche volcanique par excellence. On ne doute plus, à l'exception de certains géophysiciens, que le basalte est situé sous le granite continental et forme les fonds océaniques et que cette roche, rigide du point de vue de l'expérience humaine, peut se révéler visqueuse à l'échelle géologique, qui compte en millions d'années. À cela, s'ajoutent la fusion due à l'élévation de la température en profondeur, et l'hypothèse de l'existence de courants de convection. Suivent les observations proprement géologiques qui démontrent une coïncidence exacte entre l'Amérique du Sud et l'Afrique australe, dans les chaines plissées de part et d'autre, et dans la stratigraphie des terrains respectifs, malgré une distance de 6000 km de leurs extrémités méridionales, et ceci, jusqu'au Crétacé, période qui marquerait le début de leur séparation. La même chose peut être établie pour l'Atlantique nord par la simple juxtaposition entre la position des chaines armoricaine et calédonienne qui se sont succédées en Europe, et le double plissement des Appalaches qui, pour Suess, constituaient les « Altaïdes américaines », aux époques correspondant à leur formation. Des coïncidences du même ordre permettent de regrouper les morceaux épars du Gondwana, l'ancien continent austral, qui forme bien un tout, depuis l'Amérique du Sud jusqu'à l'Inde, l'Australie et l'Asie du sud-est. La Paléontologie et la Climatologie ne font que compléter ces résultats. Les traces de glaciations permo-carbonifères découvertes dans l'hémisphère sud à proximité des tropiques attestent, par exemple, une dérive des continents vers le nord.

On pourrait penser que, devant un tel rassemblement d'éléments convergents, la cause devrait être entendue. Cependant, la communauté géologique a préféré ne retenir que plusieurs faiblesses d'un texte qui contient malheureusement quelques fantaisies : il est question, entre autres d'une écorce terrestre originellement uniforme et couverte par les eaux, dont les continents auraient surgi par une sorte de contraction, ou encore d'une baisse d'intensité, autrefois admise, des forces orogéniques[1] depuis les périodes les plus anciennes. Harold Jeffreys, géophysicien de Cambridge, s'en prend à l'idée malencontreuse d'une dérive des continents vers l'ouest en rapport avec le frottement des marées, dues à l'attraction de la lune et du soleil, qui s'ajoute à l'idée d'un déplacement du renflement équatorial terrestre, et à l'attribution aux pôles d'une « force répulsive », toutes translations qui « montrent à souhait que la Terre possède un certain degré de fluidité »[2]. À cela, il objecte que le degré insignifiant de viscosité de la Terre contredit non seulement la possibilité de déformations en rapport avec les forces dues aux marées, mais aussi l'isostasie, c'est-à-dire, l'obéissance des montagnes et des continents au principe hydrostatique d'Archimède, admise et vérifiée depuis longtemps, et la naissance des chaines de montagnes par une compression latérale due au déplacement des continents ; il se contente de mépriser les autres arguments[3]. Mais, plus tard, on apprendra que le même Jeffreys, pour contester les données qui proviennent du paléomagnétisme en faveur du mobilisme cortical, auquel il était passionnellement hostile, ira aussi jusqu'à écrire que le marteau utilisé pour les prélèvements de roches est responsable de leur aimantation[4]. On constate ici qu'une idée juste et féconde a été rejetée pour des raisons d'impossibilité mathématique fondée sur une appréciation abusive de la rigidité de l'écorce terrestre, ayant « ainsi fait perdre un demi siècle à la Géologie »[5]. Les mathématiques ne sont pas en question : elles ne font que restituer ce qu'on leur a fourni. C'est l'appréciation de la variable physique placée à la base des calculs qui pose problème en raison des inflexions que pouvait lui faire subir une pensée, non pas objective, mais égocentrique, de la part d'un savant devenu imperméable à autre chose que ses convictions de jeunesse. La « face de la Terre » pouvait peut-être vieillir, mais il fallait que son ossature reste intangible au nom d'une assimilation métaphorique avec un visage humain qui en aurait engagé le type d'évolution. Comme Wegener en a fait la remarque, il fallait continuer de considérer « l'invariabilité des positions des socles continentaux comme une vérité admise a priori, qui n'a pas besoin d'être démontrée »[6] alors qu'il ne s'agissait que d'une hypothèse. Elle ne relevait pas, à vrai

1. *Ibid.*, p. 192 et 193.
2. *Ibid.*, p. 168, 165 et 150-153.
3. Voir A. Hallam, *Une révolution dans les sciences de la Terre*, Paris, Seuil, 1976, p. 44-45.
4. C. Allègre, *L'écume de la Terre*, Paris, Odile Jacob, 1983, p. 82.
5. C. Pomerol, Y. Lagabrielle, M. Renard, *Éléments de Géologie*, *op. cit.*, p. 243-244.
6. A. Wegener, *La genèse des continents et des océans*, *op. cit.*, p. 128.

dire, de la pensée scientifique, mais de la pensée désirante ou mythique, dont elle a gardé la force irrationnelle.

La Tectonique de l'Asie

Parmi les rares géologues à avoir eu l'esprit suffisamment ouvert pour comprendre l'avancée capitale pour les sciences de la Terre que les idées de Wegener pouvaient représenter, il faut compter Émile Argand (1879-1940), géologue suisse, qui a démontré le lien, pressenti par Wegener, entre la formation des montagnes et la rencontre des continents, en 1922, dans une communication au Congrès géologique de Bruxelles sur la *Tectonique de l'Asie*[1].

Il fallait d'abord en finir avec la verticalité des mouvements tectoniques, posée en principe par la géologie traditionnelle, d'après laquelle « une marqueterie d'aires continentales et de géosynclinaux » ne faisait, avec le temps, que s'incruster sur place[2]. Il ne s'agissait que d'une illusion, due à ce que les compressions exercées par les efforts tangentiels qui déforment les couches, peuvent avoir des effets verticaux susceptibles de donner « l'impression trompeuse de soulèvements et d'affaissements purs »[3], car ces effets sont majorés dans la mesure où ils tranchent sur la continuité des déformations dans les deux dimensions horizontales. En particulier, lorsqu'il s'agit des failles : « Qu'on s'avise de construire tous ces objets dans leurs vraies proportions, sans surfaire les hauteurs, et voici les failles du plus grand rejet tombées au rang de faibles détails dans d'immenses structures largement courbées »[4]. Que dire alors des rifts ?

> Les énormes intumescences, à direction plus ou moins proches du méridien, de l'Afrique orientale et des deux rives de la mer Rouge, peuvent être regardés, pour l'essentiel, comme un système de plis de fond, de jeu anticlinal dominant, rattachable à une compression dans le sens des parallèles. Les grandes cassures subméridiennes, si importantes soient-elles, tombent au rang de simples détails dans une déformation de ce tonnage, et beaucoup d'entre elles peuvent être taxées de cassures en long dépendant du plissement de fond[5].

1. E. Argand, « La Tectonique de l'Asie », dans *Congrès géologique international 1922 : Comptes rendus de la XIIIe session fascicule 1*, Liège, Vaillant-Carmanne, 1924, p. 171-372.
2. *Ibid.*, p. 290.
3. *Ibid.*, p. 174.
4. *Ibid.*, p. 175.
5. *Ibid.*, p. 278.

En face d'un tel texte, il est utile de rappeler d'abord que nous ne sommes qu'en 1922 et que, pour être comprise, la fonction capitale des rifts intracontinentaux qui séparent les plaques mobiles dont la surface de la Terre est formée, entre lesquelles la montée du magma interne opère comme moteur des déplacements latéraux, suppose les acquis d'une Tectonique des Plaques qui naitra dans les années soixante seulement. Par « pli de fond », Argand entend ici un vaste pli, qui, dans un vieux bâti plissé, constituerait une « intumescence » récente, surimposée aux anciens plissements, et formant un grand arc d'ensemble. L'effort auquel le massif ancien rigide serait soumis se traduirait alors par des cassures entre compartiments saillants et compartiments affaissés, horsts et fossés, mais ce qui compte, c'est que la cause de ces mouvements soit une poussée tangentielle. Dans un texte où la dimension polémique est indissociable de la portée scientifique, traiter la cassure, en gros rectiligne, qui va de la Mozambique à la Turquie comme la conséquence d'un pli de fond, c'est faire d'une ligne droite un cas particulier de courbe et c'est refuser de faire la moindre exception à l'inversion du rapport de causalité entre les mouvements horizontaux et verticaux dans la genèse des massifs montagneux qui résultent de collisions entre continents. Argand prend donc le contrepied du type d'explication que l'on trouve chez Eduard Suess et Marcel Bertrand qui traitaient encore les poussées tangentielles, responsables des plissements et des charriages, comme les conséquences d'effondrements verticaux liés à la contraction du globe terrestre. Il est fondamental que la tectonique abandonne la verticalité à la Stratigraphie et à ses superpositions.

Désormais, les géologues vont avoir pour objet principal de recherche, moins les périodes géologiques, c'est-à-dire la distribution paléogéographique des terres et des mers dont les séries sédimentaires et leurs lacunes témoignent, que les conséquences tectoniques des déplacements continentaux. Au départ de ce renouvellement, Wegener avait décrit la dissociation de la Pangée, ce continent unique de l'époque carbonifère, qui a donné les continents actuels[1]. Or, la distinction faite par Suess entre les anciens continents d'Angara, c'est-à-dire l'Eurasie primitive, et de Gondwana, auquel l'Inde devait être rattachée en raison de sa flore, séparés l'un et l'autre par une Téthys, dont les mers Caspienne, Noire et Méditerranée sont les principales reliques, était bien fondée : sur ce point, il y avait accord. Il fallait alors admettre que, suite à la disjonction initiale de la Pangée, il y avait eu une remontée du continent austral, Indo-Africain vers l'Europe et l'Asie et, de ce fait, collision entre l'Inde et l'Asie, l'Afrique et l'Europe,

1. A. Wegener, *La genèse des continents et des océans*, *op. cit.*, p. 18-19, fig. 4 et 5.

avec pour conséquence la surrection de chaines de montagnes qui vont de l'Himalaya aux Alpes occidentales, aux Pyrénées, et, en Espagne, à la cordillère Bétique[1]. De l'Himalaya aux Alpes, la position respective des continents en cours d'affrontement est inversée : l'Inde passe sous l'Asie tandis que l'Afrique monte sur l'Europe, traduction de l'inversion dans la direction des mouvements tangentiels, du nord vers le sud en Asie, et du sud vers le nord en Europe, telle qu'Eduard Suess l'avait établie à partir de la dissymétrie des chaines de montagnes. Au niveau où se produit cette inversion, c'est-à-dire en Iran, il y aurait eu équilibre entre les forces antagonistes correspondant aux masses continentales : ce serait la raison de la symétrie constatable entre les deux ailes nord et sud qui forment une double chaine autour du plateau iranien. S'il est donc question de sous-charriages et de sur-charriages représentés dans les coupes correspondantes, les géosynclinaux ont disparu. Que les choses aient été un peu plus compliquées dans le détail des mouvements orogéniques, il reste néanmoins vérifié que l'Inde s'enfonce vers le nord sous la bordure de l'Eurasie et qu'il y a recouvrement de l'Europe par l'Afrique[2]. Émile Argand a consommé ainsi la rupture avec les évidences illusoires et passionnelles propres à la majorité des géologues qui lui étaient contemporains et parmi lesquelles il faut compter celle des géosynclinaux. En cela, il était seul, ou presque.

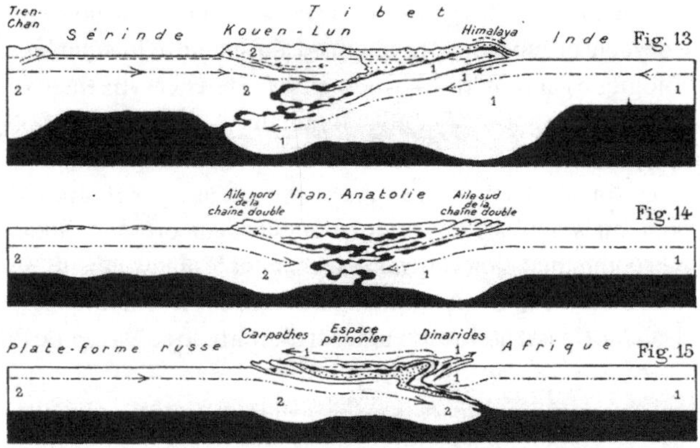

Illustration 31
Argand, *La rencontre entre Gondwana et Laurasia*

1. E. Argand, *La Tectonique de l'Asie*, *op. cit.*, p. 348-351, fig. 13-18.
2. C. Pomerol, Y. Lagabrielle, M. Renard, *Éléments de Géologie*, *op. cit.*, p. 314-320.

Il s'excuse d'avoir « négligé » la notion de géosynclinal[1], avec laquelle il propose d'établir un raccord de la manière suivante : le creusement de la cuvette géosynclinale n'est plus compris comme la conséquence d'un effondrement ou d'un affaissement d'une partie faible de l'écorce terrestre située entre deux boucliers inébranlables, mais comme le produit d'un étirement des couches continentales qui se creusent sous l'effet d'une traction horizontale due à l'éloignement des continents, jusqu'à ce que le fond de la dépression atteigne la couche océanique de base sur laquelle ils flottent comme des radeaux. Cet étirement permet de comprendre l'apparition d'un Océan entre les deux continents qui se sont séparés, mais aussi la présence de « roches vertes » (les ophiolites caractéristiques des eugéosynclinaux chez Aubouin) parmi les sédiments abyssaux que l'on retrouve dans les hautes montagnes, sans qu'il soit nécessaire d'invoquer un volcanisme sous-marin, puisqu'elles constituent la couche qui constitue les fonds océaniques (le sima de Suess) dont quelques lambeaux peuvent avoir été détachés et plissés. Lorsqu'il y aura inversion du mouvement de dérive de ces continents, la compression se substituera à la traction, et le serrage entre les deux blocs aboutira à la mise en place des structures montagneuses attribuées traditionnellement aux géosynclinaux, à ceci près que la différence de puissance entre les blocs opposés pourra rendre raison des dissymétries, bien observées par Suess, ce qui n'était pas le cas avec le rétrécissement bilatéral des parois d'un géosynclinal. Cette notion est donc devenue désuète et superflue, condamnée à disparaître lorsque la communauté géologique parviendra à surmonter sa préférence « instinctive » pour une surface terrestre horizontalement immuable.

Puisque nous sommes en 1922. La reconnaissance du bien fondé d'une géologie horizontale, telle qu'elle a été comprise aussi par Holmes, Du Toit, Daly et quelques autres[2], devra donc attendre encore une cinquantaine d'années la communication de Jason Morgan sur les mouvements des fonds océaniques, faite en 1967 et publiée en 1968, suivie des articles de deux anglais, Dan McKensie et Robert Parker et d'un article de Xavier Le Pichon.

Géophysique et Géologie

En 1923, Pierre Termier exprimait les réserves des géologues à propos de la dérive des continents dans les termes suivants : « On est ramené à la théorie de Wegener par la critique des autres théories. Mais contre elle-

1. E. Argand, *La Tectonique de l'Asie*, *op. cit.*, p. 299.
2. A. Hallam, *Une révolution dans les sciences de la Terre*, *op. cit.*, p. 47-48.

même, les objections se soulèvent en foule, auxquelles on ne sait que répondre »[1]. Or, à chaque fois que ces objections ont été approfondies, elles se sont révélées inconsistantes. Cependant, mises à part les bévues par lesquelles Wegener avait prêté le flanc à une critique justifiée, on peut noter que, pour un certain nombre d'entre elles, ces objections avaient été formulées surtout par des géophysiciens, en particulier Jeffreys. Certes, Pierre Termier voulait que les géophysiciens travaillent sous le contrôle des géologues, car, selon lui, « aucune théorie physique n'est recevable, qui n'ait été confrontée avec les faits géologiques bien observés »[2], mais c'est le contraire qui a eu lieu. La Physique, il faut le souligner, est une science dure, mathématisée, formalisée, dont les explications sont déduites de principes jugés certains, alors que la Géologie, qui était encore une Histoire Naturelle de la Terre, appartenait au groupe de ce que certains ont qualifié de « doctrines informes », catégorie dépréciative, s'il en est. Qu'une affirmation erronée résultant d'une donnée fausse, mais posée en principe, comme l'a été la rigidité excessive de la croûte terrestre, soit proférée par un physicien, elle devenait hautement respectable pour de simples observateurs qui manquaient de moyens démonstratifs. On avait déjà pu voir la même dépendance dans un autre domaine, lorsque les biologistes avaient accepté la « réfutation » de la théorie darwinienne de l'évolution par Lord Kelvin à partir d'une estimation de la durée des temps géologiques ridiculement courte, faite sur des bases fausses mais difficilement contrôlables et jugées recevables à l'époque. En présence de la « rigueur » des démonstrations géophysiques, les géologues sont invités à se satisfaire des géosynclinaux qui se creusent dans une écorce terrestre en voie de contraction, malgré les travaux de Wegener ou de Argand, et malgré la découverte de la radioactivité terrestre, et de ses conséquences par Holmes, jusqu'au moment où la communauté des géophysiciens parviendra, dans son ensemble, aux mêmes conclusions que ces derniers.

Mais il faut tenir compte aussi des impasses proprement géologiques : les théories qui supposent la fixité des continents ne sont que la négation de l'hypothèse qui en envisage les grandes translations. Ce fixisme, d'après Argand, renfermerait donc en lui « un principe d'inertie » qui fige « l'imagerie » positive des mouvements que l'on voit dans les plissements et les charriages. C'est pourquoi, « à voir cet ensemble, tout s'incruste sur place,

1. P. Termier, *La déformation de la surface terrestre au cours des âges* (1923), dans *La joie de connaître*, *op. cit.*, p. 151.
2. *Ibid.*, p. 129.

avec le temps, dans le sens vertical »[1]. On peut alors se demander si les géophysiciens, par certains côtés, ne se contentent pas d'apporter aux géologues de quoi justifier leur inertie et peut-être une certaine forme de paresse intellectuelle, voire « une certaine déficience de l'intuition du mouvement et de l'espace »[2] : il est plus difficile de penser des déplacements qui impliquent une représentation dans les trois dimensions que le fixisme, qui, pour Argand, n'en exigerait que deux.

Dans une partie de sa conclusion où il évoque les forces responsables des dérives continentales, dont « nous ne savons presque rien » et où il essaie de se représenter les distributions d'énergie dans la production des plissements de montagnes qui en dépendent, Argand fait cette remarque : « les visions justes se passent au besoin de lest théorique, tandis que les théories ne sauraient se passer d'une vision juste au départ »[3]. Une pareille remarque s'applique à ce qui était en train de se passer dans les débats de l'époque : si la vision de Wegener était juste, elle pouvait se dispenser de rechercher un appui dans les considérations théoriques erronées et maladroites sur les forces translatrices à l'origine de la dérive continentale qui s'ajoutent sans nécessité à une argumentation fondée sur des données suffisamment vastes et concordantes pour entrainer l'adhésion. Cela ne signifie pas, pour autant, que cette vision soit réductible à l'attitude de l'observateur qui décrit et qui classe, comme cela se pratiquait dans le cadre de cette Histoire Naturelle de la Terre, baptisée Géognosie : l'empirisme s'accommode volontiers de doctrines inavouables. Les données sur lesquelles Wegener s'appuyait ne relevaient pas, du reste, de la seule géologie de terrain, mais faisaient intervenir des connaissances géodésiques et géophysiques devenues disponibles au début du siècle, et dont l'interprétation impliquait déjà des principes abstraits, à commencer par ceux de la cartographie qui lui a permis de saisir la concordance entre l'Amérique du Sud et l'Afrique australe à partir de la lecture de simples cartes. Pour qu'une vision soit juste, il faut qu'elle soit synthétique, qu'elle réponde au problème dont la solution paraissait distante, sinon impossible en 1959 : celui de la « synthèse de tous les résultats de la géologie et de la physique du globe », souhaitée par Jean Goguel. En un mot, il faut qu'elle représente l'unification théorique des sciences de la Terre.

Ce que Argand, dans cette proposition, dénomme théorie, ne se réfère donc qu'à des connaissances qui manquaient encore et qui *lui* manquaient

1. E. Argand, *La tectonique de l'Asie*, *op. cit.*, p. 289-290.
2. *Ibid.*, p. 220.
3. *Ibid.*, p. 326-327.

pour comprendre les fondements de ces dérives continentales et de leur rôle dans la formation des montagnes par une compression latérale, dont la mise en évidence était due à tout l'acquis du siècle précédent, y compris la notion de *rempli*, introduite par Elie de Beaumont en 1852 et qu'il retient. Il n'est pas de science, même restée à l'état de doctrine informe, qui puisse se dispenser de fondements théoriques. Il lui manquait une *Physique du Globe* destinée à remplacer celle de la contraction par refroidissement, devenue obsolète, incapable de rendre compte des déplacements horizontaux, non seulement des nappes de charriage dans les montagnes mais surtout de ces portions de l'écorce terrestre que sont les continents.

La tectonique des plaques

Les éléments d'une synthèse

Dans la période comprise entre la publication du livre de Wegener, en 1915, et 1968, date du renversement définitif des positions fixistes vers ce qui a été nommé *mobilisme* par Argand, en marge des croyances en voie de dépassement, il y a des géophysiciens qui ont élaboré les outils conceptuels et techniques qui vont servir à la mise en forme de la nouvelle Physique du Globe, capable de rendre compte des mouvements des continents et de leur rôle dans la formation des reliefs. On va assister à la jonction entre les résultats de mesures et d'observations qui mettent en évidence ces mouvements et à l'acquisition de connaissances qui les expliquent à partir de ce qui se passe à l'intérieur du globe. Le fonctionnement de la machine huttonienne est enfin rattaché à un moteur dont le mode opératoire est devenu accessible, au moins dans ses grandes lignes, même s'il reste encore énormément d'inconnues, comme pour n'importe quel autre domaine d'investigation scientifique.

Dorsales océaniques et tremblements de terre

Si les montagnes restent le domaine classique de la Tectonique, et si la solution du problème qu'elles posent doit passer par la rencontre entre blocs continentaux, comme Argand l'a envisagé pour les Alpes et l'Himalaya, la démonstration de la validité de l'hypothèse mobiliste suppose au préalable la découverte des fonds océaniques et de l'activité qui y règne. Tant que les sondages ne pouvaient avoir lieu qu'avec des cordes plombées, leur connaissance était restée limitée. Avec la mise au point de procédés acoustiques de détection des structures immergées par les militaires depuis la guerre de 1914, leur morphologie va se définir de plus en plus clairement. C'est, d'une part le rapport entre les crêtes des « dorsales » océaniques, les fosses sous-marines et les foyers des séismes, et d'autre part la localisation des anomalies magnétiques sur les dorsales, qui permettront de comprendre leur importance du point de vue d'une tectonique globale.

Une dorsale océanique typique est la chaine sous-marine, englobant une vallée centrale, qui suit la ligne médiane de l'Océan Atlantique du nord au sud. Une carte de la sismicité mondiale montre qu'elle est, d'un bout à l'autre, suivie par une ligne où se regroupent les foyers de tremblements de terre. On constate la même chose pour les autres dorsales, mais aussi pour les grandes fosses qui entourent l'Océan Pacifique [1]. Sur les continents, ils sont localisés en gros autour du système orogénique alpin, depuis l'Espagne jusqu'à l'Asie centrale, mais aucun n'est situé dans le domaine des boucliers continentaux. Or, on sait qu'un tremblement de terre est dû à une rupture en un point intérieur de la Terre. Cette rupture résulte de tensions entre les mouvements de parties distinctes de l'écorce terrestre qui sont séparées par une faille. Avec les dorsales et les fosses océaniques, nous sommes donc en présence de lignes ou de régions qui sont les lieux privilégiés d'activités tectoniques. Ces reliefs ont été reconnus au milieu du XIXe siècle, à l'occasion de la pose de câbles télégraphiques transatlantiques, et la liaison entre tremblements de terre, volcanisme, et soulèvements de montagnes interroge les naturalistes depuis qu'ils ont commencé à s'intéresser à la Terre. La Tectonique traditionnelle pouvait s'accommoder de ces observations.

Leur sismicité n'était pas la seule particularité des dorsales. Si la température à la surface de la Terre avait été reconnue autrefois par Fourier comme stable, et la déperdition de chaleur centrale comme très faible, il ne la considérait pas comme nulle et l'existence d'un gradient thermique croissant vers la profondeur attestait l'existence d'un flux de chaleur dont l'étude restait au programme des géophysiciens. Ses déterminations précises ont commencé sur terre vers 1939 à l'instigation de Jeffreys [2] et, sur mer, avec Bullard en 1952. À partir de 1959, il est devenu patent que les valeurs de ce flux étaient très faibles pour les boucliers précambriens et, par contre, très élevées au niveau des dorsales océaniques. Ces flux thermiques anormaux ont trouvé un répondant dans la découverte en 1959 également d'un manteau anormal sous la crête des dorsales au terme de recherches, amorcées dès 1935 par Maurice Ewing sur la structure des fonds océaniques, qui utilisaient les techniques basées sur la réfraction des ondes

1. C. Pomerol, Y. Lagabrielle, M. Renard, *Éléments de Géologie*, *op. cit.*, p. 172.

2. J. Coulomb, *L'expansion des fonds océaniques et la dérive des continents*, Paris, PUF, 1969, p. 153-165.

sismiques. Or, ces résultats concordaient aussi avec les études gravimétriques qui indiquaient l'existence sous les dorsales de masses plus légères que sous les bassins latéraux [1]. Mais si ces convergences pouvaient attirer l'attention des géophysiciens, elles pouvaient encore s'inscrire dans une représentation statique de l'écorce terrestre. C'est l'étude des anomalies magnétiques océaniques qui va se révéler décisive.

Le magnétisme

L'invention de la boussole est due à William Gilbert à partir de la distinction entre les pôles magnétiques nord et sud, publiée en 1600 [2]. Cette découverte met en évidence l'existence d'un champ magnétique terrestre défini par des pôles légèrement décalés par rapport aux pôles géographiques et auxquels répond l'aiguille aimantée en vertu de sa propre polarité. Or, s'il existe un minéral, la magnétite (un oxyde ferrique), qui présente une aimantation naturelle, la plupart des roches renferment des cristaux qui contiennent du fer, peuvent acquérir une aimantation dans certaines conditions de température et en garder mémoire (phénomène dit de *rémanence*). Il s'ensuit que les couches qui composent la Terre présentent un magnétisme variable en fonction de leur nature et de leur histoire. Ce magnétisme peut être détecté et mesuré, y compris celui des fonds océaniques : à la fin des années 1950, des magnétomètres sont systématiquement embarqués lors des campagnes océanographiques. Les résultats ne se font pas attendre : c'est la peau de tigre formée de bandes d'anomalies alternativement positives et négatives parallèle à l'axe des dorsales au dessus desquelles elles sont observées, mise en évidence par Raff et Mason en 1961, au large de Vancouver. Ces alternances, qui ont été retrouvées en Islande, traversée par la dorsale médio-atlantique, en mer Rouge et ailleurs [3], ont pu être rapprochées des inversions du nord au sud du champ magnétique terrestre.

L'existence d'inversions de ce champ magnétique terrestre au cours du passé, a été découverte en 1903 par Brunhes en étudiant le magnétisme de coulées volcaniques récentes dans le Massif Central, magnétisme piégé par le basalte lorsqu'il était en fusion : l'aiguille de la boussole, à son contact, tournait du nord au sud. Il en est résulté la possibilité de déterminer les

1. *Ibid.*, p. 127-133 et 139-146.

2. W. Gilbert, *De Magnete* (1600), trad. angl. New York, Dover, 1958, L. 1, chap. 4, p. 26-27.

3. J. Coulomb, *L'expansion des fonds océaniques et la dérive des continents*, *op. cit.*, p. 32-50.

alternances du champ magnétique, leur échelonnement et leur correspondance avec les étages stratigraphiques. Cette échelle, appliquée aux alternances magnétiques des fonds océaniques parallèles aux dorsales, a suscité en 1963, chez Fred Vine et Drumond Matthews, « l'idée que la croûte océanique sort des dorsales pour être entrainée par convection vers les continents voisins ».

Laissons ici la parole à Jean Coulomb :

> Ils supposent donc que les laves émises dans l'axe des dorsales s'aimantent par refroidissement dans le sens du champ existant à l'époque, puis s'écartent pour laisser passer de nouvelles laves, lesquelles s'aimantent dans le même sens, et ainsi de suite jusqu'à ce qu'une inversion changeant le sens du champ inducteur amène les laves fraiches à s'aimanter en sens inverse et produise une séparation de l'ancienne bande axiale en deux blocs symétriques [1].

Ces alternances qui vont, par exemple dans l'Atlantique, de la dorsale médiane jusqu'aux rivages américain et européen, démontrent par leur distribution le mouvement d'écartement progressif des deux continents bordiers et justifient ainsi l'intuition de Wegener. Tout se passe donc comme si une montée de magma au niveau des dorsales, attestée par le flux thermique, l'anomalie gravimétrique, et les manifestations sismiques, après s'être refroidie, s'écartait ensuite dans la direction des continents qui se trouvent repoussés dans les deux directions opposées par rapport à leur axe. Comme cette expansion des fonds océaniques se heurte à la stabilité reconnue du volume terrestre, il doit y avoir des régions où ce plancher océanique retourne dans les profondeurs du globe. Ce sont les fosses océaniques et les marges continentales, dites actives, qui remplissent cette fonction, comme le pensaient Hess et Dietz en 1961 et comme une étude de Oliver et Isacks sur les séismes profonds de l'arc des Tonga, le confirme [2].

Le tapis roulant océanique

Une synthèse de ces données était déjà disponible. Elle avait été formulée en 1962 par Harry Hess. Le géophysicien Vening-Meinesz avait noté une anomalie négative de la pesanteur au niveau des fosses qui bordent le côté océanique des arcs insulaires de l'Asie du sud-est, laquelle, en s'ajoutant au volcanisme de la région et à sa sismicité faisait penser à l'enfoncement d'une branche d'un courant de convection tandis que les anomalies des dorsales (séismes, volcanisme, flux thermique, etc.) évoquaient une ascension. D'après Hallam :

1. *Ibid.*, p. 72.
2. *Ibid.*, p. 79-81.

La grande idée de Hess fut d'intégrer cet ensemble disparate de faits dans une unique hypothèse : les dorsales médio-océaniques seraient la partie supérieure des branches ascendantes et donc chaudes de cellules de convection intérieures au manteau : le fond océanique serait ainsi entrainé à partir des dorsales comme sur un tapis roulant, puis s'enfoncerait dans les fosses marginales, porté par les parties descendantes froides des cellules de convection. Il ne fallait pas, dans ces conditions, s'étonner de la jeunesse des fonds océaniques, puisqu'ils étaient en perpétuel renouvellement [1].

En effet, le dragage des océans ne permettait pas d'y trouver des fossiles antérieurs à l'époque secondaire. Par ailleurs, Hugo Benioff avait évoqué, dès 1954 la possibilité que la localisation des foyers sismiques sous les Andes suivant un plan incliné de 20° à 45° représente l'enfoncement du plancher océanique sous les continents. Ce plan, qui répondait aussi à des observations antérieures faites par Wadati dès 1930, est désormais désigné sous le nom de *Plan de Benioff* ou de *Wadati-Benioff*.

Les courants de convection

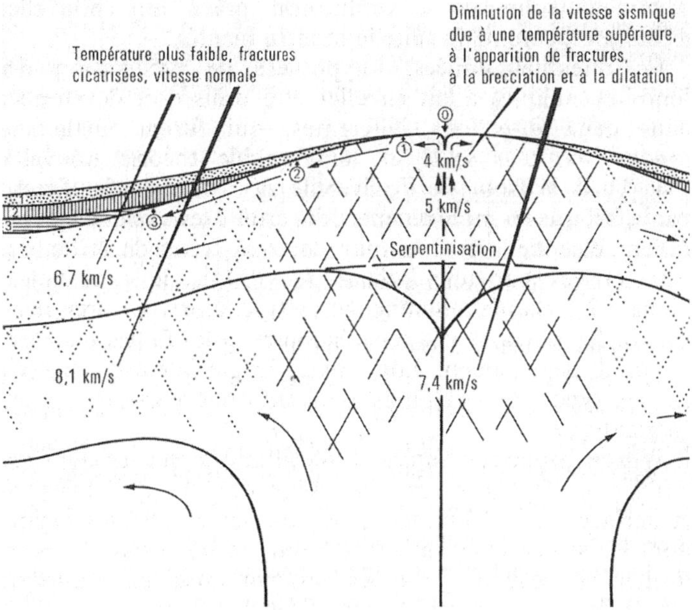

Illustration 32
Hallam, *Dorsale et tapis roulant océanique*

1. A. Hallam, *Une révolution dans les sciences de la Terre*, *op. cit.*, p. 85.

À cette machine, il manque encore le moteur : ce sont les courants de convection qui le lui fournissent, courants qui supposent que l'on sache ce qui se passe sous nos pieds. On doit encore cette connaissance à la sismologie. Le principe de la sismologie, on le sait, réside dans les variations de la vitesse des ondes élastiques produites par les chocs dus aux tremblements de terre : ils permettent ainsi de distinguer entre les propriétés physiques distinctes (densité, viscosité, etc.) des régions traversées et surtout de reconnaître les interfaces entre ces milieux où ils subissent une réfraction ou une réflexion, à condition de posséder des appareils enregistreurs suffisamment sensibles et disposés autour de la surface du globe. La plus ancienne découverte ainsi réalisée a été celle de la discontinuité établie en 1909 par Mohorovicic (alias *Moho* du nom de son inventeur), située entre la croûte et ce qui a été appelé le manteau, à une profondeur allant de 5 à 45 km. Ces variations distinguent les fonds océaniques récents, peu épais et les socles continentaux montagneux, qui, en raison de leur poids, s'enfoncent profondément dans le manteau par isostasie, c'est-à-dire, par application du principe d'Archimède. Au-dessous de cette première discontinuité, on parviendra à distinguer dans le manteau une zone où la vitesse des ondes sismiques est ralentie, phénomène censé traduire un niveau de plus grande fluidité, qui se distingue de l'ensemble formé par la croûte et la partie supérieure du manteau plus rigide, d'où résulte sa dénomination comme *asthénosphère*, par opposition avec la *lithosphère* qui la surmonte. Le reste du manteau, de nouveau plus rigide, est la mésosphère, suivie de la partie externe du noyau, aux propriétés liquides, et du noyau central ou *graine*, qui paraît solide. Arthur Holmes, qui non seulement a appliqué la radioactivité d'une association plomb-uranium à la mesure des temps géologiques, mais encore a découvert que les effets thermiques de la radioactivité opposaient un démenti à l'idée d'un refroidissement de la Terre, a repris l'idée, mentionnée par Wegener à partir des travaux de Joly, de courants de convection dans la partie terrestre située sous la croûte, restée au moins visqueuse, sinon fluide, en raison de la chaleur interne et il a vu dans ces courants le moteur d'une possible dérive des continents. L'asthénosphère, en raison des propriétés que la sismologie lui a découvertes, représente le candidat privilégié pour la localisation de ces courants de convection.

Le fonctionnement de ce que Hutton appelait « ces opérations générales du globe qui dépendent de sa construction particulière en tant que machine »[1], est donc devenu intelligible à travers le nombre impressionnant de données convergentes rassemblées par les géophysiciens et dont

1. J. Hutton, *Theory of the Earth with Proofs and Illustrations*, *op. cit.*, p. 6.

l'hypothèse du tapis roulant océanique parvient à rendre compte. Mais le moment décisif qui fera basculer la communauté des géophysiciens, et des géologues, n'est pas encore atteint. Ce pas sera franchi en 1967 par Jason Morgan. Les fonds atlantiques sont non seulement parcourus du nord au sud par une dorsale mais ils sont également segmentés par des fractures transversales qui ont été dénommées failles transformantes. À leur croisement avec la dorsale, on constate un décalage des sections qu'elles y découpent, les unes par rapport aux autres. Or, ce découpage et ces déplacements répondent aux mouvements géométriques de rotation de plaques sur une sphère étudiés par Euler. L'idée de Morgan a été d'appliquer cette géométrie sphérique au concept de faille transformante en divisant la surface de la Terre en vingt plaques mobiles, répondant aux contraintes définies par Euler, et dont les failles transformantes traduisaient les déplacements relatifs diversifiés au niveau de leurs frontières. Cette idée est reprise par Xavier Le Pichon, après sa conversion au mobilisme : après avoir fait l'inventaire de ce que l'on savait des anomalies magnétiques et des zones de fractures, il ramène le nombre de plaques principales à six, en négligeant les plaques mineures, et il en détermine les axes de rotation conformément à la géométrie d'Euler[1]. Sa conversion avait été provoquée assez tardivement par « un profil magnétique *magique* obtenu au dessus de la dorsale du Pacifique sud », profil qui montrait, dans les moindres détails, une symétrie des bandes alternantes d'anomalies positive et négatives par rapport à la dorsale[2].

La réorganisation de la Géologie

Émile Haug avait défini l'Architectonique ou Tectonique[3] comme une science structurale, relevant du point de vue descriptif, auquel il opposait le point de vue dynamique, comme si les déformations de la surface de la Terre pouvaient être observées sans que l'on se pose en même temps la question de leur formation. Il n'existe pas de Tectonique sans *Physique du Globe*, au moins implicite : dans les failles, on croit voir l'indice d'une force verticale et dans les plissements, l'indice d'une force horizontale. La *Physique du Globe* qui répond aux déplacements continentaux, devenus cas particulier d'un mobilisme généralisé d'une écorce terrestre composée de plaques distinctes, représente donc la synthèse attendue, laquelle transforme du tout au tout les rapports des géologues et des géophysiciens.

1. A. Hallam, *Une révolution dans les sciences de la terre*, *op. cit.*, p. 102-113.
2. G. Gohau, *Histoire de la Géologie*, *op. cit.*, p. 231, encadré.
3. Voir *supra*, chap. v, p. 178.

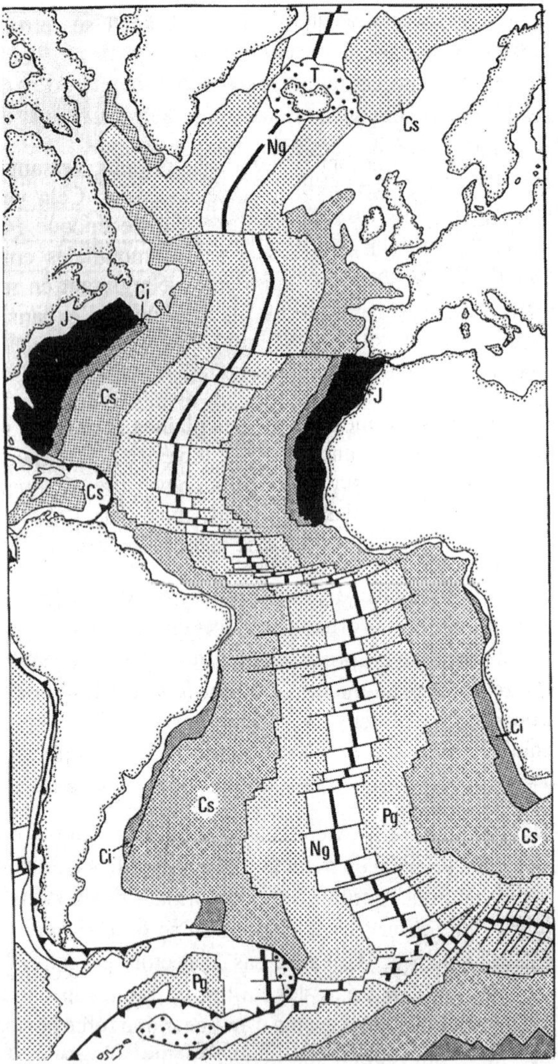

Illustration 33a
Debelmas et Mascle, *Fonds océaniques*

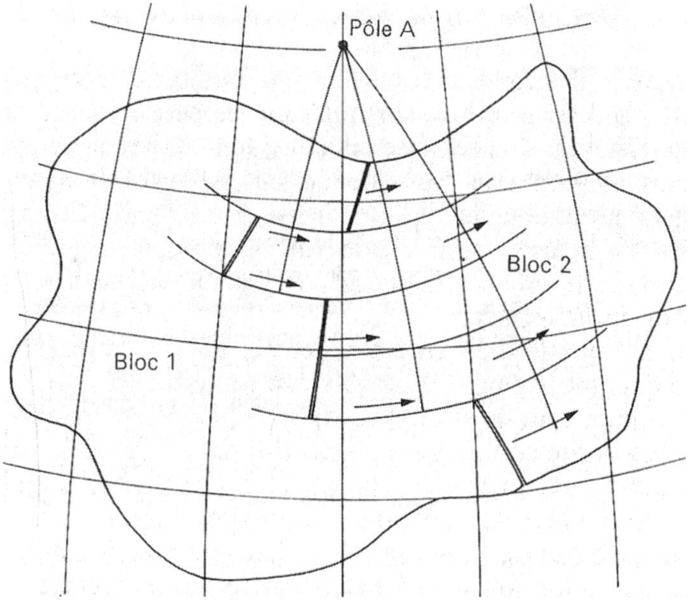

Illustration 33b
Hallam, *Théorème d'Euler*

Une Géologie morcelée

La *Physique du Globe* avait été comprise autrefois par A. d'Archiac comme l'expression d'un point de vue expérimental et mathématique, appliqué à l'étude de la Terre, « parfaitement distinct à la fois, et des spéculations physiques et chimiques, relatives à la première phase ou phase *géogénique*, et de la description régulière des phénomènes et des produits de la seconde phase, *historique* ou *géologique* »[1]. Il en résulte que les géologues ont pour objet essentiel « la succession chronologique des faits représentés par des monuments accessibles à l'observation », tandis que l'hypothèse cosmogonique de Laplace est affaire d'astronomie, et que les physiciens vont avoir à s'occuper de la figure, de la chaleur, de la densité, et du magnétisme. Quant à la chimie, d'Archiac ne fait que mentionner ce que De La Beche en a dit en 1834 dans ses *Recherches sur*

1. A. d'Archiac *Géologie et Paléontologie*, *op. cit.*, p. 303.

les parties théoriques de la géologie, pour laisser entendre que ces « romans chimiques » représentent une perte de temps. Entre les diverses sciences qui s'occupent de la Terre, le rapport semble donc être réduit à leur juxtaposition, impression confirmée par le dépliant où Sainte-Claire Deville classe les diverses « sciences géologiques » d'après cinq points de vue (descriptif, élémentaire, comparatif, causal, technique), sans se soucier de leur coordination.

Jusqu'à la seconde moitié du siècle suivant, les avancées qui ont lieu dans tous les domaines ne semblent pas devoir converger : la Physique de la Terre avec ses départements relativement indépendants, et la Géologie, qui se comprend comme une science essentiellement historique, dont les efforts vont dans le sens d'une accumulation de travaux régionaux plus que dans la recherche d'une synthèse, se présentent comme une pluralité de sciences distinctes tant par la méthode que par l'esprit, comme si ce qui se passait au niveau de l'Écorce n'avait guère de rapport avec ce que l'on commençait à savoir sur les propriétés et le devenir de la Planète en général, tant à l'extérieur qu'à l'intérieur. Avec la Tectonique des plaques, tout se passe comme si un champ morcelé en parties hétérogènes s'était réorganisé pour former un ensemble cohérent où les parties et le tout sont devenus indissociables, une « bonne forme » auraient dit les théoriciens de la perception visuelle[1], notion extrapolée ici des processus cognitifs aux territoires scientifiques. Une telle réorganisation des sciences de la terre, déjà évoquée par le regroupement des arguments en faveur de la dérive des continents dans le livre de Wegener, semble répondre parfaitement à ce que Argand désignait comme une « vision juste », une métathéorie, assignant aux théories leur véritable portée scientifique.

Une Géologie réorganisée

La définition de la Tectonique des plaques, donnée par Xavier Le Pichon en 1973, confirme l'existence d'une telle réorganisation :

> La tectonique des plaques est une hypothèse de travail unifiante qui fournit un modèle cinématique de la couche supérieure de la terre. On peut s'en servir pour faire des prédictions quantitatives sur la plupart des phénomènes étudiés par les différentes disciplines des sciences de la terre. Cela

1. K. Koffka, *Principles of Gestalt Psychology*, 5e éd. London, Routledge and Kegan Paul, 1965, p. 614-647.

conduit à un réexamen de la masse énorme de données géologiques, géophysiques et géochimiques déjà obtenues en vue d'élaborer une théorie précise de l'évolution de la terre.

L'hypothèse de travail, qui réunit les deux idées de dérive des continents et d'expansion des fonds océaniques, implique : 1) la distinction entre une lithosphère rigide et une asthénosphère visqueuse, comme il a été déjà signalé ; 2) la reconnaissance des ceintures sismiques comme les lieux où les dépenses en énergie mécanique se trouvent concentrées ; 3) l'existence de contraintes géométriques imposées au déplacement de corps rigides à la surface d'une sphère [1].

Dans cette définition, il n'est donc plus question d'« histoire », mais d'« évolution » de la planète : ce qu'il y avait d'événementiel dans une Géologie qui se voulait toujours historique, passe au second plan, au profit d'abord d'une « hypothèse de travail », et ensuite d'un « modèle cinématique ». Le modèle cinématique proposé correspond ainsi à la substitution d'un modèle mathématique prédictif aux modèles analogiques antérieurs, les géosynclinaux, dont la fonction consistait à coordonner logiquement dans des cadres supposés les résultats d'observations locales, quelque, multipliées qu'elles aient pu être, sans la moindre valeur prédictive à laquelle se reconnaît une science, comme Auguste Comte l'avait souligné à juste titre. À la géométrie sphérique, il faudra donc conjuguer des notions de physique, allant de la mécanique des solides à celle des corps visqueux, plastiques, élastiques et de leurs déformations pour traiter des problèmes posés par les structures géologiques et leur devenir, tels les fosses océaniques, les arcs insulaires ou les cordillères à partir des mesures géodésiques, magnétiques, sismologiques, etc. qui auront pu en être relevées. Il s'ensuit que des résultats anciens, comme les nappes de charriage, dont la réalité a été établie par Marcel Bertrand, ou la direction du sud-est au nord-ouest de la poussée alpine reconnue par Eduard Suess, qui restaient suspendus dans le vide, sont devenus parfaitement intelligibles, alors que ce n'était pas le cas tant avec les « effondrements continentaux » dont l'absurdité, devenue évidente, ne parvenait pas à effleurer l'esprit des anciens géologues, qu'avec l'hypothèse, physiquement inconsistante, des géosynclinaux.

1. X. Le Pichon, J. Francheteau, J. Bonnin, *Plate Tectonics*, Amsterdam, Elsevier, 1973, p. 1-2.

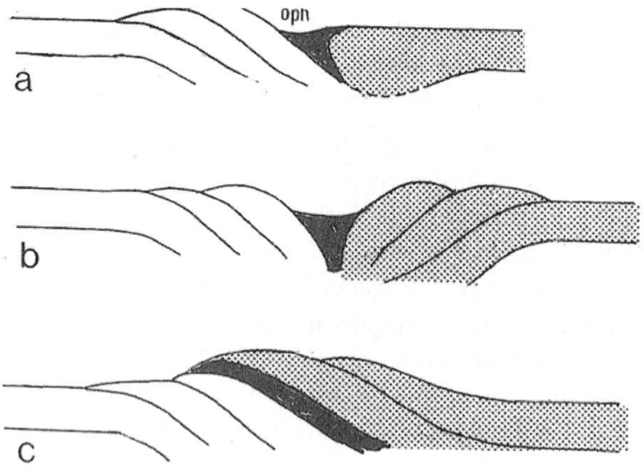

Illustration 34
Debelmas et Mascle, *Collisions continentales et orogenèse*

La Tectonique des plaques permet donc de passer directement au problème de la genèse des montagnes, lié au comportement des plaques les unes vis-à-vis des autres. On retrouve alors les trois possibilités décrites par Argand le long de la ligne qui va de l'Himalaya aux Alpes : l'enfoncement de l'Inde sous l'Asie, le chevauchement de l'Europe par l'Afrique et la collision en Iran entre le Gondwana et l'Eurasie. Il s'agit, dans les trois cas, de chaines de collision intercontinentales, issues de l'écrasement d'un océan intermédiaire, et qui se caractérisent par deux caractères essentiels : 1) la présence d'une zone ophiolitifère, c'est-à-dire constituée de basaltes et autres roches des fonds océaniques, jugées autrefois caractéristiques des eugéosynclinaux ; 2) un empilement de lames crustales dû au clivage de la croûte, soit sur l'une des marges des continents qui s'affrontent, soit sur les deux marges, soit avec chevauchement d'une des marges sur l'autre, conformément à la figure ci-jointe[1]. Le couple Héllenides-Balkans, qui avait servi à Aubouin de modèle d'association entre un miogéosyclinal et un eugéosynclinal séparés par la ride du Gavrovo, est un cas de marges en vergence (cas b). Les autres modèles sont les suivants : la subduction de la plaque océanique Nazca, du Pacifique sud sous le continent américain est responsable de la formation de la cordillère des Andes ; la formation de la chaine d'Oman, dans la péninsule arabique offre un exemple d'obduction, c'est-à-dire de passage d'un lambeau de plaque océanique caractérisé par

1. J. Debelmas, G. Mascle, *Les grandes structures géologiques*, Paris, Masson, 1993, p. 219-220.

sa nature ophiolitique sur une plaque continentale. Il n'est plus question de géosynclinaux.

La constitution d'une science

Concepts préscientifiques et concepts scientifiques

À la fin du XIXᵉ siècle, la Géologie pouvait toujours se définir comme l'Histoire Naturelle de la Terre, descriptive et classificatrice pour l'essentiel. La notion de Géosynclinal lui permettait de regrouper un ensemble de connaissances empiriques acquises dans un système apparemment possible, inconsistant en réalité, comme pouvait l'être la notion d'*impetus* dans la physique médiévale, avant que la physique ne devienne une science avec Galilée. La disparition immédiate et définitive de cette notion d'*impetus* ou *force impresse* dans la physique moderne, laisse penser que la naissance d'une science se marque par l'élimination des notions pseudo-scientifiques antérieures devenues caduques.

La question du Phlogistique

Or, d'après Kant, « quand, plus tard, Stahl transforma les métaux en chaux et la chaux en métal, en leur ôtant ou restituant quelque chose (*etwas*), ce fut une révélation lumineuse pour tous les physiciens. Ils comprirent que la raison ne voit que ce qu'elle produit elle-même, etc. ». Cet *etwas* était le Phlogistique, dont le *Dictionnaire* de Littré (t. 3, 1866) donne la définition suivante :

> Terme d'ancienne chimie. Principe imaginé par Becher qui le nomma terre inflammable, adopté par Stahl qui le nomma phlogistique, pour expliquer la combustion ; dans cette hypothèse, tout corps était considéré comme composé de phlogistique et d'un radical ; la combustion était la sortie du phlogistique ; le corps ne devenait combustible que quand le phlogistique y rentrait ; c'est Lavoisier qui a renversé cette théorie en démontrant que, dans la combustion, il y avait non dégagement d'un principe, mais combinaison de l'oxygène.

Donc, ce qui apparaît comme rationnel n'est pas toujours scientifique. Pour être scientifique, il ne suffit pas à un savoir d'être logiquement cohérent en fournissant une image possible des processus observés ; il lui faut répondre à une nature écrite en caractères mathématiques comme le voulait Galilée[1]. Kant en était parfaitement convaincu, puis qu'il soutient que « dans toute théorie particulière de la nature, il n'y a de science proprement dite qu'autant qu'il s'y trouve de mathématique »[2]. Les principes posés dans le cadre d'une science ne peuvent donc être scientifiques qu'à la condition d'être mathématiquement opératoires, condition remplie par le modèle cinématique que la Tectonique des plaques représente, mais, en dépit de Kant, le *etwas*, baptisé Phlogistique, n'y répondait pas. C'est pourquoi la Chimie n'est devenue une science qu'à partir du moment où le principe de conservation de la matière, défini à partir d'expériences de mesures rigoureuses a permis d'y introduire le calcul. Avec Galilée nous assistons à la naissance de la Physique moderne en tant que science, avec Lavoisier, il en va de même pour la Chimie. Il est permis de penser que la Tectonique des plaques nous a fait assister aussi à la naissance d'une science, la Géologie. Le parallèle entre ce qui s'est passé pour la Chimie en 1774 et pour la Géologie en 1968 mérite d'être poursuivi malgré les différences flagrantes entre les deux sciences : les Géosynclinaux se sont évanouis du paysage savant après cette date aussi rapidement que le Phlogistique autrefois, sans que l'on doive rappeler le destin semblable de l'*impetus*.

Il apparaît qu'au XVIIIe siècle, la Chimie était sortie des limbes de l'Alchimie, sans être parvenue pour autant à un statut scientifique analogue à celui qui avait été atteint par la Physique galiléenne et newtonienne. Au cœur de l'Alchimie, il y avait l'idée du perfectionnement des substances chimiques (spécialement des métaux, que l'on prétendait transformer en or), idée que la philosophie mécaniste, issue du cartésianisme, rendra absurde, à partir du principe que « toutes les variétés qui sont en la matière dépendent du mouvement qui sont en ses parties ». Mais avant que la chimie ne devienne mécaniste, Van Helmont avait introduit l'idée qu'il n'y avait qu'une seule substance matérielle, l'eau élémentaire, conformément au verset de la Genèse qui évoque l'esprit de Dieu porté par les eaux. Il était donc possible de réduire tous les corps en eau, à condition de posséder un solvant suffisamment énergique, tels les acides et les alcalis puissants. Cette conception unitaire de la matière est simplement traduite par Robert Boyle en termes mécanistes qui supposent cette fois des corpuscules élémentaires. Nicolas Lemery se chargera, à la suite de Descartes, de les

1. G. Galilée, *Lettre à Liceti*, janvier 1641, dans *Dialogues et Lettres choisies*, Paris, Hermann, 1966, p. 430.

2. Kant, *Premiers principes métaphysiques de la science de la nature* (1786), trad. fr. J. Gibelin, Paris, Vrin, 1952, p. 11.

distinguer par leur forme géométrique : carrés, ronds, pointus, etc. Newton place, au contraire, leur différence dans les forces, analogues à l'attraction universelle dont ils sont doués. Or, l'attraction a rejoint, en Chimie, les « affinités », notion mystique par laquelle les chimistes allemands du XVIIe siècle, célèbres en raison de leurs découvertes expérimentales, en particulier, celle du phosphore, rendaient compte de la formation des sels, compris comme des composés. La théorie du « Phlogistique » est définie par Georg Ernst Stahl (1660-1734), à partir de 1697, dans ce contexte d'une chimie à la fois mystique et mécaniste, mais dont la pratique s'estime scientifique.

De l'état préscientifique à la science en Chimie

Stahl était parvenu à prouver malgré les apparences que la calcination d'un métal était analogue à la combustion des substances organiques, le bois ou l'huile. Or, il était tributaire d'une théorie qui distinguait trois « terres » dans la composition de tous les corps naturels : la première représentait la corporéité ; la seconde, ou sulfureuse, était un corps « de la nature du feu » ; la troisième, facteur de densité, alliée au feu, donnait aux substances, le cas échéant, leur éclat métallique. Ces trois « terres » provenaient de la substitution du sel, du soufre, et du mercure aux quatre éléments aristotéliciens, la terre, l'eau, l'air, et le feu, par Paracelse, médecin et alchimiste du XVIe siècle, demeuré influent au cours du siècle suivant. Le « Phlogistique » désignait cette terre sulfureuse ou *principe inflammable* dont la combustion et la calcination représentaient l'évacuation. Retrouver un métal n'était ainsi que le *débrûle*r c'est-à-dire, lui rendre son « Phlogistique » à partir d'un corps qui perdait le sien, par exemple le charbon, comme cela se passe dans les hauts-fourneaux[1]. L'objection principale est venue de la constatation que les corps calcinés ou brûlés pesaient plus lourd qu'avant d'avoir perdu leur « Phlogistique » : si primitifs qu'ils aient été, les laboratoires de chimie ont toujours possédé une balance[2]. À cette objection, Il était répondu par diverses hypothèses ad hoc, dont l'attribution au « Phlogistique » d'un poids négatif, ce qui est absurde. Le moment décisif a été le dépôt en 1772 à l'Académie des Sciences par Lavoisier d'un pli secret qui renfermait l'indication suivante :

1. H. Metzger, *Newton, Stahl, Boerhaave et la doctrine chimique*, Paris, Alcan, 1930, p. 159-179.

2. H. Metzger, *La Chimie*, Paris, de Boccard, 1930, chap. 2, « Le laboratoire au XVIIe siècle », p. 11-18.

> Il y a environ huit jours que j'ai découvert que le soufre, en brûlant, loin de perdre son poids en acquérait au contraire ; c'est-à-dire que d'une livre de soufre, on pouvait retirer beaucoup plus d'une livre d'acide vitriolique, abstraction faite de l'humidité de l'air ; il en est de même du phosphore : cette augmentation de poids vient d'une quantité prodigieuse d'air qui se fixe pendant la combustion et qui se combine avec les vapeurs.

Cette expérience a été communiquée publiquement à l'Académie en 1774[1]. Il ne restait plus qu'à identifier l'élément chimique responsable de cette prise de poids, l'oxygène, avant de passer à l'inventaire des corps simples qui sont la base de la Chimie, devenue science à part entière et à définir le principe de conservation de la matière. Après une première levée de boucliers contre la nouvelle théorie chimique qui réduisait la combustion à une simple réaction, où s'évanouissaient les prestiges du feu, le « Phlogistique » est disparu de lui-même.

La Chimie est une science expérimentale, qui se déroule dans le cadre de laboratoires, tandis que la Géologie est une science d'observation, qui a pour cadre la surface de la Terre, dont elle décrit et classe les phénomènes avant d'en envisager les rapports de causalité. Il est donc impossible d'ignorer tout ce qui les sépare. Cependant, la rapidité avec laquelle sont disparues les théories partagées par la majorité des membres appartenant aux communautés respectives de savants, géologues et chimistes, après les découvertes décisives qui ont provoqué un changement radical du style de connaissance, n'est pas le seul point commun qui soit décelable dans ces deux histoires. Sans insister sur le rôle de l'eau, mise à l'origine des choses par Van Helmont, et dont la signification cosmogonique dans la culture européenne n'a pas besoin d'être souligné, nous rencontrons très vite la confrontation inévitable avec la Physique, ou, plus exactement, avec l'attitude qu'elle instaure vis-à-vis du réel : quelque chose d'inexplicable rationnellement est devenu inadmissible. Si, en Physique, l'attraction universelle, définie par Newton, représente à la fois une loi qui explique les phénomènes généraux de l'Univers, une théorie qui les rassemble, et un fait général qui nous est directement connu par l'expérience que nous en faisons avec la pesanteur, comme nous l'avons vu[2], c'est, bien avant qu'Auguste Comte ne la formule, la manière dont, depuis Newton, on pensait qu'il fallait constituer une science, par principes et déductions confrontées aux données observables. Lorsqu'il s'agira d'aborder une réalité complexe, tout le problème consistera surtout à trouver les moyens

1. *Ibid.*, p. 78-79.
2. Cf. *supra*, chap. v, p. 209-211.

de mettre en relation les principes théoriques et ces données observables : c'est le rôle qui revient aux particules dotées de propriétés géométriques dans une chimie mécaniste, aux forces et aux substances dans une chimie dynamiste et matérialiste. Ce sera celui que joueront les géosynclinaux dans une géologie qui veut expliquer la surrection de montagnes plissées dans le cadre d'une Physique du Globe dont le principe est la contraction de la Terre par refroidissement.

Science et non science en Géologie

Revenons donc à la Géologie. Après Descartes qui avait remis la vieille question présocratique de l'origine de la Terre à l'ordre du jour, nous avons vu que les Théories de la Terre se sont mises à foisonner pour expliquer mieux que lui, par raisons mécaniques, l'œuvre de Dieu, c'est-à-dire, la Création et le Déluge. Dans quelques unes d'entre elles, on voit l'eau prendre une place que Descartes ne lui avait pas assignée, puisque, chez Woodward, le Déluge se traduit par une dissolution généralisée du Globe, à partir de laquelle les matières se déposent avec les fossiles qu'elles renferment dans l'ordre de leur pesanteur spécifique. Ici, le miracle doit subvenir aux impossibilités physiques. Avec Buffon, nous passons au registre newtonien qui lui permet d'envisager un modèle de Cosmogonie où l'origine de la Terre est due au passage d'une Comète qui arrache du soleil une partie de sa matière, modèle reconnu encore actuellement comme concevable, nous l'avons vu. Il en déduit une Géogénie déterminée par les étapes du refroidissement du globe, c'est-à-dire, par une variable qui répondait à des données physiques et techniques admises, autrement dit, dans le cadre d'une première Physique du Globe. En raison de l'ignorance à peu près complète des phénomènes géologiques, qui était celle de ses contemporains, les montagnes ne pouvaient résulter que de l'effondrement d'une surface primordiale. Depuis Descartes et Buffon jusqu'à 1968, le terme d'effondrement ne sortira plus de la littérature géologique. Lorsque la formation des montagnes et des continents sera attribuée à des soulèvements associés à l'existence d'un centre de la Terre igné, la raison en sera cherchée dans une contraction de ce noyau par refroidissement, puisque sa surface, dont les calculs de Fourier avaient montré que la température restait stable, ne se rétrécissait plus. Elle ne peut alors que se rider en s'effondrant pour adhérer à ce noyau en réduction. Ces rides sont les reliefs montagneux, tels qu'ils avaient été compris par Elie de Beaumont. Ceci nous fait passer à la question des Géosynclinaux.

Les montagnes sont plissées et les plissements résultent de pressions latérales que les soulèvements et les effondrements sont incapables d'expliquer. Or, « l'écrasement transversal d'un fuseau de l'écorce terrestre », dont Elie de Beaumont fait mention dans sa célèbre *Notice* de 1852, se traduit par une « compression », elle aussi transversale, qui force les matières intérieures à crever la surface, « comme le doigt pour ainsi dire à travers une boutonnière ». Mais, puisqu'elle est transversale, cette compression peut aussi bien rendre raison des plissements qui se produisent dans le « rempli » dû à la réduction de surface. Nous avons donc le principe de notre explication. Les Géosynclinaux fournissent le dispositif correspondant. Albert de Lapparent interprète ce « rempli » comme une ondulation : un creux accompagné d'une crête[1] : « C'est la dépression qui se produit la première, en donnant naissance au géosynclinal de M. Dana ». Le creux, ou *synclinal* se remplit de sédiments tout en s'approfondissant, tandis que la crête ou *anticlinal*, se trouve aussitôt érodée : « Cependant un jour vient où les mêmes forces qui déterminent ce mouvement, aidées, peut-être, par la moindre résistance de l'écorce *au dessous de la crête*, ont assez de puissance pour élever cette dernière à une grande hauteur et alors une chaine de montagnes est formée »[2]. La question qui va préoccuper le siècle qui suit sera de biffer tout ce qu'il y a de manifestement gratuit dans ce dispositif : passe encore la subsidence, attestée par l'énorme épaisseur de sédiments observée par James Hall dans la chaine des Appalaches, mais comment les mêmes forces peuvent-elles « un jour » transformer une subsidence en surrection d'une chaine de montagnes ? On s'épuisera à résoudre cette difficulté sans parvenir à en donner une raison physique acceptable, sinon que le géosynclinal est coincé entre deux boucliers continentaux qui se resserrent à mesure que la surface terrestre rétrécit : la partie affaiblie de l'écorce sous-jacente aurait atteint son plus bas niveau, si bien que la seule issue qui resterait au contenu sédimentaire serait vers la hauteur. Hors la contraction de la surface de la Terre, et, par conséquent le refroidissement du Globe, une telle explication ne sera même plus possible et pourtant, les Géosynclinaux survivent, nous l'avons remarqué, pendant un demi-siècle à l'abandon de cette idée de contraction, une fois démontrée l'absence de refroidissement en raison de la radioactivité interne par Joly en 1909, confirmée en 1929 par Holmes. La contradiction semble flagrante.

Entre les Géosynclinaux et le Phlogistique, quel est le point commun qui permet de rendre compte de la rapidité avec laquelle ils se sont évanouis

1. A. de Lapparent, *Traité de Géologie*, *op. cit.*, p. 487-488.
2. *Ibid.*, p. 1438.

du paysage scientifique? La réponse est simple: les notions qui proviennent directement de l'expérience sensible et représentent un décalque *abstrait* de l'observation *empirique* des phénomènes permettent de développer une Phénoménologie ou une Histoire Naturelle de ces phénomènes, mais n'ont pas leur place dans les domaines *scientifiques* respectifs, une fois que la *rationalité mathématique* y a été introduite sous le contrôle des données expérimentales et d'observation. Les Géosynclinaux n'ont pas plus de raison d'être dans le cadre d'une Géologie devenue une des dimensions de la Physique du globe que la Physique d'Aristote, et la notion médiévale d'« Impetus » qui en est issue, après la définition du statut scientifique de la Physique par un principe d'inertie, implicite chez Galilée, explicite avec Descartes. Le Phlogistique, de même, dont l'évaporation représente la simple traduction des effets du feu tels que nous les observons, n'a plus sa place dans la Chimie lorsqu'elle a acquis son statut scientifique avec le principe de la conservation de la quantité de matière, implicite dans l'expérience décisive de Lavoisier de 1772, publiée en 1774. En raison de ces similitudes, il faut donc admettre que la Géologie n'est devenue science qu'en 1968: l'existence d'un rapport entre la mobilité horizontale des plaques qui constituent la surface de la Terre, les règles géométriques et les lois mécaniques qui la gouvernent, et la Thermodynamique qui régit les régions centrales, joue le rôle des principes qui ont fondé la Physique et la Chimie. Il ne s'agit pas d'une révolution scientifique par changement de paradigme, mais d'une naissance. Avec et après l'ascension du Mont Blanc en 1787, par ce grand savant qu'était Horace Bénédict de Saussure, une Histoire Naturelle de la Terre systématique s'était, sans doute, constituée, avec pour but l'exploration de l'écorce terrestre dans toutes ses dimensions accessibles, mais elle ne représentait qu'une science en attente.

Sciences concrètes et compréhension technologique du monde

Mais la Géologie, contrairement à la Physique et à la Chimie peut d'abord nous apparaître comme une *Technologie*, parce que, comme au départ, dans cette *Physique du Globe*, prise non plus au sens de simple Géographie physique, mais de compréhension du devenir de la Terre en son ensemble, autrement dit, de *Géogénie*, dont dépendent les explications causales qu'elle peut fournir, il est moins question de découvrir des lois que de comprendre un fonctionnement, celui d'une *machine* dont les mouvements engendrent ces phénomènes de surface, les seuls qui nous concernent, qui sont la répartition des terres et des mers, les reliefs, les climats. Expliquer, c'est alors démonter.

Désormais, cette compréhension ne relève plus d'une spéculation sur des possibilités imaginaires plus ou moins en harmonie avec les phénomènes observés, mais sur des connaissances acquises par les géophysiciens sur les dispositifs et processus internes à la Terre. Elles sont coordonnées et scientifiquement justifiées et il n'est pas plus possible de revenir sur elles qu'il ne l'a été autrefois sur la loi de la chute des corps, découverte par Galilée, ni sur l'attraction universelle de Newton, dépassées, certes, mais en rien falsifiées. Il s'ensuit une remise en question des rapports entre les mouvements profonds de la planète Terre et l'Histoire Naturelle des phénomènes inorganiques, depuis les roches jusqu'aux montagnes, c'est-à-dire une révision des relations entre la géophysique, science de cabinet et de laboratoire, et la géologie, science de terrain. Pas plus que la Biologie moléculaire n'a éliminé la Zoologie et la Botanique, il n'est question que la Tectonique globale supprime la Géologie en tant qu'elle reste la source des connaissances de notre environnement minéral immédiat, dont nous avons besoin. Le problème technique ne se confond pas avec le problème scientifique dont l'objectif reste la démonstration universelle, de type mathématique, même si elle concerne la nature : l'objet d'une technique est la particularité d'une machine, son bon fonctionnement comme ses disfonctionnements, le normal et le pathologique, dirait Auguste Comte, par référence au principe de Broussais qui les identifie dans l'esprit d'une médecine qui est une technique de la santé.

Lorsqu'elle est *du Globe*, la *Physique* n'est plus seulement une physique, mais la connaissance pratique d'un ensemble défini par les enveloppes de la Terre, dont la plus extérieure, l'atmosphère, particulièrement sensible, doit être attentivement soignée. Mais, dans ce cadre, l'ordre des raisons n'est plus le même. Il semble devenu clair que, s'il reste encore énormément à découvrir sur le fonctionnement de la machine terrestre, c'est de ce fonctionnement que dépend la signification que l'on peut accorder aux « faits et observations » qui appartiennent au domaine incontournable de la Géologie. Un fait n'existe scientifiquement qu'à la condition d'être correctement interprété et un fait mal interprété est un obstacle épistémologique, une contre-pensée, il faut s'en souvenir : ce n'est pas une évidence dont on fait un principe, ce que Louis de Launay voulait effectuer avec les géosynclinaux [1]. La structure de la machine et les lois physico-mathématiques de son fonctionnement, désormais connues, sont incontournables. Néanmoins, si la recherche doit progresser, c'est la signification des nouveaux faits qui donnera aux théories leur poids

1. Voir *supra*, p. 221.

empirique, et c'est à partir de l'accumulation des faits polémiques que les théories seront invalidées ou dépassées au profit de théories plus larges. Il est exclu que la Géologie se perde dans les mathématiques.

Résumons-nous. Avec la Géographie physique qui étudie le sol avec ses reliefs et l'exploitation minière qui donne accès au sous-sol, la découverte progressive de la dimension temporelle à travers la superposition des strates, la détermination des périodes successives du devenir de la Terre est devenu l'objet principal de ce département de l'Histoire Naturelle, et le rôle joué par les restes fossilisés d'êtres vivants dans l'identification des terrains et de leur âge relatif, a conduit à la prise en compte des changements du monde vivant. Les déformations de l'écorce terrestre, c'est-à-dire le soulèvement des montagnes, une fois admises, ne vont plus servir qu'à souligner le passage d'une époque à la suivante : la Géogénie se réduit à une Physique du Globe qui regroupe les données positives disponibles dans un cadre spéculatif, celui de la contraction par refroidissement. La Tectonique commence à se relever de cette fonction subordonnée avec la prise en compte du plissement des couches montagneuses, qu'il est difficile de mettre en doute, mais nous sommes parvenus aussi à un moment de l'évolution des idées dans le domaine de la Stratigraphie, où la question des limites entre étages commence à être relativisée au profit du développement d'une paléogéographie où la diversité de la surface de la Terre aux époques anciennes, à l'image de la période actuelle, l'emporte sur l'homogénéité et l'universalité des étages. Quant à la dimension historique de la Stratigraphie, on parvient à reconnaître que ce sont les êtres vivants qui la représentent.

Le rôle principal de la Géologie s'oriente alors vers le besoin d'expliquer les mécanismes qui rendent raison de cette diversité, mais, pour l'essentiel, on ne verra pas de modification significative dans la conception que les géologues se font de la Physique du Globe qu'ils présupposent dans leurs activités. Le Globe n'en a pas fini de s'effondrer sur lui-même. En 1957, il s'effondre toujours, et, si la référence à la contraction du globe n'est plus mentionnée dans les quatre volumes de compilation consacrés à *L'Évolution de la Lithosphère* par les époux Termier, « il doit être entendu que l'écorce terrestre peut être *rajeunie* par la production d'*effondrements*[1] ou par l'apparition de nouvelles zones de faiblesse, à partir desquelles l'évolution peut recommencer à un stade

1. Je souligne.

inférieur »[1]. La présence du cadre que fournissait la dérive des continents, et les informations issues de la Physique du Globe qui permettaient de la comprendre, ne suffisaient pas à rejeter ces conceptions devenues caduques. Pour que les résidus des vieilles cosmogonies disparaissent définitivement, il fallait une mutation mentale. Il fallait penser horizontalement ce qu'on avait la propension et l'habitude de traiter verticalement parce que les mouvements fondamentaux qui commandent ce qui se passe à la surface de la Terre *sont* horizontaux. Il s'agit là d'un acquis susceptible d'être dépassé mais sur lequel on ne reviendra plus, pas plus que la Physique actuelle ne risque un retour à l'aristotélisme.

Pour y parvenir, il fallait sortir des impasses provoquées par ces réponses prématurées à ce besoin urgent de comprendre ce qui l'entoure, réciproque de l'angoisse de l'être humain devant l'inconnu, compris comme une sorte de vide, que sont les Fables, c'est-à-dire les Cosmogonies mythiques, puis les Cosmogonies philosophiques qui en représentaient la rationalisation, et enfin l'expérience première, dont l'évidence apparente est confondue avec la connaissance scientifiquement fondée. Il fallait donc décharger les observations recueillies à la surface de la Terre du poids imaginaire qui chargeait initialement leur interprétation possible, pour parvenir à les traiter dans le cadre d'un rationalisme appliqué. Il n'existe pas de science sans un nettoyage de l'esprit.

1. H. et G. Termier, *L'Évolution de la Lithosphère*, 2, *Orogénèse*, Paris, Masson, 1957, fasc. 2, p. 861.

APPENDICE

Le livre de Gabriel Gohau, *Histoire de la Tectonique : Des spéculations sur les montagnes à la tectonique des plaques* (Vuibert-Adapt SNES), vient de sortir, malheureusement trop tard pour qu'il en ait été tenu compte dans l'élaboration du présent travail, ce que la proximité entre les questions traitées de part et d'autre aurait justifié. Pour le lecteur intéressé par la constitution de la Géologie comme science, les deux ouvrages se révèlent complémentaires, dans la mesure où ils mettent l'accent sur des périodes distinctes et partent de points de vue différents qui renvoient néanmoins à un questionnement partagé.

La différence de perspective porte seulement sur ce qu'il faut entendre par science. Il y a eu science, pour Gabriel Gohau, à partir du moment où, dans le cadre de la formation des montagnes, on est passé du *foisonnement des explications*, à la définition d'une *théorie explicative générale* (Gohau, p. 11), celle que l'on doit à Elie de Beaumont à partir de 1829. Au contraire, dans mon travail personnel, entre *la tectonique des plaques* et les tectoniques globales antérieures, le rapport m'a semblé assimilable à celui qui existe entre la Physique aristotélicienne et celle de Galilée ou la théorie du Phlogistique de Stahl et les principes de Lavoisier. Quelque soit son importance historique, l'œuvre de Elie de Beaumont ne serait donc pas fondatrice, parce qu'il n'en reste rien, tandis qu'une théorie scientifique proprement dite peut se voir dépassée, par une théorie de portée plus vaste, mais non falsifiée à proprement parler (point sur lequel Popper a été amené à rectifier ses positions initiales). Ce sera au lecteur de trancher.

Par contre, je suis en accord avec Gabriel Gohau lorsqu'il souligne le caractère définitif, donc scientifique, du principe de discordance, introduit par Hutton à la fin du XVIIIe siècle, comme l'a été celui de superposition par Sténon un siècle plus tôt (Gohau, p. 108). Ce qui caractérise une science en gestation, c'est la mise en évidence d'acquis et de rejets sectoriels définitifs (Gohau, p. 117), dans un contexte théorique qui ne l'est pas. Mais concernant ces acquis et ces rejets, l'histoire a encore son mot à dire, ne serait-ce que pour rechercher les raisons pour lesquelles ils se sont vus quelque fois admis très tardivement par la communauté des savants : Suess écrira encore que l'écorce s'effondre et que la mer la suit, malgré le rejet définitif de la thèse de Celsius en 1840 par Bravais.

Les spéculations antiques sur les montagnes dues aux principaux philosophes et mouvements philosophiques de l'Antiquité sont analysées de manière sûre dans un premier chapitre qui se poursuit dans une analyse de la géogénie au cours de la période médiévale, et des conceptions de Buridan et de Léonard de Vinci, passées par moi sous silence. Dans le chapitre suivant, Gabriel Gohau a le mérite de nous parler de Descartes en toute neutralité, alors que j'ai adopté à son égard une attitude quelque peu sarcastique. Ce qui fait encore pour moi l'intérêt de ce chapitre, outre l'analyse de l'œuvre de Sténon, c'est d'avoir suivi ce *thème des effondrements*, dont la persistance nous conduit jusqu'au cœur du XXe siècle. Faut-il souligner encore l'intérêt du schéma de Carozzi (Gohau, p. 97), représentant les mouvements latéraux de l'écorce d'après Saussure, au XVIIIe siècle, en raison de son caractère extraordinairement moderne : autant parler de *précurseurs* peut susciter de réserves, autant la notion d'*anticipation* se révèle quelquefois pertinente (Gohau, p. 108). À cela s'ajoute l'étude des apports incontournables de Hutton et ses amis, ou encore la page consacrée à Marcel Bertrand et à cette découverte des nappes de charriage qui constitue un des apports capitaux de l'ancienne tectonique régionale et descriptive (Gohau, p. 129).

Enfin, les extraits de textes originaux choisis, que Gabriel Gohau a eu la bonne idée d'introduire dans son ouvrage, et qui ont valeur pédagogique, permettent au lecteur un contact avec les apports positifs de quelques uns des grands esprits qui ont contribué à la construction de l'image de la Terre, telle qu'elle nous est acquise. Parmi ces extraits, on peut mentionner spécialement celui de l'ouvrage de Wegener (Gohau, p. 139-144), c'est-à-dire, de l'argumentation dont le rôle a été essentiel en tant que prélude au changement de statut de la connaissance géologique.

GLOSSAIRE

Actualisme : principe qui veut que les seules forces agissantes dont dépendent les structures géologiques soient les seules forces physiques actuellement en jeu, susceptibles simplement d'avoir agi dans le passé avec une énergie supérieure à leur énergie actuellement connue.

Alluvium, diluvium : sables, cailloutis, tufs récents, qui correspondent au terrain de transport ou d'alluvion de l'École de Freiberg. On y a ensuite distingué comme plus ancien que le terrain moderne un terrain diluvien, caractérisé par les blocs erratiques dont le déplacement était considéré comme le témoignage du Déluge (*Diluvium*), jusqu'à ce qu'il soit considéré par Buckland lui-même, responsable de cette dénomination, comme dû à une Révolution sans commune mesure avec le Déluge de Moïse, réduit à une inondation régionale.

Asthénosphère : zone intermédiaire du manteau terrestre solide, situé sous la croûte, et dont la plus grande viscosité en fait le lieu de courants de convection. Elle se distingue de la *lithosphère* rigide, qui regroupe la croûte et le manteau supérieur.

Atlantide : mythe platonicien, inspiré de traditions égyptiennes, qui supposait l'existence d'un continent situé au-delà du détroit de Gibraltar. Il se serait effondré au début de l'histoire de la ville d'Athènes. Ce mythe a été réactivé en Géologie au début du XXe siècle dans la perspective des ponts continentaux effondrés que l'on imaginait pour rendre compte des affinités tectoniques et paléontologiques évidentes entre les rives opposées de l'océan Atlantique, l'Inde et l'Afrique australe, etc. malgré les distances actuelles.

Basalte : roche microcristalline noire, provenant du refroidissement lent des laves volcaniques (par opposition à la forme vitrifiée qui résulte d'un refroidissement rapide). D'après Cordier, cité par Haüy, le fond du basalte est le pyroxène, c'est-à-dire un silicate complexe de calcium, de fer, de magnésium, etc. en proportions variables. Il contient de l'olivine, silicate de fer et de magnésium en cristaux verts, apparents et disséminés. Roche basique dense, de poids spécifique supérieur aux granites continentaux, elle constitue le plancher océanique sur lequel les continents reposent. Le basalte, jugé d'origine aqueuse par Werner qui méconnaissait son lien au volcanisme ancien, a joué un rôle historique capital dans l'abandon du neptunisme.

Cataclysme : terme stoïcien qui désigne un déluge universel, associé ou non à une conflagration ou ekpyrosis.

Catastrophisme : terme résumant les mythes géologiques qui postulent une scansion des temps géologiques par des inondations universelles. Les extinctions de masse accidentelles (par chute de météorite massif, volcanisme exceptionnel, etc.) n'ont rien à voir avec les inondations cycliques postulées par ces mythes pour justifier la séparation des étages superposés.

Cinématique : étude mathématique des déplacements.

Charbon, houille : terre noire, combustible, objet d'exploitation minière depuis le XVIIIe siècle. Elle forme des couches issues de dépôts végétaux fossiles métamorphisés, dont l'importance en histoire de la Géologie est due à ce que les terrains correspondants étaient considérés par l'École de Freiberg comme la base des terrains secondaires. Leur faune et leur flore a démontré leur appartenance à l'ère primaire.

Charriage (*nappes de*) : se disent de plis couchés dont la tête, séparée des racines, a été transportée à distance de la région où ils se sont formés et qui chevauche une région stratigraphiquement distincte. Phénomène tectonique découvert par Marcel Bertrand.

Convection : mécanisme de transfert de chaleur par ascension de liquide chaud, devenu moins dense, qui, une fois refroidi, redescend, ce qui donne des colonnes de turbulence.

Cosmogonie : description hypothétique de la manière dont l'Univers ou un Monde a été formé. Elle peut se présenter sous la forme d'un récit fabuleux ou mythique mettant en œuvre des personnages ou des forces à caractère surnaturel. Elle peut être philosophique et représenter le fruit d'une spéculation rationnelle sur la nature. Elle peut être scientifique et concevoir les origines possibles à partir des connaissances actuelles en matière de Physique et d'Astronomie.

Cosmologie : science des lois générales qui gouvernent le monde physique.

Craton : désigne une partie consolidée et stable de l'écorce terrestre, par opposition aux régions mobiles qui sont occupées par les géosynclinaux. Les boucliers (Canadien, Sibérien, etc.) sont des *cratons*.

Création : 1) action de Dieu qui crée, 2) l'Univers visible (Littré). Les Révolutions du Globe, comprises comme des soulèvements instantanés provoquant des Déluges universels qui annihilent les êtres vivants sur toute la surface de la Terre, interdisent toute autre explication que surnaturelle à la réapparition consécutive de nouvelles faunes et flores. En 1852 (*The Development*

Hypothesis), Herbert Spencer mettait au défi quiconque de se représenter la *Création*, ne serait-ce que d'une seule espèce, pour rendre évidente l'absurdité de cette notion.

Déluge : très large inondation qui ruine une région entière, comprise à partir du modèle mythique fourni par le Déluge biblique, lui-même inspiré de la mythologie mésopotamienne. Il aurait détruit l'espèce humaine et les animaux excepté Noé et sa famille et un couple de chaque espèce animale, réfugiés dans une Arche flottante. Le thème est repris par la Géologie au XIXe siècle où il sert de modèle aux Révolutions.

Développement progressif : terme qui, chez Lamarck, traduit l'inversion de la série animale, présentée traditionnellement selon un ordre de dégradation allant de l'homme aux protozoaires, sous la forme d'un ordre ascendant qui exprime la *Puissance de la Nature*. Cette idée a été adoptée et généralisée par la Philosophie de la Nature et adoptée en Angleterre par le grand public grâce à Robert Chambers. Elle a nui à la compréhension correcte de la théorie darwinienne de l'évolution, qui ne représente pas une loi de progrès.

Diagenèse : transformation d'ordre chimique des sédiments qui suit immédiatement leur précipitation au fond de l'eau. Elle peut faire intervenir des microorganismes (Haug).

Dolomie : carbonate de chaux et de magnésie, dû à l'action chimique de l'eau de mer, chargée de magnésie sur le calcaire d'origine organique, spécialement dans les récifs coralliens et dans les dépôts lagunaires des séries géologiques anciennes (Haug). Von Buch attribue la dolomitisation au métamorphisme par erreur.

Dorsales océaniques : reliefs sous-marins de formes allongée, dont l'axe est parcouru par une vallée ou rift, interrompus par des fractures transversales ou *failles transformantes*. Elles sont le siège de la création du nouveau plancher océanique à partir de la montée du magma issu de la fusion du manteau. Phénomène essentiel pour comprendre la dynamique de la terre.

Eau : substance liquide, sans saveur, ni odeur, réfractant la lumière et susceptible de dissoudre un grand nombre de corps (Littré). Elle est un des quatre éléments du monde d'après Empédocle, mais surtout un principe originel de l'Univers dans les cosmogonies mésopotamienne et biblique et dans la cosmogonie philosophique de Thalès. Elle est responsable des Déluges universels qui renouvellent périodiquement la face de la Terre. En Chimie moderne, elle est un corps dont la molécule est composée de deux atomes d'hydrogène pour un atome d'oxygène.

Échelle des êtres : vision hiérarchique du monde, compris comme constitué d'une série de dégradations continues depuis l'Être suprême jusqu'aux réalités infimes. L'Homme est au centre de cette Échelle, en raison de sa nature intermédiaire entre le monde spirituel et le monde matériel. Cette conception a dominé la pensée européenne depuis le XIIe jusqu'au XIXe siècle.

École de Freiberg: École des Mines créée en 1765. Werner y a été nommé professeur en 1775. Avec ses élèves, il est le fondateur de la Géognosie.

Économie naturelle : thème mythique d'un Monde administré providentiellement à la manière d'un domaine familial, introduit dans la pensée européenne par le stoïcisme ancien. Il se traduit au XVIIIe siècle à partir de Linné par une conception fonctionnelle de l'ordre naturel, distinct de l'ordre hiérarchique.

Époque: espace temporel compris entre deux grands changements géologiques (Littré), défini par des faunes caractéristiques (Huot, 1837), correspondant aux *terrains* ou *ères*: *époques* primaire, secondaire, tertiaire, quaternaire et moderne. Une *époque* est subdivisée en *périodes*, caractérisées par un renouvellement partiel des formes animales : *périodes* jurassique, crétacée dans l'*ère* secondaire. Les *périodes* sont divisées à leur tout en *étages*, distingués par les espèces qui leur sont propres. Les *étages* sont dénommés à partir des lieux où leurs faunes caractéristiques ont été reconnues : *étage* kimméridgien, représenté par le niveau argileux observé à Kimmeridge, etc.

Étage : voir *Époque*.

Faciès: particularités constantes dans la constitution pétrographique et les caractères paléontologiques qui sont présentées par les terrains étudiés (Gressly), dans un lieu déterminé.

Feu: produit chaleur et lumière. Un des quatre éléments du monde d'après Empédocle. C'est aussi un principe originel de l'Univers dans plusieurs cosmogonies indo-européennes, et la cosmogonie stoïcienne. Dans la période moderne, il a été compris comme le résultat de l'agitation mécanique de particules matérielles par les cartésiens, et comme une matière du feu (phlogistique ou calorique) par les disciples de Stahl.

Filon: masse allongée ou veine de matières métalliques ou de roches éruptives (Littré), forme particulière de gîtes de minéraux.

Firmament : terme mythique désignant le ciel comme une voûte solide au dessus de laquelle règne une lumière ou un feu permanent et où demeurent le ou les dieux.

Formation: mode de production d'une roche, d'une famille de roches ou d'une réunion de masses minérales ou de dépôts de terrains – ensemble de couches de terrains qui paraissent avoir été formés à la même époque et par une même opération géogénésique (Littré). On distingue, d'une part les *formations* sédimentaires, volcaniques, intrusives, etc. et d'autre part les *formations calcaires* dévoniennes, carbonifères, jurassiques, etc.

Géanticlinal: courbure vers le haut des couches plissées au milieu d'un géosynclinal qui se trouve dédoublé (Haug), ou qui sépare une fosse géosynclinale située en bordure de continent d'une fosse géosynclinale océanique (mio- et eu- géosynclinaux).

Genèse: dans la Bible, le premier des livres du Pentateuque, attribué traditionnellement à Moïse. Les trois premiers chapitres forment le récit de la Création du Monde et de la Chute de l'Homme. Les chapitres 6, 7, 8, 9, contiennent la relation du Déluge.

Géogénie : recherche des causes qui produisent les grands phénomènes physiques, chimiques, mécaniques et biologiques (Saint-Claire Deville).

Géognosie : science traitant de la composition minéralogique, de la structure, de la forme et étendue des diverses couches ou groupes de masses minérales qui constituent la partie solide du globe terrestre (Littré).

Géosynclinaux: bassins en voie d'affaissement dans lesquels les sédiments s'accumulent sur une épaisseur énorme jusqu'à ce qu'une compression latérale provoque leur plissement et leur surrection sous forme de chaines de montagnes.

Gîtes de minéraux: terme qui désigne les lieux ou les terrains où se trouvent des minéraux ou roches de nature définie, dans le vocabulaire de Werner.

Gneiss: roche cristalline, de même composition que le granite, mais à structure feuilletée, analogue à celle des schistes. Elle forme, en général, les assises inférieures des terrains cristallisés schisteux. La schistosité, en général, est attribuée à des effets de compression.

Granite: roche constituée par un agrégat de cristaux de feldspath, de quartz et de mica. Le feldspath est un silicate d'alumine, le quartz, un oxyde de silicium à caractère acide, le mica, un silicate d'alumine et de potasse auquel peuvent s'ajouter plusieurs métaux, de forme générale laminaire. Les granites sont des roches continentales qui se présentent sous forme de massifs intrusifs. Werner en avait fait les roches primitives, les premières à avoir cristallisé lors de la formation de la Terre.

Grauwacke: sorte de grès très fin (Littré), de couleur grise, nom donné par les mineurs allemands aux roches stériles, qui forment des couches puissantes, compactes ou feuilletées, dans les terrains primaires les plus anciens.

Gypse: pierre à plâtre ou sulfate de chaux (Littré). Elle forme les couches des carrières de Montmartre d'où ont été extraits les pachydermes fossiles décrits par Cuvier.

Hornblende: sorte d'amphibole (Littré), ce qui nous renvoie à une famille de silicates complexes. Les cristaux de *hornblende* sont noirs.

Horst, *Grabens*: dans une région découpée par des failles verticales, le mot *Horst*, introduit par Suess, indique les parties surélevées, et *Graben*, les parties affaissées. Vosges et Forêt Noire sont des *Horsts*, et la plaine du Rhin, un *Graben*.

Impetus : notion scolastique qui désigne l'élan imprimé à la pierre au moment où on la lance et qui est censé persister en elle, mais en s'affaiblissant à mesure qu'elle se rapproche du sol, son lieu naturel d'après la physique d'Aristote.

Intumescences : action par laquelle une chose s'enfle. Mouvement d'intumescence de la croûte terrestre : mouvement présidant à l'édification des masses continentales et s'exerçant non sur une ligne mais sur une grande surface (Littré). Les Systèmes de Montagnes sont décrits par Elie de Beaumont comme des *intumescences allongées*.

Isostasie : application du principe d'Archimède.

Macrocosme/microcosme : mythe archaïque très répandu, qui assimile l'Univers à un organisme dont le corps humain fournit le modèle. On le trouve chez Platon. Il est mentionné par Cuvier à titre de métaphore pour rendre compte de l'équilibre adaptatif rigide entre les êtres vivants et leur monde au cours de chacune des époques géologiques qu'il distingue.

Magma : matériau fondu, liquide ou visqueux, émis par les volcans, qui s'est formé dans une chambre magmatique située dans l'asthénosphère sous-jacente à l'écorce terrestre. Autrefois, l'écorce était censée envelopper une sphère liquide, ce qui est inexact.

Magnétisme : terme de physique. Cause qui donne à un aimant naturel ou artificiel convenablement suspendu la propriété de se diriger d'un côté vers le pôle nord, de l'autre vers le pôle sud (Littré). Cette propriété appartient à un certain nombre de métaux, au premier plan desquels se trouve le fer. L'importance géologique du fer, contenu dans un grand nombre de minéraux, fait que le *magnétisme* et ses variations de direction et d'intensité, enregistrées par des magnétomètres, distinguent les couches terrestres.

Manteau: région intermédiaire entre la croûte terrestre et le noyau central, comprise entre 40 et 2900 km de la surface, formée de silicates de fer et de magnésie.

Métamorphisme : mot créé en 1825 par C. Lyell pour exprimer les changements qu'auraient éprouvés, suivant la théorie de J. Hutton, les roches ou les terrains d'origine sédimentaire par l'action du feu central (Ch. d'Orbigny, *Dictionnaire*). Il faut y ajouter les effets de la pression et de l'eau, des vapeurs et des gaz qui empêchent la décomposition et permettent des recombinaisons et des recristallisations (Lyell).

Neptunisme : hypothèse attribuant à l'action de l'eau la formation des roches qui constituent la croûte du globe (Littré). Sa promotion en Géologie est due à Werner et à l'École de Freiberg.

Ophiolites : roches magmatiques dont le modèle est fourni par les serpentines, observées sur les continents, mais dont l'origine est la croûte océanique.

Paléogéographie : géographie propre à chaque période ancienne de l'histoire de la Terre. Le premier essai systématique en est attribué à Elie de Beaumont (1836) sous la forme d'une carte de l'Europe à la période du calcaire grossier (Tertiaire ancien). L'idée de « géographie géognostique » était déjà présente (Ami Boué, 1832).

Paléontologie stratigraphique : identification des couches sédimentaires superposées et détermination de leur âge à partir de la nature des fossiles qu'elles contiennent. Elle a été le domaine central des débats entre catastrophiste et actualistes au XIXe siècle.

Paradis : jardin d'Eden dans lequel Dieu installa le premier homme après l'avoir créé. Il a été interprété au XVIIIe siècle par Linné comme une île primordiale et unique à partir de laquelle les hommes et les animaux se sont répandus sur les continents qui apparaissaient progressivement à mesure que le niveau de l'océan originaire baissait.

Philosophie de la Nature : conception unitaire et dynamique de la Nature, comprise comme un Tout, envisagée par Goethe, et développée par Schelling, puis adoptée dans le monde scientifique par un grand nombre de naturalistes, surtout allemands, qui ont vu, dans l'ensemble des phénomènes naturels, physiques, biologiques et psychologiques, l'unité d'un Développement progressif.

Physique du Globe : ensemble des principes théoriques qui commandent les processus physiques dont dépend le devenir du Globe terrestre, compris comme une planète qui appartient au système solaire.

Plutonisme : théorie formulée par Hutton et diffusée par Playfair (fin XVIIIe-début XIXe siècle), d'après laquelle les sédiments provenant de l'érosion des montagnes par les eaux s'accumulent au fond des mers et s'enfoncent. En profondeur, ils sont transformés par la chaleur interne du globe (*métamorphisme*), puis soulevés et plissés lentement pour former de nouveaux continents et de nouvelles montagnes, tandis que les anciens continents usés sont repris par la mer, et ceci, indéfiniment. Point essentiel : le granite n'est plus une roche *primitive* formée dans l'eau, mais une roche *primaire*, venue des profondeurs, mais qui peut appartenir aussi à des époques plus tardives.

Porphyre : nom désignant primitivement le *porphyre rouge* antique qui a servi à la statuaire égyptienne. Aujourd'hui, roche de couleur indifférente qui présente des cristaux de forme plus ou moins régulière dans une pâte à éléments indiscernables à l'œil nu. De nature intrusive et d'origine magmatique, elle présente des affinités avec les roches d'origine volcanique. *Porphyre pyroxénique* : roche jugée par von Buch responsable des soulèvements de montagnes et de la transformation du calcaire en dolomie à cause du magnésium qui entre dans la composition du pyroxène (un silicate).

Pralaya : dans la mythologie hindoue, désigne la destruction d'un monde au terme d'une période cosmique de 4320000 ans (Mahayuga) par une conflagration et son renouvellement par un Déluge. Cette conception se retrouve dans la cosmogonie stoïcienne où se retrouvent des alternances de conflagrations et de déluges.

Refroidissement de la Terre : conception d'origine cartésienne censée expliquer les reliefs terrestres soit par l'effondrement du toit des cavernes comprises comme des « boursouflures » dans un liquide igné en voie de refroidissement, soit par la contraction d'une surface terrestre qui, ou bien comprime un noyau encore liquide et qui s'échappe par le volcanisme, ou bien s'effondre sur un noyau qui se refroidit plus vite qu'elle. Cette Physique du Globe a encombré la Géologie jusqu'au XXe siècle.

Rémanence : conservation du paléomagnétisme par certaines roches, spécialement basaltiques.

Rempli : terme utilisé par Elie de Beaumont pour désigner la formation d'un Système de Montagnes par compression latérale d'un fuseau de l'écorce terrestre due à la contraction du globe.

Révolution copernicienne : transformation de l'image du Monde dont le centre est transféré de la Terre au Soleil, à la suite des travaux de Copernic publiés en 1541. On y voit le point de départ de la science moderne, à commencer par l'Astronomie.

Révolutions : se dit des événements naturels qui ont bouleversé et changé la face du globe (Littré). En Géologie, le terme renvoie aux « Révolutions du Globe » définies par Elie de Beaumont comme renouvellements complets des faunes et des flores par des inondations universelles provoqués par les soulèvements de montagnes.

Schistes : famille de roches caractérisées par un feuilletage parallèle aux surfaces des couches qu'elles forment, depuis les micaschistes cristallins, caractérisées par l'importance des feuilles de mica qui entrent dans leur composition, jusqu'aux ardoises et *schistes argileux* ou *phyllades* (terme tombé en désuétude). Les déformations des fossiles dans les terrains schisteux confirment l'origine sédimentaire des schistes et les démonstrations expérimentales du métamorphisme sous l'effet de la pression, de la chaleur et de l'humidité.

Séisme : tremblement de terre.

Serpentine : roche verdâtre, feuilletée ou fibreuse. C'est un silicate de magnésie hydraté. Elle serait le résultat d'une altération du péridot, minéral issu du magmatisme de profondeur. On la trouve souvent dans les régions de volcanisme ancien.

Silice : oxyde de silicium, qui forme le quartz, le silex, les sables, les grès, etc.

Strate : synonyme de couche de la Terre, masse minérale beaucoup plus étendue en longueur et en largeur qu'en épaisseur et dont la superposition compose les étages géologiques.

Stratigraphie : département de la Géologie, où l'on se propose de reconstituer l'ordre de succession primitif des terrains sédimentaires formant une série qui va des plus anciens aux plus récents. Elle a pris le relai de la Géognosie.

Subsidence : affaissement lent ou saccadé du fond d'un bassin sédimentaire.

Système (*de Montagnes*) : terme par lequel Elie de Beaumont regroupe les chaines de montagnes et les chainons qui les composent, censés être rectilignes et de même direction. Chaque *Système* est compris comme le résultat d'un unique soulèvement le long d'un grand cercle de fracture autour du globe, consécutif à sa contraction par refroidissement. Dans le cadre de cette géologie imaginaire, la multiplication des *Systèmes de Montagnes* aboutit à la conception géométrique du *Réseau pentagonal*, formé de douze pentagones, de surface équivalente, qui divisent la surface de la sphère terrestre. L'importance de cette théorie est due à sa liaison avec les Révolutions du globe, et à son admission par la communauté géologique, du moins en France, pendant près de cinquante ans. Elle n'a pas survécu à son auteur, mort en 1874.

Tectonique (fin XIXe siècle) : science qui étudie les dislocations de l'écorce terrestre, et en général tous les phénomènes d'ordre mécanique auxquels a été soumise la terre (de Launay).

Terrain : nom donné aux roches par rapport à l'étendue qu'elles occupent et d'après le mode et l'époque de leur formation (Littré). Les terrains partagent le sol en sections chronologiques dont le caractère se tire de leur âge relatif (Constant Prévost). Un problème géologique capital, comparable à celui que rencontrent les historiens, est celui du *synchronisme des formations* d'un même terrain : la solution en est recherchée du côté de la Paléontologie.

Théologie naturelle : connaissance de Dieu par la seule raison. Ordinairement associée ou confondue avec la *Théologie de la Nature* d'après laquelle les phénomènes naturels, organiques et inorganiques, ne peuvent s'expliquer sans se référer à un plan qui relève d'un entendement architectonique et providentiel (Straus-Durckheim, *Théologie de la Nature*, 1852, t. 2, p. 358-373).

Théorème d'Euler : d'après lequel tout déplacement d'un point sur une sphère peut être décrit comme une succession de rotations autour d'*axes eulériens* qui passent par le centre de la sphère et qui la percent en deux points opposés ou *pôles eulériens*. Chaque rotation peut être décrite par trois nombres : la latitude et la longitude d'un des deux pôles eulériens et la vitesse de rotation (Pomerol *et alii*, *Éléments de Géologie*, 2006, p. 256-258).

Trachyte : roches de volcanisme ancien, voisines des porphyres, désignées ainsi parce que âpres au toucher, par exemple la Domite, qui forme le Puy de Dôme.

Trapp, roches trappéennes : forme de décomposition en marches d'escalier des roches provenant du volcanisme ancien.

Tufs : nom générique des pierres poreuses, produites par voie de sédiment ou d'incrustation, provenant de matières pulvérulentes et tassées par l'eau (Littré). Von Buch avait considéré les tufs des flancs du Vésuve comme des roches sédimentaires redressées par la formation du cratère de soulèvement : la Somma.

Uniformitarisme : principe qui veut que les forces géologiques actuellement agissantes n'aient jamais varié d'intensité, quelles que soient les époques envisagées – principe introduit par Hutton, repris par Ch. Lyell, et désormais largement reconnu : les accidents massifs du passé géologique (volcanisme du Deccan, de la Sibérie, etc.) ne font pas intervenir une autre énergie interne que celle qui est actuellement agissante.

Vulcanisme : théorie qui reconnaît une racine des volcans sous-jacente à l'écorce terrestre. Elle suppose la distinction entre une écorce solidifiée et un noyau intérieur fluide en raison d'une chaleur qui a provoqué la fusion des roches émises par les volcans.

Whinstone : terme utilisé par Playfair pour désigner « une lave souterraine ou non jetée », c'est-à-dire un regroupement de roches intrusives et de formations volcaniques anciennes, en particulier basaltiques, en opposition aux conceptions neptunistes qui distinguaient roches volcaniques et roches primitives.

BIBLIOGRAPHIE

Le lecteur intéressé et critique trouvera les références des textes sur lesquels le présent ouvrage s'est appuyé dans les notes en bas de page : elles constituent l'essentiel de la bibliographie. On trouvera ici, cependant, un simple échantillon de travaux complémentaires et instructifs. Ils appartiennent à l'histoire de la mythologie, à la philosophie des sciences et à l'histoire de la géologie, et sont répartis en deux catégories, soit en fonction de leur rapport direct ou indirect avec la question traitée, soit en raison de leur appartenance au contexte général dans lequel elle se pose.

Ouvrages relevant du sujet traité

ARISTOTE, *Les Météorologiques*, trad. fr. J. Tricot, Paris, Vrin, 1941.

BACHELARD G., *La formation de l'esprit scientifique*, Paris, Vrin, 1938.

BIARDEAU M., *Études de Mythologie Hindoue*, t. 1, *Cosmogonie puraniques*, Paris, École française d'Extrême Orient, 1981.

– *Le Mahabharata*, 2 cols., Paris, Seuil, 2002.

BALAN B., *L'Ordre et le Temps*, Paris, Vrin, 1979.

BONNEFOY Y. (dir.), *Dictionnaire des Mythologies*, 2 vols, Paris, Flammarion, 1999.

BOTTÉRO J., *L'Épopée de Gilgamesh*, présentation et trad. fr., Paris, Gallimard, 1992.

— et KRAMER S.N., *Lorsque les dieux faisaient l'homme*, Paris, Gallimard, 1993.

BOURCART J., *La connaissance des profondeurs océaniques*, Paris, Sedes, 1964.

BRUNN J.H., *À la poursuite des mystères de l'orogenèse. Souvenirs géologiques*, Paris, COFRHIGEO, 1995.

BURCHFIELD J.D., *Lord Kelvin and the Age of the Earth*, Chicago, University of Chicago Press, 1975.

DAVIES G.L., *The Earth in Decay : a History of British Geomorphology, 1578 to 1878*, London, Macdonald & Co, 1969.

DEMAY A., *Microtectonique et tectonique profonde*, Paris, Imprimerie Nationale, 1942.

DURAND-DELGA M., *Marcel Bertrand (1847-1907), génie de la tectonique*, Paris, Presse des Mines, 2010.

DUMONT J.P. (éd.), *Les Présocratiques*, Paris, Gallimard, 1988.

ELLENBERGER F., *Introduction à la Géologie structurale de l'Europe*, Cours polycopié, 1968-1969 (numérisation École des Mines).

– *Histoire de la Géologie*, Paris, Technique et Documentation-Lavoisier, t. 1, 1988 et t. 2, 1994.

– (dir.), *Essais sur l'histoire de la Géologie, en hommage à Eugène Wegmann*, Paris, Mémoires de la Société Géologique de France, 1995.

FOURMARIER P., *Principes de Géologie*, Paris, Masson, 1933.

FOUCAULT A., RAOULT J.F., *Dictionnaire de Géologie*, Paris, Dunod, 2005.

GAUDANT J. (dir.), *L'essor de la géologie française. Essais*, Paris, Presse des Mines, 2009.

GEIKIE A., *The founders of Geology*, London, Macmillan, I897.

GIGNOUX M., *Géologie stratigraphique*, Paris, Masson, 1926.

GILLISPIE C.C., *Genesis and Geology. The Impact of Scientific Discoveries upon Religious Beliefs in the Decades before Darwin*, New York, Harper & Row, I959.

GOHAU G., *Histoire de la Géologie*, Paris, La Découverte, 1987.

– *Les sciences de la Terre aux XVII*[e] *et XVIII*[e] *siècles*, Paris, Albin Michel, 1990.

– *Naissance de la Géologie historique*, Paris, Vuibert-Adapt, 2003.

– (dir.), *De la Géologie à son histoire*, Paris, Comité des travaux historiques et scientifiques, 1997.

– *Histoire de la Tectonique*, Paris, Vuibert-Adapt-SNES, 2010.

GOGUEL J., *Traité de tectonique*, Paris, Masson, 1952.

– (dir.), *La Terre*, Paris, Gallimard, 1959.

HABER F.G., *The Age of the World, Moses to Darwin*, Baltimore, John Hopkins UP, 1959.

HALLAM A., *Great Geological Controversies*, Oxford, Oxford UP, 1983.

– *Une révolution des les sciences de la Terre*, Paris, Seuil, 1976.

HAUG E., *Traité de Géologie*, 4 vols., Paris, Armand Colin, 1907-1911, 4e éd. 1927.

HEIM A. & MARGERIE E. de, *Les Dislocations de l'écorce terrestre*, Zürich, J. Wurster, 1888.

HÖLDER H., *Une brève histoire de la Géologie et de la Paléontologie*, Paris, Springer-Verlag France, 1992.

HOOYKAAS R., *Continuité et discontinuité en géologie et biologie*, Paris, Seuil, 1970.

JUSTE LIPSE, *Physiologiae Stoicorum libri tres*, Paris, Adrien Périer, 1604.

La Bible de Jérusalem, Paris, Le Cerf, 2005.

LUGEON M., *Les grandes nappes de recouvrement des Alpes Suisses*, Vienne, S.N., 1904.

MARVIN U., *Continental Drift : the Evolution of a Concept*, New York, Oxford UP, 1973.

MORET L., *Précis de Géologie*, Paris, Masson, 1962.

NATAF H.-Cl., SOMMERIA J., *La physique et la Terre*, Paris, Belin-CNRS Éditions, 2000.

RAGUIN E., *Géologie du Granite*, Paris, Masson, 1946.

RUDWICK M.J.S., *Bursting the Limits of Time*, Chicago, The University of Chicago Press, 2005.

– *Worlds before Adam*, Chicago, The University of Chicago Press, 2008.

– *Georges Cuvier, Fossil Bones and Geological Catastrophes*, Chicago, University of Chicago Press, 1997.

SENÈQUE, *Questions naturelles*, trad.fr. P. Oltramare, 2 vols., Paris, Les Belles Lettres, 1961.

STILLE H., *Grundfragen der Vergleichenden Tektonik*, Berlin, Borntraeger, 1924.

– *Einführung in den Bau Nordamerikas*, Berlin, Borntraeger, 1940.

WEGMANN E., *Zur Deutung der Migmatite, Geologische Rundschau*, Berlin, Springer, 1935.

ZITTEL K. von, *Geschichte der Geologie und Palaeontologie bis Ende des XIX. Jahrhunderts*, München-Leipzig, R. Oldenbourg, 1899.

Ouvrages d'interêt général

ARNIM J. v., *Stoicorum Veterum Fragmenta*, 4 vols., Stuttgart, Teubner, 1964.

BACHELARD G., *Le Rationalisme appliqué*, Paris, PUF, 1949.

– *La Terre et les rêveries du repos*, Paris, Corti, 1947.

– *La Terre et les rêveries de la volonté*, Paris, Corti, 1948.

BERTRAND L., *Histoire géologique du sol français*, Paris, Flammarion, t. 1, 1944 et t. 2, 1946.

BRÉHIER E., *Chrysippe et l'Ancien Stoicisme*, Paris, PUF, 1910.

CARNAP R., *The Logical Structure of the World*, London, Routledge and Kegan Paul, 1967 ; trad. fr. T. Rivain et E. Schwartz, Paris, Vrin, 2002.

CLAVELIN M., *La philosophie Naturelle de Galilée*, Paris, Armand Colin, 1968.

COHEN I.B., *Revolution in Science*, Harvard (Mass.), Harvard UP, 1985.

GOULD S.J., *La structure de la théorie de l'évolution*, Paris, Gallimard, 2006.

GROTZINGER J., JORDAN T.H., PRESS F., SIEVER R., *Understanding Earth*, New York, Freeman and C°, 6ᵉ éd. 2007.

HALLAM A., *Planet Earth*, Amsterdam, Elsevier, 1977.

HEMPEL C.G., *Aspects of Scientific Explanation*, New York, The Free Press, 1965.

– *Éléments d'Épistémologie*, Paris, Armand Colin, 1972.

KOYRÉ A., *Études galiléennes*, 1. *À l'aube de la science classique*, 2. *La loi de la chute des corps : Descartes et Galilée*, 3. *Galilée et la loi d'inertie*, Paris, Hermann, 1939.

KUHN T.S., *La structure des révolutions scientifiques*, Paris, Flammarion, 1972.

– *La révolution copernicienne*, Paris, Fayard, 1973.

LAKATOS I., *The Methodology of Scientific Research Programmes*, Cambridge, Cambridge UP, 1978.

LAUDAN R., *From Mineralogy to Geology : the Foundations of a Science, 1650-1830*, Chicago, The University of Chicago Press, 1994.

LLIBOUTRY L., *Tectonophysique et Géodynamique*, Paris, Masson, 1982.

LOVEJOY A.O., *The Great Chain of Being*, Harvard (Mass.), Harvard UP, 1936.

MATTAUER M., *Ce que disent les pierres*, Paris, Belin, 2000.

– *Déformations des matériaux de l'écorce terrestre*, Paris, Hermann, 1975.

MOORE E.M., TWISS R.J., *Tectonics*, New York, Freeman and C°, 1995.

– *Structural Geology*, New York, Freeman and C°, 2006.

OLDROYD D., *The Arch of Knowledge. An Introductory Study of the History of the Philosophy and Methodology of Science*, New York-London, Methuen, 1986.

– *Earth Cycles : a Historical Perspective*, Westport (Conn.), Greenwood Press, 2006.

– *Thinking about the Earth : a History of Ideas in Geology*, Cambridge, Cambridge UP, 1996.

ORESKES N., *The Rejection of Continental Drift : Theory and Method in American Earth Science*, Oxford, Oxford UP, 1999.

— et LE GRAND H. (eds.), *Plate Tectonics : an Insider's History of the Modern Theory of the Earth*, Boulder (Co.), Westview Press, 2003.

POMEROL C., LAGABRIELLE Y., RENARD M., *Éléments de Géologie*, Paris, Dunod, 13e éd. 2006.

POPPER K., *La connaissance objective*, Paris, Aubier, 1991.

PUECH H.-Ch. (dir.), *Histoire des religions*, 3 vols., Paris, Gallimard, 1970.

RENOU L. et FILLIOZAT J., *L'Inde classique, Manuel des études indiennes*, 2 vols., Paris, Payot, 1947-1949.

RUDWICK M., *The Great Devonian Controversy*, Chicago, The University of Chicago Press, 1985.

– *Scenes from Deep Time*, Chicago, The University of Chicago Press, 1992.

SAMBURSKY S., *Physics of the Stoics*, London, Hutchinson, 1959.

TAYLOR K.L., *The Earth Sciences in the Enlightenment : Studies on the Early Development of Geology*, London-Farnham, Ashgate Publishing, 2007.

– *Les lois naturelles dans la Géologie du XVIIIe siècle : recherches préliminaires*, Paris, Travaux du Comité Français d'Histoire de la Géologie, 3e série, t. 2, n° 1, p. 1-28.

TERMIER H. et TERMIER G., *L'Évolution de la Lithosphère*, 4 vols., Paris, Masson, 1956.

TERMIER P., *À la gloire de la terre*, Paris, Desclée de Brouwer, 1922.

– *La joie de connaître*, Paris, Desclée de Brouwer, 1925.

VERNE J., *Voyage au Centre de la Terre*, Paris, Hetzel, 1864.

INDEX DES NOTIONS

INDEX DES NOMS

TABLE DES ILLUSTRATIONS

TABLE DES MATIÈRES

ACHEVÉ D'IMPRIMER
EN SEPTEMBRE 2011
PAR L'IMPRIMERIE
DE LA MANUTENTION
A MAYENNE
FRANCE
N° 739381L

Dépôt légal : 3e trimestre 2011